ALEXANDER ZOCK

DER WEG DER STOA IN DER FÜHRUNG

Wie moderne Führungskräfte von der Philosophie des Stoizismus profitieren

REDLINE | VERLAG

ALEXANDER ZOCK

DER WEG DER STOA IN DER FÜHRUNG

Wie moderne Führungskräfte von der Philosophie des Stoizismus profitieren

Bibliografische Information der Deutschen Nationalbibliothek
Die Deutsche Nationalbibliothek verzeichnet diese Publikation in der Deutschen Nationalbibliografie. Detaillierte bibliografische Daten sind im Internet über http://dnb.de abrufbar.

Für Fragen und Anregungen:
info@m-vg.de

Wichtiger Hinweis
Ausschließlich zum Zweck der besseren Lesbarkeit wurde auf eine genderspezifische Schreibweise sowie eine Mehrfachbezeichnung verzichtet. Alle personenbezogenen Bezeichnungen sind somit geschlechtsneutral zu verstehen.

Autor und Verlag haben sich nach bestem Gewissen und Wissen darum bemüht, die Rechte aller Urheber zu wahren, deren geistiges Eigentum im Inhalt Erwähnung findet. Sollte uns das in dem ein oder anderen Fall nicht gelungen sein, so bitten wir um Entschuldigung und darum, uns eine entsprechende Quellenangabe über die hier angeführte E-Mail-Adresse zukommen zu lassen.

1. Auflage 2024

Türkenstraße 89
80799 München
Tel.: 089 651285-0

Redaktion: Christiane Otto
Umschlaggestaltung: Marc Fischer
Umschlagabbildung: Chrixxi/ Adobe Stock
Satz: ZeroSoft, Timisoara
Druck: GGP Media GmbH, Pößneck
Printed in Germany

ISBN Print 978-3-86881-973-1
ISBN E-Book (PDF) 978-3-96267-605-6
ISBN E-Book (EPUB, Mobi) 978-3-96267-606-3

Wir produzieren nachhaltig
www.m-vg.de

Weitere Informationen zum Verlag finden Sie unter

www.redline-verlag.de

Beachten Sie auch unsere weiteren Verlage unter www.m-vg.de

INHALT

»Wenn Du nach Weisheit strebst, so bereite dich darauf vor, dass man dich auslachen wird, dass viele dich verspotten und dass sie sagen werden: ›Er ist uns auf einmal als Philosoph zurückgekommen.‹«

(Epiktet, *Enchiridion,* En. 22)

»It is tragic how few people ever ›possess their souls‹ before they die. ›Nothing is more rare in any man‹ says Emerson, ›than an act of his own.‹ It is quite true. Most people are other people. Their thoughts are someone else's opinions, their lives a mimicry, their passions a quotation.«

(Oscar Wilde, *De profundis*)

Widmung:
Meinen Töchtern Hannah und Amélie, möge Der *Weg der Stoa in der Führung* Euch zu eigenen Ideen auf Eurem Weg anregen.

Vorwort

Das vorliegende Buch ist das Resultat einer persönlichen Reise, welche sich über Jahre angebahnt hat, aber final einen externen Auslöser benötigte. Dieser ergab sich mit der Anfrage des Redline Verlags im November 2023, ein Buch über die Verbindung der antiken Lebensphilosophie der Stoa mit der modernen Welt der Führung zu schreiben. Zu dieser Zeit beschäftigte ich mich gerade neben meinen Alltagsaufträgen mit zwei parallel laufenden Projekten. Das erste Projekt war eine konzeptionelle Reflexion meiner bald 15-jährigen Beratungspraxis als Organisationsberater und Führungskräfte-Coach. Diese hatte mich im Verlauf von vier Jahren zu einer sich langsam zu einem Gesamtbild verfestigenden Sichtweise auf mein Tun als Berater gebracht. In dieser verband sich die systemische Perspektive der sozialen Systemtheorie mit der syntaktischen (strukturellen) Perspektive von Matthias Varga von Kibéd und seiner Frau Insa Sparrer auf solche Systeme. Im Rahmen dieser Überlegungen hatte ich für mich auch ein konzeptionell neues Verständnis von Führung entwickelt, welches den Fokus von Führung, weg von den sie ausübenden Personen, hin zu den funktionalen Bedarfen der sie betreffenden Systeme verschob. Die hieraus resultierende Perspektive auf Organisationen und die sie betreffende Führung schien dabei das Potenzial zu besitzen, eine integrierte Beschreibung meiner Tätigkeitsfelder liefern zu können.

In den letzten beiden Jahren konnte ich diese Perspektive dann noch durch die Begegnung mit Martin Permantiers Arbeiten zur ICH-Entwicklung, das heißt dem Gedanken einer lebenslangen stufenweisen Entwicklung unserer inneren ICH-Instanz, um eine spannende Entwicklungsperspektive ergänzen. Durch diese Erweiterung meiner Überlegungen, von einer eher statischen systemisch-syntaktischen Betrachtung hin zu einer dynamischen Entwicklungsperspektive, ergaben sich für mich ganz neue Anregungen. Diese Impulse verbanden sich dabei auf sehr spannende Art und Weise mit meinem zweiten damaligen Projekt, welches mit meinen Aktivitäten im Bereich der Stoizismus-Bewegung im deutschen Sprachraum verbunden war. Letztere hatten mich in den vergangenen zwei Jahren dazu gebracht, neben einer Online-Meetup-Gruppe auch einen Podcast und einen Blog zu den Themen der Stoa unter dem Namen »Der Weg der Stoa« zu betreiben. Was mich in diesem Projekt beschäftigte, war die grundsätzliche Frage, wie man die antike Lebensphilosophie der Stoa in die Sprache der modernen Welt übertragen könnte, sodass sie für unsere Alltagskontexte direkter nutzbar würde. Dieser Gedanke war mir ein großes Anliegen geworden, da ich die Bedeutung dieser antiken lebensphilosophischen Praxis für mein eigenes Leben in seiner Kombination aus Theorie und Praxis sowie der inneren Verbindung von Autonomie mit sozialer Eingebundenheit als zunehmend spannend und sinnstiftend erlebt hatte. An dieser Stelle verbanden sich jetzt die beiden Stränge meiner Projekte, da ich bei der Auseinandersetzung mit der Stoa zwei Aspekte beobachtet hatte, welche eine verblüffende Ähnlichkeit zu den beiden vorher beschriebenen Theoriefeldern der systemisch-syntaktischen Perspektive einerseits und der Entwicklungsperspektive andererseits zeigten.

Als nun im November 2023 die Anfrage des Redline Verlags genau auf diese Verbindung abzielte und fragte, wie man eine Verbindung zwischen den Welten der Stoa und der Führung denken könnte, war das Projekt hinter diesem Buch geboren. Die aus diesem Projekt resultierende gedankliche Reise war für mich sehr bereichernd, und ich freue mich, die Erkenntnisse dieser Reise in diesem Buch vorlegen zu dürfen. Ich werde hierbei versuchen, die gedanklichen Stationen dieser Reise sowie die aus diesen Stationen folgenden Konsequenzen sowohl konzeptionell als auch praktisch darzustellen.

Ziel des Buches ist es dabei aufzuzeigen, welche überraschenden und auch fruchtbaren Folgen ein Dialog zwischen einer antiken Lebensphilosophie wie der Stoa und der modernen Welt der Führung haben kann. Ich hoffe, dieser Reisebericht wird für andere so faszinierend sein, wie er dies für mich war. In diesem Sinne wünsche ich allen Lesern eine spannende, interessante und hoffentlich inspirierende Reise auf dem Weg der Stoa in der Führung.

Alexander Zock, Kronberg im Taunus, im August 2024

Einleitung:

Warum Sie dieses Buch interessieren könnte

Jedes Buch hat seinen eigenen Charakter und auch seinen eigenen Nutzen. Ich möchte daher in diesem einleitenden Kapitel versuchen, diese beiden Aspekte des vorliegenden Buches über drei seiner Kernaspekte greifbar zu machen.

Der spezielle syntaktische Dialog zwischen der Welt der Stoa und der Welt der Führung

Das vorliegende Werk stellt ein »Dazwischen« dar, das heißt, es versucht, einen Dialog zwischen den bisher oft getrennt in der Literatur behandelten Welten der antiken Lebensphilosophie der Stoa und der modernen Welt der Führung zu denken. Dies wird dadurch geschehen, dass zunächst auf eine neue Art und Weise (systemisch-syntaktisch) auf die Welt der Organisationen und ihrer Führung geschaut wird. Gleichzeitig bietet das Buch aber auch eine fundierte Einführung in das Denken der antiken Stoa. Auf der Basis dieser beiden Darstellungen, welche den ersten und den zweiten Teil dieses Bandes ausmachen, werden wir dann sehen können, dass diese Welten zwar inhaltlich in vielen Punkten unterschiedlich sind, sie aber auf syntaktischer, also struktureller Ebene fast identische Strukturen aufweisen. Über diese überraschende Verbindung werden wir am Ende des zweiten Teils zunächst den Dialog zwischen den beiden Welten auf konzeptioneller Ebene reflektieren, bevor wir dann im dritten Teil die praktischen

Konsequenzen dieser Überlegungen für den Bereich der Führung mithilfe stoischer Konzepte und Praktiken darstellen werden. Das vorliegende Buch unterscheidet sich in seiner Ausrichtung deutlich von bisherigen Versuchen, die beiden Welten der Stoa und der Führung zusammenzubringen. In diesen wurde bisher versucht, dieses Anliegen auf die folgenden zwei Arten zu bedienen:

1. **Biografischer Zugang:** In diesem Ansatz wurde das Leben einer antiken Persönlichkeit, welche in einer Führungsrolle aktiv war und ihr Leben entsprechend der Stoa ausgerichtet hat, betrachtet. Ziel in dieser Form der Darstellung des Zusammenhangs zwischen der Stoa und dem Phänomen der Führung ist es, zu zeigen, welchen Herausforderungen diese Person in ihrem Leben gegenüberstand und wie Aspekte der Stoa ihr geholfen haben, diese zu bewältigen. Prominente Beispiele solcher Darstellungen finden sich zum Beispiel in den Büchern über Stoiker wie Marc Aurel[1], den römischen Philosophen-Kaiser aus dem 2. Jahrhundert n. Chr., Seneca den Jüngeren[2], den Lehrer Neros, und Cato den Jüngeren[3], den berühmten römischen Staatsmann und Widersacher Julius Caesars.
2. **Deskriptiver Zugang:** Hier wurde versucht, durch eine Zusammenstellung von Prinzipien oder Leitsätzen der stoischen Philosophie sowie deren Übertragung auf die Praxis der Führung einen Zusammenhang zwischen beiden Welten zu denken. Ein solcher Ansatz versucht aufzuzeigen, dass viele Aspekte der Stoa, wie sie in bestimmten Leitsätzen oder Prinzipien in Texten der Stoa formuliert wurden, Aspekte der Führungspraxis bereichern können.[4] Diese Übertragung geschieht hierbei meist anekdotisch und ist somit stark an den Kontext gebunden.

In keinem dieser Ansätze wurde bisher aber der Versuch unternommen, die stoische Lebensphilosophie in ihrer Gesamtheit mit dem hier entwickelten systemisch-syntaktischen Blick auf Organisationen und Führung in einen produktiven Dialog zu bringen.

Das komplexe Bild lebendiger systemisch-syntaktischer Führung

Wir werden in diesem Buch durch die beschriebene Vorgehensweise auch zu einer Vielzahl von wichtigen Erkenntnissen über Führung gelangen, von denen im Folgenden die wichtigsten aufgeführt sind:

- Führung hat eine Aufgabe, die mit inneren Spannungszuständen der Systeme (zum Beispiel Organisationen oder Teams) zu tun hat, auf welche diese Führung ausgerichtet ist. Führung ist damit nur in ihrer Umsetzung personal zu denken, die Inhalte der Führung lösen sich von den Personen, welche in dieser Führung aktiv sind. Die mit der Aufgabe von Führung verbundenen Funktionen sind dabei unabhängig von der konkreten Form der Organisation der Systeme, auf die die Führung ausgerichtet ist. Die funktionale Betrachtung von Führung bietet daher eine Möglichkeit, hinter der Vielzahl instrumentell-methodischer Ansätze in der aktuellen Führungspraxis einen einheitlichen Bezugsrahmen zu finden.
- Führung stellt selbst ein System dar, welches organisiert werden muss, damit es seine vielfältigen Leistungen auf den unterschiedlichen Systemebenen moderner Organisationen, wie zum Beispiel in Teams, erbringen kann.
- Führung muss als System wiederum geführt werden, was eine besondere Form der Führung benötigt, wobei gerade diese Anforderung in den meisten Organisationen heutzutage nicht hinreichend adressiert wird.
- Führung muss sich entwickeln, da die von ihr geführten Systeme sich ebenfalls entwickeln. Diese gekoppelte Entwicklungsarbeit stellt eine besondere Aufgabe für die Führung von Führung dar.
- Führung hat eine oft übersehene existenzielle Dimension, da sie von Menschen ausgeübt wird und auf Menschen in systemischen Kontexten wirkt. Sie kann daher nicht nur instrumentell-methodisch behandelt werden.

Ausgehend von diesen Kerneinsichten, zeichnet das vorliegende Werk die Welt der Führung als eine komplexe, lebendige Welt der gekoppelten Entwicklung unterschiedlichster Systemebenen (Organisation, Team, Dyade[5],

ICH) mit ihren jeweiligen Führungsinstanzen, sprich den entsprechenden Führungssystemen sowie dem Selbst, im Fall des ICH, einer Person.

Der spezielle systemisch-syntaktische Blick auf die Stoa

Die in diesem Buch vorgestellte systemisch-syntaktische Sichtweise, welche Aspekte des Denkens von Matthias Varga von Kibéd und Insa Sparrer (syntaktisches Denken als das Denken in Systemstrukturen) mit Gedanken der sozialen Systemtheorie von Niklas Luhmann (systemische Sichtweise auf soziale und psychische Systeme) verbindet, ermöglicht es, die antike Stoa als frühe Form einer systemisch-syntaktischen Perspektive auf Personen zu interpretieren. Mithilfe dieser Sichtweise werden wir die lebensphilosophische Konzeption der Stoa als eine praxisorientierte Philosophie verstehen können, welche die Entwicklung einer Person als die kombinierte Entwicklung eines ICH-Selbst-Systems interpretiert. Ziel in der Stoa ist es dabei, mithilfe einer Kultivierung des eigenen Selbst, sich über eine Vielzahl praktischer Konzepte und Übungen in die Lage zu versetzen, im eigenen ICH eine tugendhafte Entwicklung zu bewirken. Wir werden hierbei auch feststellen, dass der Begriff der Tugend in der Stoa sehr viel umfassender ist, als dies unser heutiger Sprachgebrauch nahelegt. Es wird sich dabei auch zeigen, dass diese Perspektive der Stoa auf uns Menschen in keiner Weise eine individualistische Sichtweise ist, sondern sich als zutiefst sozial erweist, sodass jede ICH-Selbst-Entwicklung im stoischen Sinne immer nur im Kontext unserer Umwelt und der uns umgebenden Menschen und Systeme zu denken ist. Übertragen auf die Welt der Führung bedeutet dies, dass es in diesem Buch auch darum gehen wird, was es bedeuten kann, tugendhaft zu führen. Wir werden hierbei entdecken, dass zu einer tugendhaften Führung aus stoischer Sicht innere Freiheit und Autonomie genauso gehören wie das Eingebettetsein in unseren sozialen Kontext. Hierbei werden wir zuletzt auch erkennen, dass die gelingende Verbindung zwischen diesen beiden Aspekten der tugendhaften Führung sich im Verständnis der Stoa sogar in ästhetischer Hinsicht als schön erweisen kann.

In Summe lernen wir über diese Überlegungen eine komplexe Welt kennen, welche eine Sprache zu ihrer Beschreibung benötigt, die es uns erlaubt, hinter den vielfältigen Unterschieden zwischen den Welten der modernen Führung und der antiken Stoa ein verbindendes Muster zu erkennen, welches sich um den Gedanken einer koordinierten und sich selbst kultivierenden Entwicklung von Systemen rankt. In diesem Bild erscheinen viele Gedanken der Stoa auf einmal sehr aktuell und andersherum viele Gedanken aus der Welt der modernen Führung für die Gedankenwelt der Stoa nutzbar. Es ist genau dieser fruchtbare Dialog, der dieses Buch in seiner Anlage einzigartig macht und dem es auch gewidmet ist. Wir werden uns auf diesem Weg immer auch auf ein gewisses Maß an Abstraktion einlassen müssen, doch ist dieses Buch in der Überzeugung geschrieben, dass der Ertrag dieser Abstraktionen die Anstrengung lohnt. Daher betone ich im dritten Teil auch die Möglichkeiten der praktischen Anwendung des Wegs der Stoa in der Führung. Ich sehe mich mit dieser Anlage auch in Übereinstimmung mit einem wichtigen Aspekt der Stoa, den Epiktet in seinen *Gesprächen* im dritten Buch formuliert (Epiktet, *Gespräche*, III.21.4-6[6]):

> »Ein Baumeister kommt nicht und sagt: ›Hört mir zu, wenn ich über die Baukunst spreche‹, sondern er geht an den Bau eines Hauses, führt ihn aus und zeigt, dass er sein Handwerk versteht. Ebenso auch du: Iss, wie es sich für einen Menschen gehört; trink, wie es sich für einen Menschen gehört; kleide dich anständig; sei ein Ehemann, ein Vater, ein Bürger; erdulde Beschimpfungen und einen übelgesinnten Bruder; vertrage dich mit deinem Vater, Sohn, Nachbarn und Reisegefährten. Das sollst du uns zeigen, damit wir sehen, dass du in der Tat etwas Philosophie gelernt hast.«

In diesem Gedanken zeigt sich, dass die Stoa nie vom Leben getrennt war, sondern sich immer als Reflexion im Leben für das Leben verstand und ihren Erfolg daran bemaß, wie wirksam sie sich in der Bewältigung des Alltags zeigte. Die uns noch verfügbare stoische Literatur formuliert diesen Gedanken an vielen Stellen und zeigt sich damit sehr bewusst gegenüber dem Vorwurf reiner Reflexion der Reflexion wegen. Anders wäre es auch kaum verständlich, wie der Stoizismus über mindestens 300 Jahre zu der bestimmenden lebensphilosophischen Kraft in der Elite des römischen Imperiums werden konnte.

Teil 1:

Ein moderner Blick auf das Phänomen der Führung

1.1 Der existenzielle Grund von Führung

Steigen wir also ein in die Welt der Führung.* Worum geht es in Führung und wie können wir das Phänomen der Führung so greifbar machen, dass wir für die nachfolgenden Kapitel klar erkennen können, an welcher Stelle eine Verbindung des Phänomens Führung mit einer lebensphilosophischen Praxis von Bedeutung sein kann? Hier zeigt sich gleich von Beginn an ein großes Problem. Führung ist nicht nur ein sehr vielschichtiger, sondern auch ein sehr diffuser Begriff. Befragte man fünf Fachleute, so würde man sechs Meinungen erhalten, was Führung ausmacht und was Führung nicht ist. Hinzu kommt, dass die Diskussion über Führung oft nicht ideologiefrei geführt wird und somit jede Darstellung über Führung sich ihrer eigenen Annahmen und Begrenzungen bewusst sein muss. Führung ist in unserer Gesellschaft ein so omnipräsentes Phänomen, dass derjenige, der das Narrativ über Führung kontrolliert oder auch nur dominiert, damit gleichzeitig über die Verteilung von Macht und Privilegien in unseren modernen Organisationen und Gesellschaften mitentscheidet.[7]

Ich versuche daher, in diesem Kapitel zunächst einmal die Phänomenologie von Führung greifbar zu machen, um dann in den nächsten beiden Kapiteln (Kap. 1.2 und 1.3) in ein systematischeres Verständnis von Führung überzugehen.

Beginnen möchte ich mit einer Sichtweise auf Führung, welche von James March, einem renommierten amerikanischen Organisationstheo-

---

* Ich verwende im Folgenden für den englischen Begriff »Leadership« im Deutschen den Begriff Führung und unterscheide diesen Begriff explizit von dem Begriff »Management«. Eine detailliertere Unterscheidung der beiden Begriffe findet sich in den beiden folgenden Kapiteln (siehe Kap. 1.2.1 und 1.2.2).

retiker und Managementvordenker, formuliert wurde. James March beschreibt sie in seinem 2005 mit Thierry Weil herausgegebenen Buch *On Leadership*, welches auf einem seiner Führungskurse basiert, den er in den Jahren 1980 bis 1994 an der Stanford University gehalten hat. Er formuliert zu Beginn des Buches drei Überzeugungen, welche diesem Kurs zugrunde lagen:[8]

1. Die wesentlichen Herausforderungen von Führung sind von denen des Lebens nicht zu unterscheiden. Eine angemessene Diskussion dieser Themen muss daher auch die großen Dilemmata der menschlichen Existenz beinhalten, wie sie sich auch im Kontext von Führung zeigen.
2. Literatur ist eine angemessene Quelle, um über diese Herausforderungen zu reflektieren. Relevante, von ihm in diesem Kontext zitierte Werke sind unter anderen: *Othello* von Shakespeare, *Don Quijote* von Miguel de Cervantes oder *Krieg und Frieden* von Leo Tolstoi.
3. Eine Ausbildung zum Thema Führung, einschließlich der Kurse an Business Schools, sollte nicht versuchen, den Studenten nur Rezepte oder Anleitungen für den Erfolg in der Praxis von Führung zu liefern. Eine derartige Ausbildung sollte vielmehr dabei helfen, Wege zum Verständnis der wesentlichen Dilemmata der menschlichen Existenz und des Wesens des menschlichen Geistes zu finden.

Betrachtet man diese Überlegungen von March, so fällt auf, dass Führung in diesem Verständnis nicht nur eine methodisch-instrumentelle Seite besitzt, wie sie von ihm im dritten Punkt unter den Begriffen »Rezepte« und »Anleitungen« beschrieben wird. Führung besitzt in seinem Bild vor allem auch eine existenzielle Tiefe, welche er in seinem ersten Punkt mit der allgemeinen existenziellen Dimension menschlichen Lebens gleichsetzt. Gleichzeitig betont March in seiner Auflistung auch, dass es neben den instrumentellen Aspekten vor allem diese existenzielle Perspektive auf Führung ist, welche den Rahmen für eine Beschäftigung mit ihr darstellen sollte – eine sicherlich ungewöhnliche Perspektive auf die Auseinandersetzung mit Führung. Im Kontext der Überlegungen in diesem Buch verweist dieser Blick von March aber punktgenau auf einen Bedarf im Umgang mit Führung, der in vielen praktischen Kontexten kaum Aufmerksamkeit erhält. Um diese Tiefendimension praktisch greifbar zu machen, denke man nur an Situationen, in denen Personen in Organisationen schwer erkranken, Angehörige verlieren, Straftaten begehen oder auch entlassen werden müssen, auch wenn hierdurch existenzielle Notlagen aufseiten dieser Personen entstehen.

Es sind genau solche Situationen, welche von den an der Führung Beteiligten einen verlässlichen inneren Kompass erfordern, der kaum auf instrumentell-methodischer Ebene vermittelt werden kann. Auch die Existenz von Sozialdiensten, Betriebsräten, Ethikvorschriften oder aber Codes of Conduct entbindet Personen, die an Führung beteiligt sind, nicht davon, dass sie durch ihre Entscheidungen erheblichen Einfluss auf diese Situationen ausüben. James March zieht in seinem Buch aus dieser Gegebenheit den Schluss, dass an Führung Beteiligte sich intensiv mit Literatur beschäftigen sollten, da diese uns in besonderer Art und Weise hilft, von den Missgeschicken und Schicksalsschlägen der Charaktere in diesen Büchern zu lernen. Durch diese Form der Auseinandersetzung kann es uns dann seiner Meinung nach auch gelingen, den vorher bereits angesprochenen inneren Kompass auszubilden, um somit der existenziellen Anforderung durch Führung besser begegnen zu können. Dieser Gedanke erscheint nicht abwegig, und nicht umsonst finden wir in den Biografien vieler erfolgreicher Führungskräfte Hinweise darauf, dass diese sich mit Literatur beschäftigt haben. Von besonderer Bedeutung scheint hier das Genre der Autobiografien beziehungsweise Biografien historischer Personen zu sein.

Spannenderweise ist der Gedanke, sich über die Auseinandersetzung mit historischen Personen oder auch literarischen Werken in seinem eigenen verantwortlichen Tun zu reflektieren, schon sehr alt. Bereits im antiken Griechenland wurden die Werke Homers intensiv studiert, analysiert und in ihrer Aussagekraft für das praktische Handeln in der damaligen Führungselite interpretiert. Auch die Begründer der stoischen Philosophie setzten sich in ihren Werken intensiv mit Homer und den Werken der antiken Dramatiker wie Euripides oder Aischylos auseinander. Chrysipp von Soloi (281 – 208 v. Chr.), das dritte Schuloberhaupt der stoischen Schule, war berühmt dafür, dass er in seinen Büchern große Passagen der klassischen Werke zitierte und interpretierte. Plutarch[9] (45 – 125 n. Chr.), ein griechischer Schriftsteller aus dem 1. bis 2. Jahrhundert n. Chr., verfasste vergleichende Studien bekannter griechischer und römischer Personen, in welchen er anhand ihrer parallelen Lebenswege Lehren über das Leben vermitteln wollte. Trotz dieser umfassenden Tradition der literarischen Bildung in der Antike entwickelte sich in der Nachfolge des griechischen

Philosophen Sokrates (469 – 399 v. Chr.) sowie seiner bekanntesten Schüler Platon (428 – 348 v. Chr.) und Antisthenes (445 – 365 v. Chr.) sowie weiterer philosophischer Strömungen aus der vorsokratischen Zeit eine neue Tradition, welche versuchte, eine systematischere philosophisch instruierte Lebenspraxis zu vermitteln. Die bekanntesten Schultraditionen dieser Zeit waren die Akademie des Platon, die Schule seines Schülers Aristoteles (384 – 322 v. Chr.), die Schule des Epikur (341 – 271 v. Chr.) sowie die stoische Schule, welche von Zenon von Kition (333 – 262 v. Chr.) begründet wurde. In diesen Schulen wurden nicht in erster Linie Philosophen ausgebildet, wie man dies heutzutage im akademischen Betrieb philosophischer Institute vermutet. Sie bildeten vielmehr die junge Elite der zunächst griechischen und nach der Eroberung Griechenlands durch Rom im 2. Jahrhundert v. Chr. auch römischen Oberschicht aus. Diese Ausbildung zielte dabei insbesondere darauf ab, die Schüler sowohl in wichtigen Fertigkeiten wie Rhetorik und Dialektik als auch in lebensphilosophischen Fragen der Ethik oder der eigenen Lebensgestaltung auszubilden. Teil dieser Tradition war, wie vorher bereits erwähnt, auch die Auseinandersetzung mit den literarischen Werken der antiken Zeit, wie den Werken Homers et cetera. Diese Auseinandersetzung erfolgte dabei aber im Rahmen philosophischer Reflexionen.

Vergleichen wir diese Tradition mit unserer heutigen Situation, so fällt auf, dass wir im Hinblick auf die existenzielle Perspektive auf Führung weder auf eine ausgesprochene Tradition der Vermittlung literarischer Werke noch auf die vorher beschriebene Tradition lebensphilosophischer Schulen zurückgreifen können. Betrachten wir die Ausbildungsprogramme für Führungspersonal sowohl an Universitäten und Hochschulen als auch an Weiterbildungsinstituten, so finden wir sehr viele instrumentell-methodische Angebote, eine Auseinandersetzung mit der existenziellen Perspektive auf Führung findet sich aber kaum.

Es ist diese Lücke in den Curricula zum Thema Führung, welche in diesem Buch unter anderem adressiert werden soll. Die hinter diesem Gedanken stehende erste Leithypothese lässt sich dabei wie folgt formulieren:

> Leithypothese 1:
> *Wer in existenziellen Situationen führen oder an Führung beteiligt sein will, benötigt eine explizite Lebensphilosophie. Wer eine solche nicht besitzt, mag führen, diese Führung wird aber keine nachhaltige*

Linie besitzen und unter widrigen Umständen ihre Kraft und Richtung verlieren, da sie der in diesen Situationen relevanten existenziellen Herausforderung nicht angemessen begegnen kann.

Die entsprechende lebensphilosophische Antwort auf diese Herausforderung werden wir in Teil 2 im Detail kennenlernen. Hier werden wir sehen, dass eine der oben genannten antiken lebensphilosophischen Schulen, die Stoa von Zenon von Kition, über ihr Konzept der Entwicklung personaler Identität eine auch heute noch instruktive Antwort auch für an Führung Beteiligte liefern kann. Wir werden daher die Relevanz der Praxis dieser Schule für Führung im dritten Teil genauer betrachten.

Der Anspruch dieses Buches geht über diese erste Hypothese hinaus. Um das weitergehende Potenzial lebensphilosophischer Überlegungen für den Bereich der Führung erschließen zu können, müssen wir allerdings zunächst noch etwas tiefer in die Herausforderungen von Führung eintauchen. Hierzu kehren wir noch einmal zu den Überlegungen von James March bezüglich des existenziellen Charakters von Führung zurück. March erläutert diesen Charakter in seinem Buch mithilfe einer Liste wichtiger Herausforderungen in der Führungsarbeit, welche aus seiner Sicht den fundamentalen Charakter von Führung greifbar machen. Bei diesen Herausforderungen handelt es sich um folgende Themen beziehungsweise Spannungsfelder für die Führungsarbeit:

- Privatleben versus öffentliche Pflichten
- Intelligenz versus Unschuld und Tugend
- Genie versus Ketzerei und Wahnsinn
- Große Taten, große Visionen und große Erwartungen
- Vielfalt versus Einheit
- Ambiguität versus Kohärenz
- Macht und Herrschaft versus Unterordnung
- Geschlecht und Sexualität
- Freude am Prozess

Betrachten wir diese Spannungsfelder genauer. Das Spannungsfeld zwischen Privatleben und öffentlichen Pflichten verweist auf eine ganz grundsätzliche Spannung im Umgang mit Führung. Dies ist die Spannung zwischen einem sozial vermittelten und überindividuell definierten Anforderungsprofil an Führungsrollen auf der einen Seite und der hinter einer solchen Rolle stehenden Privatperson mit ihren individuellen Bedürfnissen, Wünschen und Geheimnissen. Oft führt dieses Spannungsverhältnis dazu, dass in Führung stehende Menschen hier ins Ungleichgewicht geraten. Dies führt dann zum Beispiel dazu, dass die Person hinter der Rolle als zu dominant erlebt wird und eine an Führung beteiligte Person als egoistisch und durch private Anliegen motiviert erscheint. Umgekehrt wird eine Person, welche sich zu sehr über ihre öffentlichen Pflichten oder ihre rollengebundenen Aufgaben definiert, als technokratisch und menschlich nicht greifbar erlebt. In diesem Themenfeld zeigt sich daher eine der grundlegenden Herausforderungen der Selbstführung in einer gegebenen Führungsrolle, nämlich die passende Balance im Spannungsfeld zwischen Person und Rolle zu finden.

Im Themenfeld »Intelligenz versus Unschuld und Tugend« weist March darauf hin, dass Führung sich oft im Spannungsfeld zwischen Abstraktion und Praxis befindet. Hierbei kann es in der Führungsarbeit manchmal notwendig sein, sich von den Details des Alltags zu lösen und durch Theorie und Abstraktion eine gesuchte Problemlösung zu erarbeiten, welche aufgrund ihres abstrakten Charakters aber nicht bei allen Beteiligten Akzeptanz findet. Gleichzeitig braucht es aber auch Zeiten, in denen eine gegebene Situation in ihrem herausfordernden Charakter wahrgenommen und anerkannt wird, sodass die emotionale und fundamental menschliche Seite einer situativen Herausforderung ihren Platz findet. Nur so kann dann menschliche Verbindung und Wahrhaftigkeit entstehen. Auch hier gilt es, in der Führungsarbeit eine passende Balance zwischen Lösungssuche einerseits und Problemakzeptanz andererseits zu finden.

Im Themenfeld »Genie versus Ketzerei und Wahnsinn« geht es March um das Spannungsfeld, in dem sich Menschen in Führungsrollen oft bewegen, da sie einerseits innovative neue Wege gehen sollen, andererseits aber mit der Unsicherheit leben müssen, dass diese Wege auch in die Irre führen können. Wie findet sich in diesem Spannungsfeld der »richtige Weg«, und woran kann sich die Suche nach diesem »richtigen Weg« orientieren? Es ist diese so herausfordernde Unsicherheit, welche einen ungewöhnlichen Weg in der Führungsarbeit potenziell zu einem genialen Lösungsweg, einer ketzerischen Abweichlerei oder aber auch zu einem wahnsinnigen Irrweg werden lassen kann. Ein ähnliches Spannungsfeld für Führungsarbeit bildet der oft in Organisationen spürbare Wunsch nach »großen Taten und großen Visionen«, verbunden mit »großen Erwartungen«. Diese fast schon romantischen Vorstellungen von Führung, die das Bild eines »großen Führers« historischen Ausmaßes provozieren, stellen in der Realität des Alltags oft nicht mehr dar als Wunschvorstellungen, welche den realen Prozessen in Organisationen und dem hiermit verbundenen Führungsalltag nicht gerecht werden. An Führung Beteiligte müssen sich hierbei der Herausforderung stellen, dass sie als verantwortlich Handelnde Projektionsfläche für derartige Erwartungen sind, diese in gewisser Hinsicht auch bedienen müssen, sie aber gleichzeitig erleben, dass die Realität des Führungshandelns sie oft eher in eine Zuschauerposition oder in die Rolle von Beteiligten drängt, die die sich vollziehenden Prozesse zwar beeinflussen, aber nicht wirklich kontrollieren können.

Ein weiteres Feld der Unsicherheit in der Führungsarbeit ergibt sich aus den sich widersprechenden Bedürfnissen in Organisationen nach Vielfalt und Einheit. Vielfalt der Kompetenzen, der Sichtweisen, der mentalen Modelle ist auf der einen Seite eine wichtige Ressource, wenn es um Kreativität oder Lösungsfindung geht. Sie kann umgekehrt aber auch zur Last werden, wenn sie unbeherrschbar und überfordernd wird. Ähnlich ist es mit der Spannung zwischen Ambiguität, die Offenheit und Flexibilität (»explore«) erfordert, und Einheit, welche Handlungsfähigkeit und Schnelligkeit ermöglicht (»exploit«). So stellen beide Felder für Führungshandeln eine Herausforderung dar, da Führungsarbeit auch hier die richtige Balance in diesen Spannungsfeldern finden muss.

Die Phänomene von »Macht und Herrschaft versus Unterordnung« sind ebenfalls hochambivalent, da die Verfügbarkeit von Macht in Organisationen und die hiermit verbundene Forderung nach Unterordnung und Gefolgschaft in klarer Spannung zu Forderungen nach Partizipation, selbstverantwortlichem Handeln sowie dezentraler Autonomie stehen. Die Frage der Balance zwischen diesen beiden Polen muss von an Führung Beteiligten immer und immer wieder kontextabhängig beantwortet werden, wobei die jeweilige Wahl in der konkreten Führungsarbeit als hochriskant erlebt werden kann. Hierbei bleibt diese Ambivalenz selbst in hochpartizipativen Settings lebendig, wenn trotz aller Formalisierung der Interaktion in kritischen Situationen Entscheidungsnotstand entsteht und auf einmal die Frage der Entscheidungsbereitschaft in Form einer situativen Bereitschaft zur »Herrschaft« und damit verbunden zur Verantwortungsübernahme im Raum steht.

Zusätzlich bildet auch das Themenfeld »Geschlecht und Sexualität« für Führung eine große Herausforderung. Sei dies im Hinblick auf die Frage nach einer gendergerechten Beteiligung an Führung oder aber in der Suche nach einer gendergerechten Sprache in Organisationen, welche mit Fragen struktureller Anerkennung oder Unterdrückung einhergeht. Führungshandeln muss sich bezüglich dieser Fragen mit der Tatsache auseinandersetzen, dass jedes Handeln im Hinblick auf dieses Spannungsfeld beobachtet werden kann und somit jede Handlung in dieser Hinsicht als riskant anzusehen ist. Die Positionierung in diesem Spannungsfeld durch eigenes Führungshandeln stellt damit potenziell eine konstante Konfliktquelle dar, welche nicht zu vermeiden ist.

Betrachtet man diese Spannungsfelder, so ist es nicht verwunderlich, dass March seine Aufzählung mit der Herausforderung der »Freude am Prozess« der Führung abschließt. Jede an Führung beteiligte Person steht vor der Herausforderung, sich mit den genannten Spannungsfeldern in der Führungsarbeit auseinanderzusetzen und für sich dabei auch zu klären, welche Form der »Freude am Prozess« für sie möglich ist. Die Beteiligung an Führung erscheint hierbei als riskantes Unterfangen, aber gleichzeitig aufgrund ihrer Bedeutung für organisationale Settings auch wiederum als sehr spannend und in ihrer gelingenden Praxis auch als potenziell interessant und persönlich befriedigend. Die genannten Herausforderungen, welche auch keinen Anspruch auf Vollständigkeit erheben, weisen aber auch darauf hin, dass eine grundsätzliche Antwort auf die Frage des Umgangs mit diesen Spannungsfeldern nicht existieren kann und jede an Führung beteiligte Person hier gefordert ist, ihre eigene, persönliche Antwort zu finden und diese immer und immer wieder zu überprüfen und neu zu justieren.

Fassen wir die Befunde dieser Überlegungen zusammen, so sehen wir, dass Führung in vielen Aspekten eine Frage der Balancierung von Anforderungen darstellt. Wir werden diesen Gedanken des Spannungsmanagements in den nächsten Abschnitten noch weiter zu einem vollständigen Bild von Führung ausbauen. An dieser Stelle wollen wir aber zunächst noch einmal den Blick auf die Frage richten, inwiefern bezüglich dieser Herausforderung eine lebensphilosophische Betrachtungsweise hilfreich sein kann. Die Antwort auf diese Frage findet sich in der

Überlegung, dass die Suche nach der Balance zwischen unterschiedlichen Anforderungen im Kern der Suche nach einem situativen »Besser« für die an Führung beteiligten Menschen, seien sie Führende oder Geführte, entspricht. Genau diese Perspektive findet sich aber in einer Lebensphilosophie, da sie in ihrer Grundanlage eine Entwicklung hin zu einem »Gut« verfolgt, wodurch einzelne Schritte auf diesem Weg zum »Guten« als Schritte der »Verbesserung« angesehen werden können. Wie dieser Weg und die aus einer lebensphilosophischen Betrachtung sich ergebenden Hinweise zum Umgang mit einer solchen Herausforderung genau aussehen können, wird Gegenstand des zweiten und dritten Teils dieses Buches sein. Zum Abschluss dieses Abschnitts wollen wir den eben formulierten Gedanken in einer zweiten Leithypothese für dieses Buch verdichten.

> Leithypothese 2:
> *Die Einrahmung von Führungsarbeit durch einen lebensphilosophischen Weg, wie den der Stoa, erlaubt es in herausfordernden Situationen, die durch Spannungsfelder charakterisiert sind, eine Handlungsrichtung über die Vorstellung eines situativen »Besser« zu erhalten, welches auf dem stoischen Weg auf das Innigste mit dem Konzept der Tugend verbunden ist.*

1.2 Die komplexe Natur moderner Führung

1.2.1 Die systemisch-syntaktische Perspektive auf Führung

Die existenzielle Perspektive auf Führung, welche wir im letzten Abschnitt betrachtet haben, hat uns zu zwei Kerneinsichten geführt. Erstens, dass wir bei der Betrachtung von Führung deren oft ignorierten existenziellen menschlichen Kontext nicht vergessen sollten. Zweitens, dass eine wesentliche Aufgabe von Führung darin besteht, dass wir Spannungsfelder handhaben und uns in diesen bewegen müssen. Wir haben Führung hierbei in ihrer breitesten Form betrachtet und nicht zwischen unterschiedlichen Kontexten unterschieden, in denen Führung als Phänomen erscheint. So ließe sich inhaltlich (»semantisch«) sicherlich zwischen der Praxis militärischer, politischer sowie wirtschaftlicher Führung oder auch Selbstführung ein Unterschied konstatieren. Wir wollen im Folgenden aber genau diese Unterschiede nicht in den Vordergrund stellen und Führung stattdessen zunächst strukturell (»syntaktisch«) betrachten.

Diese syntaktische Perspektive auf Führung fragt dabei nicht nach den semantischen Details von Führung in den genannten unterschiedlichen Anwendungsbereichen, sondern sie fragt vielmehr nach den Strukturelementen, welche immer beobachtbar sind, wenn es um Führung geht, unabhängig vom betrachteten Kontext. Diese Sichtweise auf ein Phänomen kennen wir aus dem Umgang mit Sprache. Die semantische Perspektive auf Sprache wäre dabei in Wörterbüchern abgebildet, wohingegen die syntaktische Perspektive auf Sprache in Grammatiken abgebildet ist. Wenn wir in diesem Bild bleibend auf die Grammatik eines Satzes schauen, dann sehen wir nicht die Inhalte dieses Satzes, sondern die Strukturelemente (zum Beispiel Subjekt, Objekt, Prädikat), welche mit dem Erscheinen eines Satzes verbunden sind.

Der Gedanke, eine solche Perspektive auf Phänomene außerhalb sprachlicher Analysen anzuwenden, wurde zum ersten Mal von Matthias Varga von Kibéd und seiner Frau Insa Sparrer formuliert sowie auf die Analyse von allgemeineren Phänomenen angewendet, wie zum Beispiel dem Problembegriff oder Entscheidungen. In der entsprechenden Analyse werden die an diesen Phänomenen beobachtbaren Strukturelemente identifiziert und in einer schematischen Darstellung zusammengefasst. So gibt es beispielsweise ein Problemschema, welches die in Tabelle 1 dargestellten Syntaxelemente eines Problems sowie die hiermit verbundenen Beschreibungen enthält. Mithilfe dieses Schemas kann jede subjektive Problembeschreibung dahingehend untersucht werden, ob sie alle Elemente des Problemschemas enthält oder ob diese Beschreibung einseitig (zum Beispiel hindernisbetonend) beziehungsweise unvollständig ist (zum Beispiel kommen der verdeckte Gewinn oder die zukünftige Aufgabe nicht darin vor). Aus derartigen Befunden können dann neue interessante Einsichten bezüglich einer Problembeschreibung dadurch gewonnen werden, dass man testet, was sich an der Problemwahrnehmung ändern würde, wenn man diese Wahrnehmung symmetrischer oder vollständiger durchführen würde. In der Praxis zeigen sich hierdurch oft in der Tat neue Problemeinsichten, welche zu ebenfalls neuen Problemlösungsstrategien führen können.

Syntaxelemente eines Problems	**Beschreibung**
Problem	Der Ausgangspunkt der Betrachtung, ein Zustand, der von einer Person als problematisch angesehen wird.
Ziel	Der Zielzustand, in welchem das Problem für die Person nicht mehr existiert.
Hindernisse	Dinge, welche der Person den Weg zum Ziel erschweren (zum Beispiel fehlende Kompetenzen).
Ressourcen	Dinge, welche der Person den Weg zum Ziel erleichtern (zum Beispiel Erfahrungen und Kompetenzen).

Zukünftige Aufgabe	Eine mit der Erreichung des Zielzustands verbundene neue Herausforderung (zum Beispiel die Suche nach einem Arbeitsplatz, wenn man das Examen bestanden hat).
Verdeckter Gewinn	Der Nutzen, den das Vorhandensein des Problems für die Person besitzt.
Kontextfaktoren	Relevante Kontextfaktoren, an deren Vorhandensein die Existenz des Problems gebunden ist.

Tabelle 1: Liste der Syntaxelemente eines Problems.[10]

Ein ähnliches Schema liegt ebenfalls für die strukturelle Analyse von Entscheidungen (Syntax von Entscheidungen) unter dem Namen »Tetralemma-Schema« vor.[11]

Folgen wir diesen Überlegungen, so lässt sich das Ziel unserer Analyse in diesem und den nächsten Kapiteln (Kap. 1.2.1 – 1.2.5) als eine syntaktische Analyse des Phänomens Führung beschreiben. Um unsere Analyse von Führung aber umfassend durchführen zu können, benötigen wir noch eine zweite, ergänzende Perspektive auf Führung. Diese Notwendigkeit ergibt sich aus der Überlegung, dass Führung nicht für sich als Phänomen alleine steht, sondern nur im Kontext mit anderen Phänomenen auftritt. Typische Kontexte, in denen Führung notwendig ist, sind zum einen Organisationen, Teams und Dyaden sowie zum anderen Personen. Bei den ersten drei Kontexten handelt es sich um soziale Systeme und bei dem letzten um ein psychisches System. In jedem Fall handelt es sich aber um strukturierte Systemkontexte, welche sich zum einen bezüglich des Systemtypus (psychisch/sozial) und zum anderen bezüglich der Systemebene (Organisation und Interaktion, Team, Dyade) unterscheiden lassen.

Ausgehend von diesem Kontextbild müssen wir die Frage klären, in welchem Verhältnis das Phänomen Führung zu diesen Kontexten steht. Hierbei liegt es nahe, von einem funktionalen Verhältnis auszugehen, das heißt, der Annahme zu folgen, dass Führung in diesen Kontexten eine Funktion erfüllt. Folgen wir diesem Gedanken, so ergibt sich im Hinblick auf die für Führung relevanten Kontexte und die hiermit verbundenen Funktionen von Führung das in Abbildung 1 dargestellte Bild. Hierbei sind die für die jeweiligen Systemebenen von Führung geleisteten Funktionen unter den Begriffen »organisationale Führung«, »Teamführung«, »dyadische Führung« und »ICH-Führung«[12] zusammengefasst. Um nun genau zu verstehen, was Führung auf diesen Ebenen jeweils leistet, ist ein genaueres Verständnis der Funktionsbedarfe auf diesen Systemebenen notwendig.

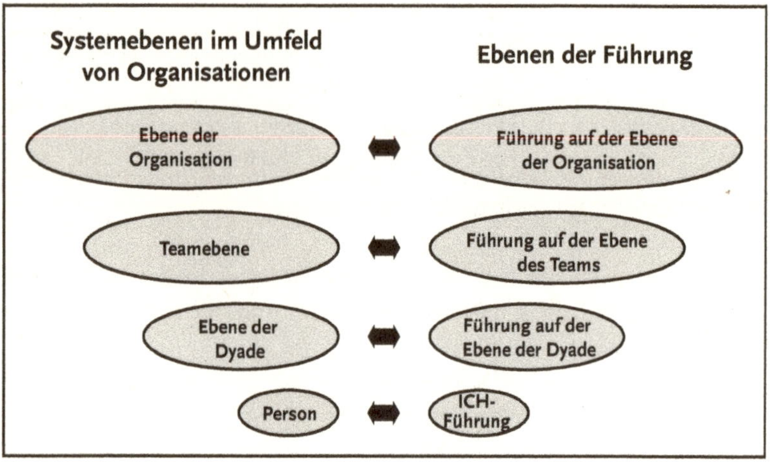

Abbildung 1: Systemebenen (psychisch/sozial) im Umfeld von Organisationen und die entsprechenden Ebenen der Führung.[13]

Interessant ist hierbei die Frage, ob wir die Diskussion an dieser Stelle bereits semantisch differenzieren müssen, da die jeweiligen inhaltlichen Details auf diesen Systemebenen sehr unterschiedlich sind und damit der Gedanke nahe liegt, dass auch die funktionalen Leistungen von Führung semantisch differenziert werden müssen. Wir werden aber einen anderen Ansatz versuchen, und zwar wollen wir die Hypothese vertreten, dass die funktionalen Anforderungen an Führung auf allen dargestellten Systemebenen (sozial wie psychisch) sich zwar semantisch unterscheiden, diese aber syntaktisch identisch sind. Dies bedeutet, dass wir zwar davon ausgehen, dass das Führungsgeschehen auf den jeweiligen Systemebenen semantisch unterschiedlich ist, die sich in diesem Geschehen aber zeigenden Strukturen identisch sind. Den Grund für diese Identität werden wir in den syntaktischen Strukturen der jeweiligen Systemebenen finden. Diese werden sich bei einer genaueren Betrachtung als strukturgleich erweisen. Die syntaktische Identität der Führungsfunktionen auf den unterschiedlichen Ebenen wird sich dann so begründen, dass diese mit den syntaktischen Strukturen der Systeme auf den jeweiligen Ebenen verbunden ist. Führung wird sich hierbei funktional als systemisches Spannungsmanagement zwischen den Strukturelementen dieser Systeme erweisen. Wir kommen somit zu einem Verständnis von Führung, welches wir mit dem Begriff »systemisch-syntaktisch« beschreiben wollen, da wir zum vollen Verständnis von Führung sowohl die systemische als auch die syntaktische Perspektive verwenden werden.

Um dieser Hypothese Substanz zu geben, werden wir im nächsten Abschnitt am Beispiel der Systemebene Organisation zunächst eine syntaktische Analyse des Phänomens Organisation durchführen, um hierauf aufbauend dann in den nachfolgenden Abschnitten die Frage nach den Funktionen von Führung für Organisationen beantworten zu können. Im Rahmen dieser Diskussion werden wir uns auch noch mit der Frage beschäftigen, in welcher Form Führung auf der Systemebene Organisation funktional wirksam werden kann. Diese Betrachtung wird uns auch zu einem klaren Verständnis der Form von Führung zum Beispiel im Unterschied zu Management oder anderen Phänomenen auf dieser Systemebene führen. Gleichzeitig werden wir mithilfe dieser Betrachtung auch eine Art Blaupause für die Analyse der anderen Systemebenen Team und Dyade erhalten, welche wir im Rahmen dieses Buches allerdings nur überblicksartig andeuten können. Dem systemisch-syntaktischen Verständnis personaler Selbstführung (siehe Kap. 2.3.6) werden wir im Rahmen dieses Buches mehr Raum geben, da wir im zweiten Teil im Rahmen der Betrachtung der personalen Entwicklungstheorie der Stoa frappierende Ähnlichkeiten zu diesem Denken finden werden (siehe Kap. 2.3.4 und 2.3.5). Hier wird sich zeigen, dass wir in unseren modernen Überlegungen zum Thema Selbstführung sogar noch einiges von der Stoa lernen können. Umgekehrt wird das stoische Bild der personalen Entwicklung durch das hier bereits angedeutete systemisch-syntaktische Verständnis von Führung einen kohärenten Rahmen finden, der den Zugang zu diesem antiken Denken und seinen damit verbundenen Texten erleichtern und für die Praxis einfacher nutzbar machen kann. Zusätzlich werden wir am Ende des zweiten Teils das entwickelte Verständnis von Führung auf der psychischen und sozialen Systemebene ebenfalls mit zentralen Gedanken der Stoa unter dem Begriff der »systemischen Kohärenzdynamik« zusammenführen.

1.2.2 Exkurs 1: Ein systemisch-syntaktischer Blick auf Organisationen

Beginnen wir mit der Frage, was Organisationen sind oder nicht sind. Hier gibt es eine Vielzahl von Antwortmöglichkeiten. So könnte man auf den Gedanken kommen, dass Organisationen aus den in ihnen agierenden Menschen bestehen, ein anderer Gedanke könnte sein, dass wir das Wesen von Organisationen in ihren Strukturen und Prozessen suchen. Wir könnten aber auch auf den Gedanken kommen, dass wir Organisationen mit ihren Gebäuden, Produkten oder sonstigen Artefakten identifizieren. Alle diese Sichtweisen spiegeln in gewisser Hinsicht wichtige Aspekte von Organisationen wider. Ich möchte nun das Phänomen Organisation aber, dem Vorschlag Niklas Luhmanns[14] folgend, als ein kommunikatives und damit soziales Phänomen verstehen. Dies bedeutet, dass Organisationen nur in Form von Kommunikation existieren und andere sie begleitende Phänomene, wie zum Beispiel die Mitarbeitenden in Organisationen oder die Grundstücke und Büros, nur relevante Kontexte dieses Phänomens darstellen.

Niklas Luhmann definiert das Wesen von Organisationen sogar noch etwas spezifischer, und zwar nicht als Kommunikationen jeglicher Art, sondern als Kommunikationen, welche entscheidungsartig strukturiert sind, sprich als Entscheidungskommunikation. Diese Art der Kommunikation ist dadurch charakterisiert, dass sie einerseits einen Möglichkeitsraum von Alternativen aufweist und andererseits aus diesen Alternativen eine Alternative, mit Verweis auf eine sogenannte Entscheidungsprämisse, auswählt. Entscheidungskommunikationen sind durch diese Struktur in sich in gewisser Hinsicht paradox, da sie zwar zum einen Vielfalt durch die Auswahl einer Alternative reduzieren, gleichzeitig durch die Kommunikation dieser Vielfalt diese aber auch aufzeigen. Die in den organisationalen Entscheidungen verwendeten Entscheidungsprämissen können hierbei auch vorhergehende Entscheidungskommunikationen* sein, wodurch jede

* Hier müsste man eigentlich genauer formulieren und darauf verweisen, dass mit dem Hinweis auf eine vorherige Entscheidung im Kern ein Verweis auf die in dieser Entscheidung verwendete Entscheidungsprämisse gemeint ist.

Entscheidungskommunikation in einer Organisation zu jedem Zeitpunkt auch als Entscheidungsprämisse verwendet werden kann.

Ob Entscheidungen im Laufe der organisationalen Entscheidungsketten als solche Akzeptanz finden und damit auch im eigentlichen Sinne erst zu einer organisationalen Entscheidung werden, zeigt sich daran, dass an ihnen angeschlossen wird, sie also im weiteren Verlauf als Entscheidungsprämisse Verwendung finden. Passiert dies nicht, dann ist die entsprechende (Entscheidungs-)Kommunikation im eigentlichen Sinne nur eine Kommunikation*, aber keine Entscheidung. Dies zeigt auch, dass Entscheidungen im organisationalen Dialog nicht einfach »herumliegen«, sondern erst durch ihren kommunikativen Gebrauch in Form eines Entscheidungsanschlusses zu einer »echten« Entscheidungskommunikation werden. Hierbei kann es passieren, dass eine Entscheidung in einem Teil einer Organisation als Entscheidung beobachtet wird, wohingegen sie in einem anderen Teil nur als Kommunikation betrachtet wird, welche keinen formalen Einfluss auf die Organisation hat. An diesem Bild von Entscheidungen kann man auch direkt erkennen, dass der Begriff des Entscheiders bei Luhmann höchst problematisch ist, da nicht eine Person eine Entscheidung zu einer Entscheidung machen kann, sondern erst der organisationale Gebrauch den Entscheidungscharakter einer Kommunikation durch Anschluss herstellt. Das »Wer hat entschieden?« wird in Organisationen in diesem Bild nachträglich konstruiert und kann dabei von der Wahrnehmung Einzelner an den Kommunikationen Beteiligter durchaus abweichen. So kann zum Beispiel der in einem Mitarbeitergespräch von einem Mitarbeitenden geäußerte Satz »Wenn das so ist, dann gehe ich jetzt!« von der anwesenden Chefin im Nachgang als Kündigungsentscheidung interpretiert werden und als Entscheidung an die Personalabteilung weitergegeben werden. Der Mitarbeitende könnte in diesem Kontext dann mit dem Argument klagen, dass die Vorgesetzte ihn durch ihre Art der Kommunikation praktisch hinausgeschmissen hätte und somit sie die Täterin sei.

Organisationen erscheinen in dieser Betrachtungsweise als Verknüpfungsfolgen von Entscheidungen, wobei Luhmann hier noch die besondere

* Ganz exakt gesprochen, wäre sie nicht einmal eine Kommunikation, wenn sie keinen Anschluss findet. Sie bliebe dann nur eine Mitteilungsäußerung.

Hypothese einführt, dass diese Verknüpfungsfolgen in sich geschlossen sind. Er bezeichnet diesen Sachverhalt als operative Geschlossenheit von Organisationen. Dies bedeutet im Bild von Luhmann strikt gesprochen auch, dass Organisationen ihre Entscheidungen und die mit diesen verbundenen Strukturen selbst erzeugen, wofür Luhmann den Begriff der Autopoiesis* verwendet. Organisationen lassen sich in dieser Betrachtungsweise als autopoietische soziale Systeme beschreiben, welche durch ihre Basisoperation (Kommunikation) Entscheidung etabliert werden. Eine wichtige Folge dieser Theoriebildung ist es auch, dass Organisationen sich autonom von ihrer Umwelt abgrenzen. Umwelteinflüsse können Organisationen hierdurch zwar in ihrer Entscheidungsbildung irritieren und beeinflussen, die genaue Reaktion einer Organisation auf diese Einflüsse wird aber in den Entscheidungsprozessen der Organisation entschieden, ohne dass die Umwelt hier einen direkten Durchgriff besitzt.

Kommen wir aber wieder zurück zu Luhmanns Gedanken der Entscheidungsprämissen. Was müssen wir uns unter diesen Prämissen genau vorstellen? Luhmann unterscheidet hier drei Arten von Prämissen[15]:

- Personal
- Programme
- Kommunikationswege und Strukturen

Der Prämissentypus Personal verweist hierbei auf einzelne Personen, welche Mitglieder der Organisation sind und welche in dieser Funktion als Prämissen für Entscheidungen herangezogen werden können. Hierbei spielen persönliche Eigenschaften, Kompetenzen oder auch Motive als Hintergrund für diese Prämissenwahl oft eine große Rolle. Die Prämisse Personal zeigt sich dann, wenn eine Entscheidung auf eine Person hin zugerechnet wird. Diese Art der Zurechnung ist dabei ein Hinweis darauf, dass in dem betrachteten Kontext formale Aspekte in der Organisation eher im Hinter-

---

* Der Begriff Autopoiesis leitet sich aus dem Griechischen von *auto* (selbst) und *poiein* (bauen, produzieren) ab. Direkt übersetzt bedeutet Autopoiesis also selbstproduzierend. Autopoiesis ist damit mehr als Selbstorganisation, da in der Autopoiesis nicht nur Strukturen von selbst entstehen, sondern auch noch die Bestandteile, welche diese Strukturen bilden. Der Begriff wurde zuerst von dem chilenischen Biologen Humberto Maturana eingeführt.

grund stehen. Der Typus Programme beinhaltet zwei Subtypen, nämlich die Konditionalprogramme und die Zweckprogramme. Erstere definieren in der Form »Wenn ..., dann ...« wichtige in der Organisation geltende Regeln, welche zum Beispiel in Form von Prozessen einzuhalten sind. Ob eine Handlungsalternative als besser oder schlechter als eine andere zu betrachten ist, lässt sich mithilfe solcher Regeln oder Prozessvorschriften dann einfach entscheiden. Der Subtypus Zweckprogramm verweist in Organisationen darauf, dass Dinge nicht nur getan werden, damit man Regeln einhält, sondern auch, weil man organisationale Zwecke verfolgt. Hier würde man im organisationalen Alltag wiederum zwei Arten von Zwecken unterscheiden. Dies sind zum einen Aufgaben, welche dahin gehend einen orientierenden Charakter besitzen, dass sie klären, ob bestimmte organisationale Tätigkeiten und damit verbunden auch Kompetenzen in einer Organisation oder einer Organisationseinheit Platz finden sollen oder nicht. Aufgaben regulieren als Zweckprogramme also, was in Organisationen funktional inkludiert und was exkludiert werden soll. Die zweite Art Zweckprogramm sind Ziele. Diese sind in der organisationalen Praxis sehr viel konkreter als Aufgaben und regulieren auf zeitlicher und inhaltlicher Ebene, was in einer Organisation passieren soll. Sie können ebenfalls zur Entscheidung zwischen Handlungsalternativen herangezogen werden. Alternativen, welche hierbei als zieldienlicher eingeschätzt werden, würden bei Verwendung dieser Art von Prämisse bevorzugt. Die Prämisse Kommunikationswege und Strukturen steht in Entscheidungsfällen für die Bedeutung von formalen Strukturen in Organisationen, wie sie zum Beispiel durch Hierarchien, Stellen, Rollen oder aber andere strukturelle Festlegungen (wie zum Beispiel Projekte) manifestiert werden. Sie können ebenfalls in Entscheidungssituationen als Begründung für die Auswahl einer Alternative Verwendung finden. Hierbei kann dieser Verweis sich auf die Zuständigkeit einer einzelnen Rolle oder Stelle genauso wie auf ein komplexeres Strukturelement wie ein Projekt oder eine Abteilung beziehungsweise eine Berichtslinie beziehen.

In der Praxis organisationaler Kommunikation zeigt sich der Gebrauch dieser Prämissen konkret in dem Verweis auf einen Typus dieser Prämissen in einer gegebenen Entscheidung. Wir stellen zum Beispiel Person A und nicht B ein, da wir sie für die Stelle X für geeigneter halten. Die Alternative A versus B wurde in diesem Fall mit dem Verweis auf die Stelle X sowie die für diese Stelle geltenden Anforderungen entschieden. Wird die Person A dann tatsächlich eingestellt und in die Strukturen der Organisation integriert, so ist es im Bild Luhmanns sinnvoll, die Auswahl von A für die Stelle X als eine organisationale Entscheidung anzusehen, welche die Prämisse Struktur zur Entscheidungsfindung verwendet hat. Die Unterscheidung zwischen Entscheidung und Entscheidungsprämisse eröffnet somit die Möglichkeit, den Entscheidungsgebrauch in Organisationen strukturell zu analysieren und folgend auch zu unterscheiden.

Neben dieser strukturellen Perspektive auf Entscheidungen betrachtet Luhmann in seinen Überlegungen auch die semantische Ebene von Entscheidungen. Hier fragt er danach, wie Entscheidungen in ihrem Sinngehalt für Organisationen in den Organisationen bearbeitet werden. Hierzu wendet Luhmann sein allgemeines Konzept der Sinndimensionen auf die Analyse von Entscheidungsprämissen an. Die Form von Sinn ist nach Luhmann hierbei dadurch gegeben, dass Sinn sich in der Auswahl einer Alternative aus anderen Möglichkeiten zeigt. Der Sinn einer Auswahl eröffnet sich hierbei aus der Analyse der drei von Luhmann definierten Sinndimensionen Zeit, Thema und Soziales. Die Anwendung dieses Sinnkonzeptes auf Entscheidungen beziehungsweise Entscheidungsprämissen kann dabei so erfolgen, dass die Auswahl einer Entscheidung oder einer Prämisse in den vorher genannten Dimensionen interpretiert werden kann. Das Sinnangebot auf der Sachebene verweist dabei darauf, dass die Auswahl einer Prämisse nicht im luftleeren Raum passiert, sondern ein mit der Entscheidung verbundenes Sachthema von Bedeutung sein kann. Ähnlich ist das Sinnangebot in der Sozialdimension mit der Verknüpfung einer gegebenen Prämissenwahl mit Personen beziehungsweise sozialen Kontexten (Projekte, Teams et cetera) verbunden. Last, but not least kann auch der Zeitpunkt einer Prämissenwahl von Bedeutung sein.

Welchen Sinn und damit welche Bedeutung eine Entscheidung auf der semantischen Ebene für eine gegebene Organisation besitzt, wird im Bild von Luhmann im weiteren Verlauf der kommunikativen Behandlung dieser Entscheidung in den drei Sinndimensionen in der Organisation entschieden. Hier kann zum Beispiel der Zeitpunkt einer Personalentscheidung ins Blickfeld geraten, da eine Fristigkeit nicht eingehalten wurde und somit diese Entscheidung im Nachgang für ungültig erklärt werden kann. Es könnte sich aber auch auf der Ebene der Thematizität eine Diskussion ergeben, da man eine eingestellte Person auf der Grundlage einer falschen Stellenbeschreibung eingestellt hat. Auch in diesem Fall könnte die Gültigkeit der Entscheidung infrage gestellt werden. Zuletzt könnte auch zum Thema werden, dass relevante Personen in die Entscheidung nicht eingebunden wurden. Auch in diesem Fall könnte die Entscheidung in ihrer Gültigkeit infrage gestellt werden. In den drei beschriebenen Fällen, welche zu einem nachgelagerten Überprüfen der getroffenen Entscheidung führen können, zeigt sich eine grundsätzliche Strukturmöglichkeit, Entscheidungen einen Sinn zu geben. Hierbei ist es oft sehr spannend zu beobachten, welche Sinndimensionen in welchen Kontexten zum Beispiel präferiert in einer Organisation oder einem anderen sozialen System Verwendung finden.

Doch wie passt dieser abstrakte und auch recht kühle analytische Blick Luhmanns auf Organisationen mit dem uns aus dem Alltag bekannten Bild lebendigen sozialen Geschehens zusammen? Wo sind die Menschen, die Gebäude und die mit den Menschen verbundenen existenziellen Themen aus dem vorherigen Abschnitt dieses Buches? Luhmann bietet hier im Wesentlichen das Konzept der Kontextualisierung an. Menschen bilden in diesem Bild als psychische Systeme einen essenziellen Kontext für Organisationen. Sie tauchen hierbei in Organisationen als (Fach-)Personen auf, welche als Mitglieder von Organisationen bestimmte Rollen besetzen und damit verbunden auch in die Zwecke beziehungsweise Ziele der Organisation eingebunden sind. Sie können dabei in den organisationalen Entscheidungen mit ihren angenommenen psychischen Binnenstrukturen, wie zum Beispiel Kompetenzen in der Prämissenkategorie »Personal«, auftauchen. Weitere Binnenaspekte von Menschen wie Gefühle oder Stimmungen bilden für Organisationen einen wichtigen Hintergrund des organisationalen Dialogs, welcher je nach Situation die Bildung organisationaler Entscheidungen auch indirekt beeinflussen kann.

Ein Beispiel für eine derartige Beeinflussung wäre der Umgang mit dem Thema Umweltschutz in einer Organisation, solange die Organisation noch keine formalen Regelungen hierzu getroffen hat. Hier können Personen, die Mitglieder in einer Organisation sind, über ihr kommunikatives Verhalten entsprechenden Einfluss ausüben. So kann beispielsweise eine Einkäuferin (Entscheidungsprämisse Personal) in einem mittelständischen Unternehmen, welches bisher über keine formale Regelung zum Thema Umweltschutz im Einkauf verfügt hat, durch ihr Einkaufsverhalten implizit umweltrelevante Standards in der organisationalen Praxis ihres Unternehmens etablieren. Eine ähnliche implizite

Wirkung auf eine organisationale Praxis kann durch infrastrukturelle Maßnahmen ausgeübt werden. So kann zum Beispiel die Einführung von Großraumbüros oder die Einführung von digitalen Kommunikationsformen eine komplette Veränderung der Struktur des organisationalen Dialogs bewirken, da auf einmal völlig andere Formen der Kommunikation erleichtert werden, welche vorher nur sehr schwer möglich waren. Ein klassisches Beispiel für eine solche Wirksamkeit war das Phänomen der »Raucherecken«, in denen oft hierarchieübergreifend Informationen geflossen sind, welche sich im Nachgang als entscheidungsrelevant erweisen konnten. Weitere Umweltaspekte wie zum Beispiel gesetzliche Vorgaben, gesellschaftliche Normen, der Zugang zu finanziellen oder anderen substanziellen Ressourcen oder auch andere Organisationen, seien sie Kooperationspartner oder auch Wettbewerber, können ebenfalls einen analogen impliziten Einfluss auf Organisationen und ihre Entscheidungen ausüben.

Dass selbst gesetzliche Vorgaben in Organisationen nicht direkt als Entscheidungsprämissen gelten, zeigt sich anhand von vielfach in Organisationen toleriertem illegalem Verhalten, wie es sich zum Beispiel in Dieselabschaltvorrichtungen im Volkswagen-Konzern oder aber durch Buchungstricks bei Wirecard manifestierte. Als Letztes sei auch noch erwähnt, dass auch Teams oder Gremiensitzungen als sogenannte Interaktionssysteme einen wichtigen Kontext für Organisationen bilden. Bei den beiden genannten Systemen handelt es sich um organisationsnahe Interaktionssysteme, welche in ihrer Struktur stark durch die Strukturen der Organisation beeinflusst werden. In einer Team- oder Gremiensitzung sitzen eben nicht in erster Linie Privatpersonen, sondern Rollenträger. Entscheidungskommunikationen in diesen Systemen können zu organisationalen Entscheidungen werden, wenn an diese Entscheidungen in der formalen Organisation als solche angeschlossen wird.

Ein prominentes Beispiel für diese Situation wäre eine Vorstandssitzung. Aus dieser werden Entscheidungen daher offiziell in Form von Protokollen berichtet, sodass die entsprechenden Entscheidungen aus der Sitzung für die Organisation verfügbar gemacht werden können. Gäbe es keine Protokolle, so müssten diese Entscheidungen mündlich berichtet werden, und die Sicherheit der Übernahme von Vorstandsentscheidungen in die organisationale Praxis wäre sehr gering. Fasst man diese Situation zusammen, so kann man sich Organisationen als von mehr oder weniger strukturierten

Kommunikationen umgebene Systeme vorstellen. Diese können zu jeder Zeit Kommunikationen aus dieser Umgebungskommunikation auswählen und sie als Entscheidungskommunikationen beobachten. Wichtig ist hierbei, dass diese Kommunikationen Mitgliedern zugeordnet sind und der Anschluss über Mitglieder, also Stellen- oder Rolleninhaber beziehungsweise durch Interaktionssyteme von Mitgliedern (Teams, Projekte, Gremien et cetera) erfolgt. Als Beispiel kann die vorher bereits erwähnte Kommunikation zwischen einem Mitarbeiter und seiner Chefin gelten.

Kommen wir jetzt aber zum Abschluss dieses Exkurses noch zu einer wichtigen Frage zur Stellung von Entscheidungsprämissen in Organisationen. Gelten diese dauerhaft, beziehungsweise wo kommen sie her? Man kann diese Frage auch so formulieren: »Kann über diese Entscheidungsprämissen in Organisationen entschieden werden?« Die Antwort ist ein bedingtes »Ja!«. Luhmann unterscheidet in seiner Betrachtung von Organisationen nämlich zwischen entscheidbaren und nicht entscheidbaren Entscheidungsprämissen, wobei er letztere als Basis für sein Konzept der organisationalen Kultur verwendet. Betrachten wir aber zunächst die entscheidbaren Entscheidungsprämissen. Hierbei handelt es sich um alle vorher genannten Entscheidungsprämissen. Dies bedeutet, dass in jeder Organisation sowohl über Personal als auch über Aufgaben, Ziele und Strukturen beziehungsweise Hierarchien entschieden werden kann. Dies geschieht mithilfe von Meta-Entscheidungen, also Entscheidungen über Entscheidungen, wobei diese Entscheidungen sowohl auf die Struktur einer Entscheidung als auch auf die Binnenstruktur einer betrachteten Entscheidungsprämisse abzielen können. Im zweiten Fall steht dabei die Binnenstruktur einer Entscheidungsprämisse, das heißt die Frage, ob die gegebene Struktur der in Gebrauch befindlichen Prämissen verändert werden muss, im Fokus der Betrachtung. Für diese Art von Entscheidungen verwenden Organisationen typischerweise auf jeden Prämissentyp ausgerichtete Meta-Entscheidungen. Diese sind:

1. Personalentscheidungen (Personen): Organisationen können über ihr Personal Entscheidungen treffen und damit die Personen beziehungsweise auch den Mix der mit diesen verbundenen Eigenschaften und Kompetenzen über zum Beispiel Rekrutierungs-, Weiterbildungs- oder aber auch Entlassungsentscheidungen (Veränderungen der Mitgliedschaft in der Organisation) verändern.

2. Strukturentscheidungen (Strukturen und Prozesse): Organisationen können über ihre Strukturen, Prozesse und Hierarchien entscheiden und diese zum Beispiel in Form von Reorganisationen verändern.
3. Strategieentwicklung (Ziele): Organisationen können über Ziele im Rahmen von Strategieprozessen entscheiden und somit ihrer Arbeit eine neue Ausrichtung geben.
4. Strategie und Positionierungsprozesse (Aufgabe): Entscheidungen über die Aufgaben in Organisationen sind oft Teil von Reorganisationen, da durch sie der funktionale Umfang von Strukturen der Organisation definiert wird. Wenn es sich aber um die Gesamtaufgabe einer Organisation handelt, wird diese Entscheidung eher im Rahmen von umfassenden Strategieprozessen getroffen, wobei diese Entscheidungen oft mit Fragen der Vision, Mission oder Marktpositionierung einer Organisation verknüpft oder auch im sogenannten »golden Circle«[16] Arbeiten analysiert werden.

Nach Luhmann etablieren diese Meta-Entscheidungen, obwohl sie Teil des organisationalen Dialogs sind, ein eigenes System, welches er Planungssystem nennt.[17] Wir werden diesen Gedanken der Etablierung eines eigenen Systems durch diese Meta-Entscheidungen im nächsten Abschnitt noch einmal aufgreifen und hier den Gedanken entwickeln, dass sich Führung in der Form von Meta-Entscheidungen zeigt und hierdurch, Luhmann folgend, ein eigenes System etabliert.

Wenden wir uns jetzt aber der oben erwähnten zweiten Art von Entscheidungsprämissen zu, nämlich den nicht entscheidbaren Entscheidungsprämissen. Was kann hiermit gemeint sein, und sind diese Prämissen wirklich nicht veränderbar? Luhmann beschreibt den Gebrauch dieser Prämissen so, dass sie in Entscheidungen verwendet werden, welche in der Organisation als solche nicht mehr beobachtet werden. Es handelt sich bei den entsprechenden Kommunikationen im eigentlichen Sinne also nicht mehr um Entscheidungen, da die Organisation sie als solche nicht mehr bewusst beobachtet. Mit unserer vorher etablierten Unterscheidung zwischen Entscheidungen und Meta-Entscheidungen lässt sich dieser Unterschied so formulieren, dass nicht entscheidbare Entscheidungsprämissen Prämissen sind, welche in einer Organisation nicht mehr zum Gegenstand von Meta-Entscheidungen gemacht werden. Sie werden also weder in ihrer Alternativenwahl noch in ihrer Binnenstruktur oder in ihrer Verwendung als anders möglich beobachtet. Trotzdem sind sie in Organisationen wirksam und werden im Modus der unbewussten Verwendung benutzt. Das bedeutet, dass man in einer Fremdbeobachtung dieser Organisation registrieren könnte, dass zum Beispiel bestimmte Handlungsalternativen nicht zur Anwendung kommen, da sie vor dem Hintergrund dieser nicht entscheidbaren Entscheidungsprämissen nicht ausgewählt werden, ohne dass die betreffende Organisation diesen Vorgang als Entscheidung beobachten würde. Fasst man diese Prämissen auf diese Art und Weise auf, so fällt auf, dass hier eine große Nähe zum Begriff der Organisationskultur beobachtbar ist. Luhmann hat daher auch den Vorschlag gemacht, diese Prämissen in einer Organisation als deren Kultur zu verstehen. Dies bedeutet, dass in Luhmanns Verständnis die Kultur einer Organisation durch die Summe aller von außen beobachtbaren Entscheidungsprämissen gegeben ist, welche innerhalb der Organisation im normalen Betriebsmodus als solche nicht mehr wahrgenommen werden, sprich, deren Gebrauch nicht mehr als Entscheidung beobachtet wird. Kultureller Wandel kann in diesem Bild in Organisationen dadurch angestoßen werden, dass man nicht entscheidbare Entscheidungsprämissen wieder zu entscheidbaren Entscheidungsprämissen macht, indem man sie zum Beispiel wieder besprechbar und damit auch entscheidbar macht. Nicht entscheidbare Entscheidungsprämissen stellen damit so etwas wie organisationale Normen dar, welche implizit wirksam sind und nur über erheblichen organisationalen Aufwand besprechbar und entscheidbar gemacht werden können. Mögliche Wege, diese Normen innerhalb von Organisationen wieder beobachtbar zu machen, finden sich in Methoden der organisationalen Kulturanalyse. Diese Methoden reichen hierbei von der Verwendung von Kulturarchetypen über die Analyse von Artefakten und Werten bis hin zu narrativen Ansätzen, in welchen aus organisationalen Selbsterzählungen diese Normen und Rituale extrahiert werden können.[18]

Fasst man das aus den bisherigen Überlegungen dieses Exkurses entstehende systemisch-syntaktische Bild von Organisationen zusammen (siehe auch Abbildung 2), so kann man auf der strukturellen Ebene folgende relevante Aspekte in Organisationen (entscheidbare und nicht entscheidbare Entscheidungsprämissen) unterscheiden:

- die **Aufgabe** einer Organisation

- die **Ziele** einer Organisation
- die **Rollen** und **Strukturen** in einer Organisation
- die **Personen** beziehungsweise das **Personal**
- die **Kultur** einer Organisation als ihr impliziter Kontext

Hinzu kommen dann noch die bereits vorher erwähnten wichtigen Kontextfaktoren, welche implizit ebenfalls Einfluss auf die Dynamik einer Organisation ausüben können. Hierzu zählen:

- die **soziale Umwelt** der Organisation (zum Beispiel Interaktionssysteme im Umfeld der Organisation [Team- und Gremiensitzungen et cetera], Wettbewerber, Kooperationspartner, Markt, Gesellschaft)
- die **physische Umwelt** der Organisation (zum Beispiel Ressourcen, Gebäude)
- die **psychische Umwelt** der Organisation (zum Beispiel die Antriebe, Gefühle und Stimmungen von Personen)

Bei Letzteren ist es wichtig zu betonen, dass es sich bei ihnen im strengen Sinne ebenfalls um Binnenkonstruktionen der Organisation handelt, da die Organisation Aspekte ihrer Umwelt nicht direkt, wie vorher bereits erwähnt, als Entscheidungsprämissen nutzen kann. Diese werden vielmehr durch die Abbildung der Umwelt mithilfe von intern konstruierten Bildern dieser Umwelt vermittelt. Erst durch die Existenz solcher internen Abbildungen können die Entscheidungen in einer Organisation auf Umwelteinflüsse intern reagieren. Luhmann spricht in diesem Kontext von **kognitiven Routinen**[19] und weist darauf hin, dass diese internen Routinen im engeren Sinne dann ebenfalls als Entscheidungsprämissen verwendbar sind. In diesem Fall wäre dann aber nicht ein Aspekt der Umwelt die Entscheidungsprämisse, sondern die diesem Aspekt entsprechende interne kognitive Routine in der Organisation.

Mithilfe dieser Strukturelemente kann man jetzt zu dem in Abbildung 2 dargestellten systemisch-syntaktischen Schema einer Organisation kommen, welches wir auch als schematische Beobachtung einer Organisation bezeichnen wollen.[20]

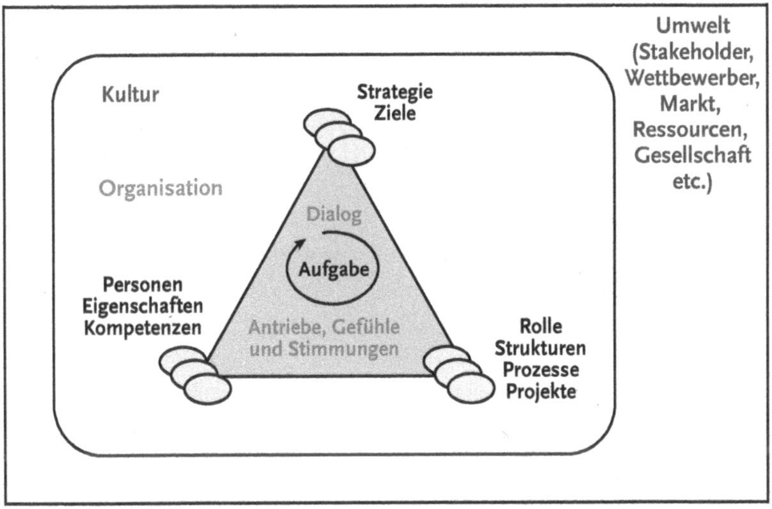

Abbildung 2: Systemisch-syntaktischer Blick auf eine Organisation[21], welcher die organisationalen Entscheidungsprämissen als erweitertes Strukturbild darstellt.

Dieses Schema ist so zu verstehen, dass man Organisationen als kommunikative Systeme verstehen kann, deren innerer Dialog aus Entscheidungskommunikationen besteht (Oval in der Mitte). Bei der Beobachtung der organisationalen Entscheidungen lassen sich dabei in der Binnenstruktur dieser Entscheidungskommunikationen die oben bereits beschriebenen entscheidbaren Ziele (hier noch ergänzt um Strategie), Rollen, Strukturen (ergänzt um Prozesse und Projekte) sowie Personen (ergänzt um Eigenschaften und Kompetenzen) und nicht entscheidbaren Entscheidungsprämissen (Kultur) beobachten und unterscheiden. In der Theorie Niklas Luhmanns stellen diese Prämissen die wesentlichen Strukturelemente in einer Organisation dar, da durch sie die organisationalen Entscheidungskommunikationen beziehungsweise -prozesse in ihrer Dynamik gelenkt werden. Die Frage nach dem Wesen von Organisationen lässt sich in diesem Bild mit der Aussage beantworten, dass Organisationen kommunikative Systeme auf der Basis von Entscheidungskommunikationen sind, deren Struktur durch die in diesen Kommunikationen vorkommenden Entscheidungsprämissen definiert ist. Hinzu kommt zu dieser reinen Binnenperspektive auf Organisationen noch der strukturelle Einfluss ihrer

Umwelten, welcher in dem Schema zum einen durch den Begriff Umwelt im Hinblick auf die soziale und physische Umwelt der Organisation abgebildet ist. Die psychische Umwelt der Organisationen wird in dem Schema durch die dem organisationalen Dialog unterliegenden Antriebe, Gefühle und Stimmungen der im Umfeld der Organisationen kommunikativ handelnden Personen abgebildet.

Bevor wir diesen Exkurs zur Struktur von Organisationen abschließen können, müssen wir uns noch einmal der semantischen Seite der Organisation zuwenden. Wir hatten hier in den vorherigen Ausführungen festgestellt, dass in der Theorie Luhmanns diese Seite der Entscheidungskommunikation über die Verarbeitung der mit diesen Entscheidungen verknüpften Bedeutungskonstruktionen (Sinnangebote) geschieht. Hierbei hatten wir die drei Sinndimensionen Zeit, Thema und Soziales unterschieden und darauf verwiesen, dass sich die mit einer Entscheidung einhergehenden semantischen Aspekte in diesen drei Dimensionen betrachten und verarbeiten lassen. So hatten wir vorher zum Beispiel die Bedeutung einer Personalentscheidung hinsichtlich dieser drei Dimensionen untersucht und festgestellt, dass in allen drei Dimensionen Sinnangebote konstruiert werden können, welche in unserem Beispiel dazu genutzt werden konnten, um eine Entscheidung zu hinterfragen. Anhand dieses Beispiels lässt sich erkennen, dass bei der Stabilität von Entscheidungsprozessen neben den strukturellen Themen, welche wir bereits betrachtet haben, auch semantische Aspekte eine Rolle spielen. Die sich hier zeigende Herausforderung lässt sich so zusammenfassen, dass in Organisationen Mechanismen etabliert werden müssen, welche die Sinnangebote durch Entscheidungen auch semantisch stabilisieren.

Eine Möglichkeit, dies zu tun, besteht darin, den organisationalen Dialog sowohl zeitlich als auch thematisch und sozial zu strukturieren und damit zu kontextualisieren. Organisationen regulieren daher die in ihrem Umfeld stattfindenden Kommunikationen durch die Definition von zeitlich bestimmten (zeitliche Dimension) offiziellen Dialogräumen, wie zum Beispiel Meetings oder Gremiensitzungen. Zusätzlich werden diese Sitzungen auch weiterhin thematisch reguliert, zum Beispiel durch eine Themenagenda oder die Aufgabe eines Gremiums (thematische Dimension). Zuletzt werden diese Räume auch noch sozial reguliert, da für offizielle Dialogräume zumeist der Kreis der Teilnehmenden festgelegt ist (soziale Dimension). Ein weiterer Mechanismus der Regulation besteht in der Existenz von Selbstbeschreibungen innerhalb des organisationalen Dialogs. Diese organisationalen Selbstbeschreibungen oder auch nur Fragmente aus diesen können den laufenden Dialog in einem organisationalen Dialograum stark beeinflussen, da Sinnangebote, welche im Widerspruch zu diesen Beschreibungen stehen, nur schwerlich anschlussfähig gemacht werden können. Betrachtet man derartige Selbstbeschreibungen, so fällt auf, dass sie selbst oft in narrativer Form, also in Form von organisationalen Geschichten vorliegen. Diese verbinden dann wichtige Elemente der Organisation (zum Beispiel Dokumente über Entscheidungsprämissen, kulturelle Normen, kognitive Routinen) mit aktuellen Ereignissen und sorgen so dafür, dass die sich an diese Ereignisse anschließenden Sinnangebote in der betrachteten Organisation sich möglichst stark an diesen Selbstbeschreibungen orientieren. Über diesen Mechanismus ist es auch vorstellbar, dass die Verwendung einer Entscheidungsprämisse im Vergleich zu einer anderen auf syntaktischer Ebene zwar keine Präferenz besitzt, sie aber einen stabileren kommunikativen Anschluss in der Organisation findet, da die sich an diesen Prämissengebrauch anschließenden Sinnangebote besser zur aktuellen Selbstbeschreibung der Organisation passen. Elemente von Selbstbeschreibungen, welche stabil über lange Zeit zusammen mit den in ihrem Kontext verwendeten Entscheidungsprämissen Verwendung finden, können durch diesen Gebrauch mit der Zeit zu nicht entscheidbaren Entscheidungsprämissen werden und sind damit kulturbildend. Aus dieser Perspektive ist auch verständlich, warum die narrative Analyse von Organisationskulturen als Ansatz so vielversprechend ist.

Beenden wir an dieser Stelle aber unseren Exkurs zu Organisationen und kommen wir im nächsten Abschnitt zu der Frage zurück, wie das in diesem Abschnitt entwickelte systemisch-syntaktische Bild einer Organisation uns bei der Frage helfen kann, wie wir zu einem syntaktischen Verständnis von Führung kommen können. Wir wenden uns hierzu im nächsten Abschnitt zunächst der Frage zu, wie auf der Basis dieser Überlegungen die Form und Funktion von Führung konzipiert werden kann, bevor wir im nachfolgenden Abschnitt nochmals den bereits erwähnten Gedanken aufgreifen wollen, dass Führung auch systemisch, also als eigenes System beschrieben werden kann, sodass wir abschließend von einem systemisch-syntaktischen Bild von Führung sprechen können.

1.2.3 Die Form und Funktion von Führung

Wenn wir die Erkenntnisse des vorherigen Abschnitts für das angestrebte syntaktische Verständnis von Führung nutzbar machen wollen, so scheint insbesondere das im vorherigen Exkurs dargestellte Konzept der Meta-Entscheidungen sehr vielversprechend. Wir wollen daher im Folgenden die Hypothese formulieren, dass es sich bei Führung in Organisationen im Wesentlichen um Meta-Entscheidungen handelt. Die Form von Führung, das heißt die Antwort auf die Frage, inwieweit sich Führung von anderen Kommunikationen unterscheidet, lässt sich dann so beschreiben, dass Führung der Form nach in einer Entscheidung über eine Entscheidung und nicht im einfachen Treffen von Entscheidungen besteht. Einfache Entscheidungen werden im organisationalen Alltag überall und potenziell von jedem Mitglied der Organisation getroffen (im eigentlichen Sinne werden diese Entscheidungen diesen Personen durch den organisationalen Dialog zugeordnet). Führung kommt dann ins Spiel, wenn diese Entscheidungen auf den Prüfstein gestellt werden sollen. Hierbei kommen unterschiedliche Situationen in Betracht, in denen Führung gefordert scheint, wobei allen diesen Situationen gemein ist, dass Spannungsverhältnisse auftreten. Die entsprechenden Situationen lassen sich wie folgt unterscheiden:

- **Entscheidungen erscheinen im organisationalen Dialog als problematisch (Entscheidungsqualitätssicherung):** In diesen Fällen wird insbesondere auf der semantischen Seite des organisationalen Dialogs erkennbar, dass eine getroffene Entscheidung für Spannungen sorgt. Diese Spannungen können zum Beispiel darin bestehen, dass die in der betrachteten Entscheidung gewählte Alternative nicht überzeugt, es könnte aber auch sein, dass beklagt wird, dass eine wichtige Alternative in der Entscheidung nicht betrachtet wurde. Last, but not least können Spannungen auch daher rühren, dass für die betrachtete Entscheidung eine Prämisse gewählt wurde, welche nicht überzeugt. Als Beispiel kann hier die Entscheidung eines Mitarbeitenden gelten, welcher entschieden hat, aber in der Wahrnehmung der anderen Kollegen weder über die Kompetenz noch über die Zuständigkeit für diese Entscheidung verfügt. In derartigen Fällen zeigen sich die genannten Spannungen oft in

Form von negativen Gefühlen oder Stimmungen bei Beteiligten. Die Aufgabe von Führung ist es dann, die entsprechenden Spannungen in dieser Situation durch eine Entscheidung über diese Entscheidung zu moderieren. Hierbei kann die Entscheidung an allen drei genannten Aspekten der vorher getroffenen Entscheidung ansetzen. Zusätzlich kann die Führungsintervention auch auf der semantischen Ebene passieren, indem die betrachtete Entscheidung trotz der durch sie ausgelösten Spannungen zum Beispiel als eine im Hinblick auf das aktuelle Selbstbild der Organisation tolerable Entscheidung eingeordnet wird. In unserem obigen Beispiel könnte die Entscheidung durch den Mitarbeitenden als Ausdruck von mehr Eigenverantwortlichkeit interpretiert werden, welche laut Selbstbild gestärkt werden soll. Was diese Art der Führungsintervention auszeichnet, ist, dass die aktuell gültigen Entscheidungsprämissen in der Organisation in ihrer Gültigkeit nicht hinterfragt werden. Es handelt sich in gewissem Sinne also um eine Art Qualitätssicherung für Entscheidungen, welche im aktuellen Zustand des Entscheidungssystems der Organisation durchgeführt wird. Wir wollen diese Form der Führung als **Management** bezeichnen und sie von weiteren, für die Organisation riskanteren Formen von Führung unterscheiden.

- **Entscheidungen erscheinen in der Verwendung ihrer Entscheidungsprämissen unausgewogen (Prämissenbalancierung):** Derartige Situationen treten in Organisationen auf, wenn zum Beispiel ein Typus von Entscheidungsprämissen zu stark betont wird. Wenn immer nach Zuständigkeit und Hierarchie entschieden wird, dann kann das Gefühl aufkommen, dass Kompetenz, die Ziele oder aber die Umwelt kaum berücksichtigt werden. Durch diese Wahrnehmung kann sich in der Organisation, sprich bei den in der Organisation arbeitenden Personen, ein Spannungsgefühl aufbauen, welches erst durch eine balancierende Führungsintervention moderiert werden kann. Eine solche Intervention kann durchaus als riskant angesehen werden, da sie klarmachen muss, warum eine grundsätzlich relevante Entscheidungsprämisse in einer zu treffenden Entscheidung nicht Verwendung finden soll. Wir wollen eine solche Intervention als **Führung** bezeichnen, da sie zwar ebenfalls noch nicht an der aktuellen Struktur der Entscheidungsprämissen in der betrachteten Organisation etwas verändert, sie aber die Verwendungspraxis dieser Prämissen beeinflusst. Über diesen Mechanismus hat **Führung** auch einen erheblichen Einfluss auf die grundsätzliche Art und Weise, wie eine Organisation operiert, da sich Organisationen, welche sich in ihrer Gewichtung des Einsatzes ihrer Prämissen in Entscheidungen stark unterscheiden, auch in ihrer grundsätzlichen Operationsweise deutlich anders darstellen. So gilt eine rein auf Zuständigkeit ausgerichtete Organisation vielen als bürokratisch, eine stark auf Personen und ihre Kompetenzen ausgerichtete Organisation als Expertenorganisation und eine auf Ziele und die Umwelt fokussierte Organisation als wirkungs- und kundenorientiert.

- **Entscheidungen erweisen sich im Gebrauch ihrer Entscheidungsprämissen als belastet, da die eingesetzten Prämissen entweder in ihrer inneren Struktur oder aber im Verhältnis zu anderen Prämissen Spannungsverhältnisse aufweisen (Prämissenentwicklung):** Solche Situationen treten in Organisationen zum Beispiel auf, wenn:
  - Ziele miteinander in Spannung stehen
  - Strukturen zueinander in Spannung stehen (zum Beispiel Matrixorganisation, Aufbau- versus Ablauforganisation, Projekt- versus Linienorganisation)
  - Personen aufgrund unterschiedlicher Kompetenzen oder Eigenschaften miteinander in Spannungen geraten
  - Ziele, Strukturen oder Personen mit Umweltanforderungen (kognitive Routinen) in Spannung stehen
  - Ziele mit Strukturen in Spannung stehen (zum Beispiel wenn Ziele nicht auf Strukturen runtergebrochen sind oder Strukturen zum Erreichen von Zielen als unpassend empfunden werden)
  - Ziele mit Personen in Spannung stehen (zum Beispiel wenn Ziele von Mitarbeitenden als unattraktiv oder überfordernd wahrgenommen werden oder aber die Kompetenzen beziehungsweise die Anzahl von Mitarbeitenden Zweifel daran aufkommen lassen, dass Ziele erreichbar erscheinen)
  - Personen und Strukturen in Spannungen geraten (zum Beispiel dadurch, dass Mitarbeitende nicht in bestimmten Strukturen arbeiten wollen oder aber neue Strukturen darunter leiden, dass in der Organisation keine entsprechenden Mitarbeiter mit passenden Erfahrungen vorhanden sind)
  - Prämissen mit der Kultur der Organisation in Spannung stehen

  Ziel der Führungsinterventionen in diesen Fällen ist es, die entsprechenden Spannungsverhältnisse zu moderieren, sodass ein unproblematischerer Fortlauf der entsprechenden Entscheidungen sichergestellt ist. Die entsprechenden Interventionen zielen hierbei auf eine Veränderung der inneren Struktur einzelner Entscheidungsprämissen ab. Dies kann ad hoc oder aber über typischerweise längerfristige Prozesse geschehen, wie wir sie in der Diskussion zu Meta-Entscheidungen bereits im letzten Abschnitt kennengelernt haben. Wichtig ist hierbei zu betonen, dass die entsprechenden Spannungsverhältnisse in gewisser Form immer vorliegen und in der Organisation auch eine Energetisierung bewirken können. Was es aber zu vermeiden gilt, ist das Auftreten von »Überspannungen«, welche sich durch starke Gefühle und negative Stimmungen aufseiten der Mitglieder einer Organisation in solchen Situationen zeigen und die dazu führen können, dass das weitere Treffen von Entscheidungen stark beeinträchtigt wird. Spannend ist in diesem Zusammenhang, dass auch fehlende Prämissen zu solchen Spannungszuständen führen können. So kann zum Beispiel das Fehlen von Zielen zu Spannungen zwischen den Prämissen Personal und Strukturen führen, da ohne Ziele eine vernünftige Balance in der rollenbezogenen Arbeit von Personal als schwierig empfunden werden kann. Gleiches gilt für Entscheidungen, welche für eine Organisation völlig neu sind und zum Beispiel die Definition einer neuen Organisationsstruktur benötigen würden (zum Beispiel die Einrichtung von Compliance-Stellen, Gleichberechtigungsstellen oder aber die Frage nach der Strukturantwort auf das Problem der Cybersicherheit). In Organisationen wird in solchen Situationen oft zunächst ein Projekt etabliert, welches temporär die Rolle einer Entscheidungsprämisse übernehmen kann, bis eine längerfristige Strukturantwort für derartige Herausforderungen gefunden wird. Wir wollen diese Art von Führungsintervention ebenfalls als **Führung** bezeichnen.

- **Entscheidungen werden auf der semantischen Ebene spannungsreich diskutiert, da die mit ihnen einhergehenden Sinnangebote im Widerspruch zur Selbstbeschreibung der Organisation zu stehen scheinen (Narrationsarbeit):** Im strikten Sinne handelt es sich in diesem Fall nicht um ein Problem auf der syntaktischen Seite der Organisation, sondern vielmehr um ein syntaktisches Problem auf der semantischen Seite des organisationalen Dialogs. Wir hatten vorher aber schon vermerkt, dass derartige Spannungen ebenfalls den Fortlauf organisationaler Entscheidungen beeinträchtigen können. Man kann diese Spannungen daher als Funktionsäquivalent für syntaktische Spannungen ansehen und sie damit ebenfalls zum Gegenstand von Führungsinterventionen in unserem Sinne machen. In solchen Situationen besteht die Herausforderung darin, dass eine getroffene Entscheidung entweder durch eine sinnstiftende Erzählung mit dem aktuellen Selbstbild in Übereinstimmung gebracht wird, das Selbstbild so angepasst wird, dass die entsprechende Spannung nicht mehr empfunden wird, oder aber die als problematisch betrachtete Entscheidung revidiert werden muss. Geschieht keine derartige Intervention, muss man davon ausgehen, dass sich die beobachteten Spannungen im organisationalen Dialog nachhaltig verhärten und über intensive Gefühle und Stimmungen manifestieren. Aufgrund der funktionalen Ähnlichkeit dieser Interventionen zu den beiden vorher besprochenen Fällen von Führungsinterventionen wollen wir diese Art von Intervention ebenfalls als **Führung** bezeichnen.

- **Die mit Entscheidungen verbundenen Sinnangebote und deren Verarbeitung finden keine adäquaten Dialogräume, in denen sie diskutiert und evaluiert werden können (Dialogorganisation):** Betrachtet man derartige Situationen, dann fällt auf, dass es in diesen Situationen nur sekundär um eine bestimmte Entscheidung und deren organisationale Reflexion geht. Primär steht in diesen Situationen im Vordergrund, dass die existierenden Dialogräume als nicht hinreichend erscheinen. Damit stehen im Kern andere, früher getroffene Entscheidungen zur Strukturierung dieser Dialogräume im Vordergrund der Führungsintervention. Betrachtet man diese Situationen ebenfalls als eine Herausforderung von Führung, so tritt die Gestaltung von Dialogräumen als funktionale Anforderung an die Führung in den Blick. In diesem Feld von Führung geht es also darum, die Schnittstelle zwischen syntaktischer Strukturbildung und semantischer Sinnverarbeitung so zu gestalten, dass die Strukturierungsvorgaben im organisationalen Dialog in einer Organisation die mit den Entscheidungen einhergehenden Sinnverarbeitungsabläufe nicht behindern. Die Gestaltung der Räume des organisationalen Dialogs in ihren drei Sinndimensionen erscheint in dieser Hinsicht als syntaktische Arbeit auf der semantischen Ebene der Organisation und kann damit ebenfalls als ein Funktionsäquivalent für eine Entscheidungsprämisse betrachtet werden. Wir werden diese Art von Führungsintervention daher ebenfalls als **Führung** bezeichnen.

Was bei der obigen Aufzählung auffällt, ist die Tatsache, dass es sich in allen betrachteten Situationen zum einen um Spannungssituationen handelt und zum anderen diese Situation typischerweise durch intensive negative Gefühle und Stimmungen von den Mitgliedern einer Organisation begleitet werden. Wenden wir uns zunächst dem letzten dieser beiden Punkte zu. Auf die Existenz und Relevanz von Gefühlen und Stimmungen sowie persönlichen Antrieben von relevanten Mitgliedern einer Organisation wurde bereits vorher im Rahmen der systemisch-syntaktischen Beschreibung einer Organisation hingewiesen. Sie müssen, um in der Organisation bearbeitet werden zu können, genauso wie andere Umweltfaktoren in Organisationen über kognitive Routinen abgebildet werden. Es ist daher erwartbar, wenn dies nicht hinreichend gelingt, dass die beteiligten Personen dies als negativ bewerten und mit einer entsprechenden Emotionalität reagieren. Interessant ist jetzt aber der bereits vorher angesprochene Befund, dass in allen vorgestellten Situationen, in denen Führung gefordert ist, von der Existenz derartiger Gefühlszustände auszugehen ist. Es erscheint daher möglich, dass wir das Auftreten solcher Verstimmungen als diagnostisch relevanten Hinweis für den notwendigen Einsatz von Führung ansehen können. Kurz gesprochen, da wo es emotional nicht rundläuft, scheint eine Funktion von Führung nicht hinreichend praktiziert worden zu sein. Aufgrund dieses Befunds erklärt sich auch die in den letzten Jahren in der Literatur verstärkt in den Fokus getretene Bedeutung der sogenannten **emotionalen Intelligenz (EQ)**[22] von an Führung Beteiligten, welche unter anderem auch eine hohe Sensibilität für die Emotionalität im Umfeld von organisationalen Kontexten beinhaltet.

Kommen wir jetzt aber zu dem ersten Befund, den wir oben festgehalten haben, dass nämlich alle vorher beschriebenen relevanten Führungssituationen mit syntaktischen Spannungen in Verbindung stehen. Ausgehend von dieser Beobachtung erscheinen die dargestellten Management- und Führungsinterventionen daher in dem von uns gewählten systemisch-syntaktischen Bild von Organisationen als notwendige funktionale Antworten auf organisationale Spannungsfelder (siehe Abbildung 3 für eine schematische Darstellung einer Organisation inklusive ausgewählter syntaktischer Spannungsfelder). Man könnte in diesem Sinne davon sprechen, dass Management- und Führungsinterventionen für Organisationen Spannungsmanagement auf der syntaktischen Ebene leisten.

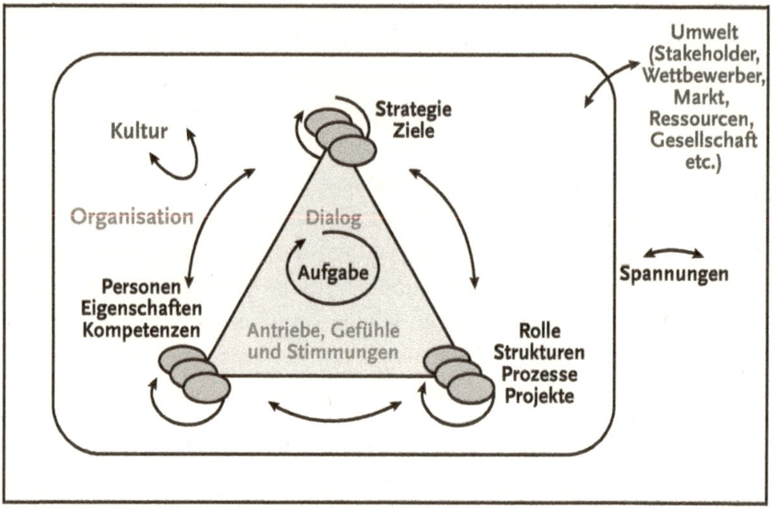

Abbildung 3: Systemisch-syntaktischer Blick auf eine Organisation inklusive ausgewählter syntaktischer Spannungsfelder*.

Wir können damit unsere Ausgangsfrage nach der Leistung von Führung für in ihrem Umfeld existierende Systeme über diese funktionale Beziehung beantworten. Erinnern wir uns in diesem Kontext nochmals an die in Abbildung 1 dargestellten Systemebenen, zu denen Führung sich in Beziehung setzen muss, so können wir sagen, dass wir mithilfe des in diesem Abschnitt entwickelten syntaktischen Verständnisses von Führung für jede dieser Ebenen ein funktionales Verständnis von Führung ableiten könnten, wenn wir die systemisch-syntaktische Struktur dieser Ebene kennen würden. Für die Ebene der Organisation haben wir diese Struktur im letzten Abschnitt bereits kennengelernt. Eine ähnliche Ausarbeitung für die anderen Systemebenen könnte uns die entsprechenden Antworten liefern. Im Verlauf dieses Buches werden wir, wie vorher bereits erwähnt, die beiden Ebenen Team und Dyade aber nur kurz berühren (siehe hierzu Anhang 2).

---

* Die Darstellung der typischen Spannungsfelder für die Führungsform **Management** kann in dieser Darstellung nicht erfolgen, da es sich um Spannungsfelder innerhalb der Entscheidungsoperationen handelt. Auf die explizite Darstellung der mit dem semantischen Strukturelement der organisationalen Selbstbeschreibung sowie der mit der Struktur des organisationalen Dialogs verbundenen Spannungen wurde aus Gründen der Übersichtlichkeit verzichtet. Diese Spannungsfelder sind aber in der Praxis immer mitzudenken.

Teil 2 wird uns aber über das Kennenlernen der antiken Lebensphilosophie der Stoa tiefere Einblicke in die Frage der syntaktischen Struktur einer Person und damit auch der resultierenden Aufgaben der ICH- und Selbstführung vermitteln. In diesem Kontext werden wir auch den Spannungsfeldern wieder begegnen, welche wir im Abschnitt über die existenzielle Dimension von Führung kennengelernt haben. Wir werden weiterhin in dieser Diskussion aus der Stoa heraus auch ein mögliches Leitmotiv für die Arbeit an systemischen Spannungsfeldern kennenlernen, welches wir mit dem Begriff der **Kohärenz** zu fassen versuchen werden. Im Lichte dieses Leitmotivs werden wir Führung als den Versuch beschreiben, dafür zu sorgen, dass in einem System auf syntaktischer Ebene ein Zustand innerer Kohärenz entsteht, wobei wir ein Mehr an Kohärenz in seinen Auswirkungen auf ein entsprechendes System als ein »Besser« postulieren werden.

In diesem Kontext erscheint ein weiterer Gedanke interessant, und zwar die Frage, wie man auf der Ebene der Organisation bereits eine höhere Sensitivität für diese Kohärenz beziehungsweise die hinter dieser Kohärenz liegenden Spannungsfelder in einer Organisation erreichen könnte. Hier liegt der Gedanke nahe, die in Abbildung 2 und Abbildung 3 dargestellten schematischen Bilder einer Organisation zum offiziellen Bestandteil der Selbstbeschreibung einer Organisation zu machen. Genau dieser Ansatz hat sich in mehreren Praxisprojekten bereits als sehr wirksam gezeigt, wobei neben eine erhöhte Sensitivität auch ein besseres Verständnis für organisationale Spannungsfelder trat. Hierdurch scheint sich die Möglichkeit zu eröffnen, mithilfe einer Syntaktisierung des Selbstbilds von Organisationen auch deren **Selbst-Steuerungsfähigkeit** zu erhöhen.

Doch greifen wir nicht zu weit vor. Zunächst müssen wir uns noch einem zweiten Aspekt von Führung zuwenden, welchen wir bisher noch nicht im Detail betrachtet haben. Es handelt sich hierbei um den systemischen Aspekt von Führung, also die Notwendigkeit, unsere syntaktische Perspektive auf Führung um eine systemische Perspektive auf Führung zu erweitern. Diese Perspektive bildet den Fokus des nächsten Abschnitts.

1.2.4 Führung als System

Wie wir im Rahmen unseres Exkurses zu der Frage der systemisch-syntaktischen Struktur von Organisationen bereits erwähnt haben, nahm Niklas

Luhmann in seinen Überlegungen an, dass die bereits mehrfach erwähnten Meta-Entscheidungen in einer Organisation ein eigenes System etablieren. Auf der Basis unserer vorherigen Überlegungen bedeutet dies für uns, dass Führung nicht nur ein funktionales Verhältnis zu Systemen besitzt, sondern dass Führung in diesem Verhältnis selbst als System betrachtet werden kann. Der Gedanke ist hierbei nicht, dass dieses System vollkommen unabhängig von einem anderen System, wie zum Beispiel einer Organisation, entsteht. Der Gedanke ist vielmehr, dass dieses System sich auf der Basis bestimmter organisationaler Kommunikationen, nämlich der Meta-Entscheidungen in dieser Organisation, etabliert. Die beiden Systeme sind damit auf das Engste miteinander verknüpft. Im Rahmen der Organisation erscheinen diese Entscheidungen als Entscheidungen über Entscheidungen. Im System der Führung stellen diese Entscheidungen aber einfache Entscheidungen eines besonderen Typs dar. Wir wollen sie daher im Folgenden als **Führungsentscheidungen** bezeichnen. Das Führungssystem stellt damit eine Art Subsystem des Organisationssystems auf der Basis dieser Führungsentscheidungen dar. Aus Sicht des Führungssystems ergibt sich in dieser Sichtweise das Problem, dass diese neue Art von Entscheidungen nun auch auf Entscheidungsprämissen aufsetzen muss, wobei hier nicht die Entscheidungsprämissen der Organisation verwendet werden können, da über diese entschieden wird. Es liegt daher nahe, das aus unserem Exkurs zu Organisationen bekannte systemisch-syntaktische Bild in seiner Struktur auf das System der Führung zu übertragen. Mithilfe dieser Überlegung würden wir dann das in Abbildung 4 dargestellte schematische Bild des Führungssystems einer Organisation erhalten. Wir erkennen hier sofort die Strukturähnlichkeit der beiden Systeme, welche sich zum einen über ihre Basisoperationen (Entscheidungen versus Führungsentscheidungen) und zum anderen durch die mit diesen Operationen einhergehende Semantik des jeweiligen Systems unterscheiden. Es mag daher hilfreich sein, die aus dieser Strukturüberlegung sich ergebenden Elemente des Führungssystems im Überblick darzustellen. Wir folgen in dieser Darstellung der bereits bekannten Auflistung der Syntaxelemente der Organisation aus unserem Exkurs zu Organisationen. Im Fall des Führungssystems lassen diese sich wie folgt beschreiben:

- die **Aufgabe** der Führung: Diese wird zum Beispiel im Fall einer Organisation durch die funktionalen Leistungen des Führungssystems im

Verhältnis zu den syntaktischen Spannungsfeldern einer Organisation definiert (diese waren im vorherigen Abschnitt in Management [Entscheidungsqualitätssicherung] sowie Führung [Prämissenbalancierung und -entwicklung, Narrationsarbeit und Dialogorganisation] unterteilt worden).

- die **Ziele** der Führung: Diese ergeben sich aus der Notwendigkeit, in der Führungsarbeit zeitliche, thematische oder soziale Schwerpunkte zu definieren, da eine Bearbeitung aller Führungsaspekte nicht gleichzeitig möglich ist (Beispiel: die Etablierung eines Fokus in der Führungsarbeit auf der Bearbeitung des Spannungsverhältnisses zwischen Personal und Zielen in der Organisation, wobei genau festgelegt wird, was bis wann in der Führungsarbeit hier erreicht werden soll). Zusätzlich kann es auch hilfreich sein, eine Art Strategie für diese Arbeiten festzulegen.
- die **Rollen** und **Strukturen** in der Führungsarbeit (Beispiel: die Etablierung unterschiedlicher Führungsrollen beziehungsweise -ebenen, um die Zuständigkeit für bestimmte Führungsaufgaben klar zuordnen zu können) sowie auch hiermit verbundene Prozesse und Projekte

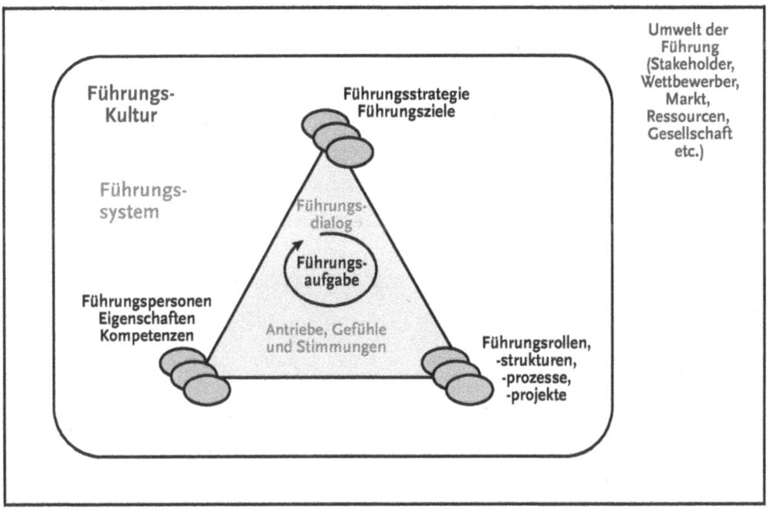

Abbildung 4: Systemisch-syntaktischer Blick auf das Führungssystem einer Organisation.

- die **Personen** beziehungsweise das **Personal in der Führungsarbeit** (Beispiel: die Auswahl von Führungskräften, welche sowohl von ihren Eigenschaften als auch von ihren Kompetenzen für die Arbeit in einer Führungsrolle geeignet erscheinen)
- die **Kultur** des Führungssystems als ihr impliziter Kontext (Beispiel: die gemeinsame Reflexion der Führungskultur in einer gegebenen Organisation)

Hinzu kommen noch die bereits im Kontext der Analyse einer Organisation erwähnten wichtigen Kontextfaktoren, welche ebenfalls in Form von kognitiven Routinen als funktionales Äquivalent für Entscheidungsprämissen Einfluss auf die Dynamik des Führungssystems in der Führungsarbeit ausüben können. Hierzu zählen:

- die **soziale Umwelt** des Führungssystems (zum Beispiel Führungskräftetreffen [Governance-Sitzungen] oder Führungskräfte-Workshops et cetera, Führungsansätze bei Wettbewerbern, gesellschaftliche Trends in der Führungsarbeit)
- die **physische Umwelt** des Führungssystems (zum Beispiel Ressourcen, Gebäude)
- die **psychische Umwelt** des Führungssystems (zum Beispiel die Antriebe, Gefühle und Stimmungen von an Führung Beteiligten)

Wir müssen zu diesem Bild weiterhin die semantisch-syntaktischen Elemente der Selbsterzählung und der Dialogorganisation ergänzen, da diese, wie vorher bereits beschrieben, ebenfalls Entscheidungen als Prämissenfunktionsäquivalent beeinflussen können. Mit dem Element der Selbsterzählung ist dabei zum Beispiel zum einen das vielfach in der Praxis beschworene Prinzip der semantischen »Einheit in der Führung« verknüpft, welches insbesondere in Krisenzeiten als sehr wichtig erachtet wird. Zusätzlich kann aber auch auf der Ebene der Führung mithilfe einer Syntaktisierung der Selbstbeschreibung von Führung, durch zum Beispiel eine bewusste Verwendung von Abbildung 4 (und nachfolgend auch Abbildung 5), eine erhöhte Selbst-Steuerungsfähigkeit des Systems Führung erreicht werden.

Mithilfe dieser systemisch-syntaktischen beziehungsweise schematischen Betrachtung von Führung besitzen wir jetzt ein sehr differenziertes Instrument zur Analyse von systemischen Führungsproblemen in Organisationen. Hierbei ermöglichen uns die beiden in Abbildung 3 und Abbildung 4 dargestellten Schemata einen jeweils komplementären Blick auf die Herausforderungen in Organisationen. Abbildung 3 zeigt uns hierbei die organisationale Perspektive, in welcher zum Beispiel von Mitgliedern einer Organisation mögliche Spannungsfelder in der Entscheidungsdynamik ihrer Organisation identifiziert werden können. Abbildung 4 zeigt uns ergänzend auf, wie und ob eine entsprechende Führungsfunktionsleistung im Führungssystem organisiert und etabliert ist. Zu letzterer Perspektive kann es daher zusätzlich noch hilfreich sein, eine Liste der typischen Führungsfunktionen zu erstellen, wie wir sie in den meisten Organisationen antreffen können. Eine derartige Liste, ergänzt um funktionale Anforderungen an Führung aus den Systemebenen Team und Dyade, findet sich in Anhang 1.*

Ein weiterer interessanter Aspekt dieser schematischen Betrachtung von Führung ist die Folgerung, dass die funktionale Seite von Führung nur von der syntaktischen Struktur des betrachteten Referenzsystems (zum Beispiel Organisation, Team) abhängt. Wir können hierdurch die Hypothese formulieren, dass Führung in allen Organisationen, egal wie sie strukturiert sind, funktional identisch ist. Führungssysteme unterschiedlich strukturierter Organisationen unterscheiden sich in diesem Bild nur hinsichtlich ihrer Organisation, ihrer konkreten Ziele, hinsichtlich der in ihnen arbeitenden Personen sowie durch ihren Umgang mit den relevanten Kontextfaktoren von Führung beziehungsweise ihren Selbsterzählungen und ihrer Dialogorganisation. Hinzu kommt natürlich auch noch ein Unterschied auf der methodisch-instrumentellen Ebene, da unterschiedliche Organisationsformen von Führung auch unterschiedliche Kompetenz- und Methoden-Anforderungen an die an diesem Führungssystem beteiligten Personen stellen. Ein hierarchisch organisiertes Führungssystem erfordert hierbei sicherlich gänzlich andere methodische Kompetenzen von den an Führung Beteiligten, als dies ein partizipativ-agil organisiertes Führungssystem tut. Gleiches gilt für andere aktuell in der Literatur diskutierte Ansätze in der Führung.[23] Wir sehen hierdurch, dass die methodisch-instrumentelle Seite von Führung, welche für die Wirksamkeit von Führung in der Praxis essenziell ist, eine große Komplexität in die Betrachtung einbringt.

* Ein Kartenset, welches 30 Führungsfunktionen darstellt, ist unter dem Titel »Führung begreifbar machen« über die Grafikerin Marie Hübner separat als Ergänzung zu diesem Buch erhältlich (https://www.graphictelling.org/workshops/).

Nicht umsonst wurden die in dieser Dimension von Führung in den vergangenen Jahrzehnten entwickelten Methoden und Instrumente in unzähligen Führungsseminaren vermittelt. Zusätzlich bleibt abzuwarten, was sich auf dieser Ebene der Führung durch die sich abzeichnende KI-Revolution, welche durch ChatGPT[24], Bard[25] oder andere Large Language Models (LLMs)[26] ausgelöst wurde, noch entwickeln wird. Was für unsere Betrachtung aber wichtig ist, ist die Tatsache, dass diese Komplexität uns nicht daran hindern sollte zu sehen, dass die funktionalen Anforderungen an Führung ausschließlich durch die syntaktische Struktur von Organisationen, Teams oder Dyaden bestimmt sind. Jede Diskussion von Führung sollte sich daher dieses gemeinsamen Grundes bewusst sein, um somit Methodendiskussionen und den mit ihnen einhergehenden Komplexitäten ihren passenden Platz zu geben.

Zum Abschluss dieses Abschnitts möchte ich noch auf einen letzten interessanten Aspekt von Führungssystemen zu sprechen kommen. Wir haben diesen Aspekt bereits kurz im Rahmen der Diskussion der Führungsherausforderung der Prämissenbalancierung berührt. Im Rahmen dieser Diskussion haben wir darauf hingewiesen, dass eine Funktion von Führung in der Balancierung der Verwendung der in einer Organisation verfügbaren Entscheidungsprämissen besteht. Wir hatten in diesem Kontext auch darauf verwiesen, dass Organisationen, je nachdem welche Prämissen sie in ihrer Entscheidungspraxis bevorzugen, einen sehr unterschiedlichen Charakter aufweisen können. Wir hatten hier den übermäßigen Gebrauch der Prämisse Struktur mit bürokratischen Organisationen, einen entsprechenden Gebrauch der Prämisse Personal mit einer Expertenorganisation und den Fokus auf Zielen und Kunden mit kunden- oder serviceorientierten Organisationen in Verbindung gebracht. Analysiert man die in unserem systemisch-syntaktischen Schema von Organisationen vorhandenen Prämissen weiter, so lässt sich die Hypothese bilden, dass sich für alle heute in Gebrauch befindlichen Organisationsmodelle eine entsprechende charakteristische Balancierung im Gebrauch der Entscheidungsprämissen aus diesem Schema ableiten lässt.

Wir werden diesen Gedanken nochmals im zweiten Teil, im Rahmen unserer Diskussion der personalen Entwicklungstheorie der Stoiker (siehe Kap. 2.3.4), aufgreifen und ihn mit einem Entwicklungsgedanken verbinden, welcher zunächst auf individueller Ebene unter dem Begriff der Haltungsentwicklung durch Martin Permantier[27] beschrieben und in Ansätzen auch bereits von ihm[28] und anderen[29] auf andere Systemebenen übertragen wurde (siehe Kap. 2.3.7). Die Auseinandersetzung mit diesen Überlegungen wird den Gedanken nahelegen, dass diese unterschiedlichen Balancierungsansätze in Organisationen nicht zufällig auftreten, sondern vielmehr Ausdruck einer inneren Reifung von Organisationen sind (siehe auch Anhang 2). Wir werden außerdem feststellen, dass die Stoa uns interessante Hinweise zu der Frage geben wird, wie eine zu jedem Zeitpunkt passende Balancierung der organisationalen Prämissen aussehen kann. Doch kommen wir an dieser Stelle zunächst erst noch zu einem letzten Aspekt unserer Überlegungen zum komplexen Charakter von Führung zurück, nämlich der Herausforderung der Führung von Führung. Dieser wollen wir den nächsten Abschnitt widmen.

1.2.5 Die Führung von Führung

Was ist mit der Formulierung der Führung von Führung gemeint? Welches Problemfeld einer Organisation beziehungsweise der sie begleitenden Führung tritt durch diese Herausforderung in den Blick? Auf der Basis des in den letzten Abschnitten entwickelten systemisch-syntaktischen Bilds von Organisationen und Führung können wir auf diese Frage eine einfache Antwort geben. Diese Antwort besteht darin, dass die Führung von Führung (wir wollen sie im Folgenden als **Meta-Führung** bezeichnen) für das Führungssystem leistet, was die Führung für das Organisationssystem leistet. Das bedeutet, dass das System der Meta-Führung für das Führungssystem wiederum die folgenden Funktionen bereitstellt:

- die Qualitätssicherung der Führungsentscheidungen (Management von Führung),
- die Balancierung des Führungsprämissengebrauchs (Balancierung von Führungspersonal, Führungsstrukturen und -prozessen, Führungszielen sowie im Führungssystem auftretender kognitiver Routinen),
- das Management der Führungsprämissen (Entscheidungen über die Struktur des Führungspersonals, der Führungsziele oder aber der Führungsstrukturen, -prozesse oder -rollen),
- die Handhabung der Führungsnarrationen,

- die Organisation von Dialogräumen für den Austausch über Führung sowie zusätzlich noch
- den Umgang mit den Anforderungen der physischen und sozialen Umwelt sowie der an dem Führungssystem beteiligten Personen (Antriebe, Gefühle und Stimmungen).

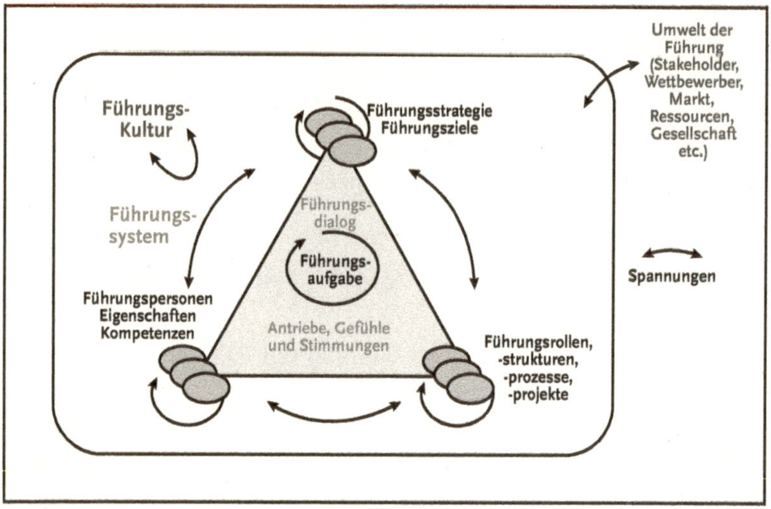

Abbildung 5: Die syntaktischen Spannungsverhältnisse in einem Führungssystem und die Aufgaben der Führung von Führung.

Mithilfe dieser Betrachtungsweise lässt sich das in Abbildung 4 dargestellte syntaktische Bild des Führungssystems um seine syntaktischen Spannungsfelder ergänzen, sodass die eben beschriebenen Meta-Führungsfunktionen als Antworten auf diese Spannungsfelder verstanden werden können. Das resultierende vervollständigte syntaktische Bild des Führungssystems ist in Abbildung 5 dargestellt.

Betrachten wir diesen Katalog der Meta-Führungsfunktionen, so lässt sich beobachten, dass die Organisation dieser Funktionen und damit die Organisation des Führungssystems in den meisten Organisationen bisher deutlich zu wenig Aufmerksamkeit erhält. Es gibt zwar strukturierte Bemühungen, einzelne dieser Aspekte zu adressieren, wie zum Beispiel die Einrichtung von Dialogräumen für Führungskräfte über spezielle temporäre Formate, die Etablierung von Führungskräfteweiterbildungsprogrammen oder aber die

Reflexion von Führungsstrukturen (Rollen- und Hierarchien) und -prozessen. Eine ganzheitliche Reflexion und Diskussion all dieser Aspekte vor dem Hintergrund eines integrierten Gesamtbilds, wie es durch die Abbildung 3 und Abbildung 5 gegeben ist und welches von den Belangen der Organisation über die Frage der sich daraus ergebenden Führungsanforderungen bis hin zur Organisation und Führung des resultierenden Führungssystems reicht, findet kaum statt. Ein wesentlicher Grund für diesen Mangel könnte in der Tatsache begründet sein, dass weder auf der Ebene der Organisation noch auf der Ebene der Führung ein systemisch-syntaktisches Bild in den Selbstbeschreibungen der beiden Systeme verwendet wird. Würde man dies ändern und die Selbstbeschreibungen der Organisation und der Führung stärker syntaktisieren, könnte eine erhöhte Selbst-Steuerungsfähigkeit beider Systeme erreicht werden. Dies könnte selbst dann der Fall sein, wenn die Funktionen der Führung von Führung (also in gewisser Hinsicht der Meta-Führung) nicht in einem umfassenden dritten Systemtyp organisiert würden, dessen Aufgabe darin bestehen würde, das gekoppelte System aus Organisation und Führung, das heißt die sich zwischen den beiden Systemen zeigenden Spannungen, im obigen Sinne zu steuern.

Aufgrund der Tatsache, dass in den meisten Organisationen keine der zuvor vorgeschlagenen Maßnahmen umgesetzt werden, befinden sich die Führungssysteme vieler Organisationen in einem oft fragmentierten und wenig reflektierten Zustand. Ein ähnliches Defizit findet sich in vielen Organisationen allerdings auch bereits auf der Ebene der funktionalen Führungsbedarfe von Organisationen, da von den vorher dargestellten Führungsfunktionen viele keine angemessene Aufmerksamkeit erhalten und sich die Führungsarbeit in diesen Organisationen zumeist im Management, also der Qualitätssicherung der organisationalen Entscheidungen, erschöpft. Es liegt daher die Vermutung nahe, dass die vollständige Berücksichtigung aller Spannungsverhältnisse, wie sie sich in Abbildung 3 und Abbildung 5 zeigen, zu vollständigeren und wirksameren Lösungen für organisationale Herausforderungen führen würde. Dieser Gedanke ist analog zu dem im Kontext der Verwendung des Problemschemas von Matthias Varga von Kibéd geäußerten Gedanken zu sehen, dass eine Problembeschreibung beziehungsweise ein Problemlösungsversuch, welcher nicht die ganze syntaktische Komplexität des Problemschemas (siehe Tabelle 1) verwendet, gegenüber vollständigeren Beschreibungen oder Lösungsversuchen weniger Erfolg versprechend sein wird.

Im Hinblick auf einen im vorletzten Abschnitt bereits geäußerten Gedanken könnte man hier auch so formulieren, dass ein weniger komplexer Umgang mit einem Führungssystem die Gefahr in sich trägt, dass die innere Stimmigkeit beziehungsweise Kohärenz dieses Führungssystems geringer ausgeprägt sein wird. Wir hatten an dieser Stelle bereits die Hypothese geäußert, dass ein solcher Zustand für ein Führungssystem sowie nachfolgend auch für das mit diesem System verbundene Organisationssystem einen schlechteren Zustand darstellen würde. Das sich aus dieser Hypothese ergebende »Kohärenz-Motiv«, hier verstanden als das Bedürfnis, in einer gegebenen Organisation, einem zugehörigen Führungssystem oder auch zwischen diesen beiden Systemen ein höheres Maß an Kohärenz etablieren zu wollen, wird für uns in diesem Buch einen wichtigen Verbindungspunkt zwischen der modernen Welt der Führung und der Welt der antiken Stoa, wie wir sie in den folgenden Teilen dieses Werks kennenlernen werden, darstellen. Wir werden zusätzlich auch die praktische Anwendung dieser Gedanken im dritten Teil noch verstärkt in den Fokus nehmen und durch praktische Beispiele greifbarer machen.

Nun wollen wir aber die moderne Welt der Führung zunächst verlassen und uns der Frage zuwenden, wie uns die Gedanken der antiken Lebensphilosophie der Stoa bei unseren bisherigen Überlegungen zur Welt der Organisationen und ihrer Führung helfen können. Wir wenden uns hierzu im nächsten Teil zunächst einer der wichtigsten Leitfiguren für die Schule der Stoa zu. Es handelt sich hierbei um die Person des Sokrates, welcher gut 100 Jahre vor der Schulgründung der Stoa in Athen lebte und ein sehr spezielles philosophisches Programm ins Leben rief.

Teil 2:

Der Weg der Stoa – vom inneren Selbst zum Kosmos

2.1 Das sokratische Projekt und die Kunst der Selbstführung

2.1.1 Sokrates und sein Projekt

Die Bedeutung der Person des Sokrates, welcher im 5. Jahrhundert v. Chr. im griechischen Athen lebte, lässt sich daran bemessen, dass die antiken Philosophen vor Sokrates mit der Bezeichnung »Vorsokratiker« gekennzeichnet werden. Analog war es nachfolgenden Philosophen beziehungsweise deren Schulen oft sehr wichtig, ihre Verbindung zum Denken des Sokrates klar aufzuzeigen. Die in diesem Buch im Fokus stehende Schule der Stoa, welche gut 100 Jahre nach Sokrates' Wirken entstand, war in dieser Hinsicht im besonderen Maße daran interessiert, ihre gedankliche Verbindung mit Sokrates zu betonen. Dies kann man unter anderem daran ablesen, dass ihre Mitglieder in der Gründungszeit der Stoa für eine gewisse Zeit sich sogar gerne auch als »Sokratiker« bezeichnen ließen, bevor sich in der Folgezeit die auch heute noch gebräuchliche Bezeichnung »Stoiker« etablierte.[30]

Wer war dieser Sokrates? Wir besitzen nur wenige Quellen, die uns Auskunft über ihn geben. Hierzu gehören vor allem die Darstellungen des Sokrates in den Schriften seiner Schüler Platon und Xenophon, wobei insbesondere Platons sokratische Dialoge einen sehr starken Einfluss auf unser Sokrates-Bild ausgeübt haben. Der Einfluss dieser Schriften ist dabei so wirkmächtig, dass es für uns heute, 2000 Jahre später, fast unmöglich erscheint, den historischen Sokrates hinter dem platonischen Sokrates oder dem Sokrates in den Schriften Xenophons zu erkennen.[31] Aus diesen und anderen verfügbaren Quellen[32] wissen wir über Sokrates, dass er ursprünglich als Steinmetz und

Bildhauer ausgebildet wurde, also in dem Beruf, in dem sein Vater arbeitete. In diesem Beruf scheint er aber nicht lange gearbeitet zu haben. Einen zweiten großen Einfluss dürfte Sokrates' Mutter auf ihn ausgeübt haben, welche als Hebamme arbeitete, da Sokrates seine philosophische Kunst später als Hebammenkunst (griechisch: *maieutik*) bezeichnete.

Als junger Mann wurde Sokrates auch in den üblichen Themen ausgebildet, in denen die Söhne Athens unterrichtet wurden. Hierzu gehörten Fähigkeiten wie Lesen und Schreiben, Geometrie, Astronomie, Musik und vor allem auch die Kenntnis der alten Dichter und hier insbesondere Homers. Sokrates scheint weiterhin eng mit dem Haushalt des Perikles, des bekanntesten athenischen Staatsmanns seiner Zeit, verbunden gewesen zu sein. Diese Verbindung ergab sich durch Perikles' zweite Frau Aspasia, die mit der ionischen Naturphilosophie vertraut war und Rhetorik unterrichtete. In letzterer Hinsicht soll sie für Sokrates eine regelmäßige Lehrerin und Gesprächspartnerin gewesen sein. Über diese Verbindung hatte Sokrates wahrscheinlich auch Kontakt zu Anaxagoras, einem der bedeutenden Naturphilosophen dieser Zeit, welcher in seiner Lehre sowohl Elemente des Denkens des Heraklit als auch der eleatischen Schule des Parmenides verband. Sokrates scheint eine Zeit lang sein Schüler gewesen zu sein und über ihn auch mit Archelaos, einem der Schüler des Anaxagoras, engen Kontakt gepflegt zu haben.

Zuletzt lernte Sokrates durch diese Verbindung aber auch Damon von Athen kennen, einen Musiktheoretiker und Gelehrten, welcher unter anderem von Agathokles, einem direkten Schüler des Pythagoras, ausgebildet wurde und bei dem Sokrates auch eine Zeit Schüler war. Weiterhin sind für Sokrates auch noch intensive Kontakte zum Dichter Euripides sowie zur sophistischen Bewegung dieser Zeit belegt, so kannte er den Sophisten Prodikos. Zuletzt hatte aber auch noch die Seherin Diotima als Lehrerin Einfluss auf Sokrates, wie wir Platons Dialog *Symposium* entnehmen können, in dem Sokrates ihre Sichtweise auf das Thema Eros und Liebe in seinem Beitrag darstellt. Sokrates kämpfte auch als athenischer Fußsoldat im Peloponnesischen Krieg, welcher von 431 bis 404 v. Chr. zwischen Athen und Sparta herrschte und im Jahr 404 v. Chr. mit der totalen Niederlage Athens endete. In seiner Zeit als aktiver Soldat soll Sokrates an mehreren großen Schlachten teilgenommen und sich hier durch besondere Tapferkeit hervorgetan haben. Sokrates soll zwei Frauen gehabt haben, mit denen er insgesamt drei Söhne zeugte.

So weit unser biografisches Wissen über Sokrates und mögliche Einflussquellen auf sein Denken. Worin bestand aber jetzt Sokrates' Projekt, und warum ist es für die antike Philosophie von so großer Bedeutung? Sokrates wird in der Philosophiegeschichte als Wendepunkt des philosophischen Denkens angesehen, und dieser Wendepunkt wird damit verbunden, dass Sokrates »die Philosophie vom Himmel herab« geholt habe. Diese Formulierung geht auf Marcus Tullius Cicero[33] (106 – 43 v. Chr.) zurück. Er meinte hiermit die Verschiebung des Fokus in der Philosophie durch Sokrates von der Naturphilosophie der Vorsokratiker zu den Fragen des menschlichen Lebens und Miteinanders, also der Ethik. Diese Sichtweise ist in Teilen sicherlich gerechtfertigt, da durch Sokrates diese Themen im geistigen Dialog Athens einen ganz neuen Stellenwert erhalten haben. Ich möchte diese Sichtweise aber in der Hinsicht ergänzen, dass sich über den Kontakt des Sokrates zu den Pythagoreern (wie zum Beispiel Damon von Athen) eine etwas andere Perspektive eröffnen könnte. Betrachtet man die Lehren des Pythagoras, wie sie uns beispielsweise über die goldenen Verse[34] überliefert sind, so zeigen sich in diesen Versen bereits sehr deutlich Überlegungen, wie sie Sokrates in seinem Denken später formuliert hat. In den goldenen Versen, welche die Anhänger der Schule regelmäßig jeden Tag rezitierten, ist ganz klar die Struktur eines individuellen Entwicklungsprogramms zu erkennen, welches über die Einhaltung bestimmter Regeln und die rationale Reflexion des Kosmos sowie der eigenen Natur über regelmäßige Selbstprüfung zu einem besseren und gelingenderen Leben führen kann. Würden wir unser obiges Bild um diesen Gedanken ergänzen, so wäre Sokrates' Werk noch immer gleichsam bedeutsam, es würde aber eher einer Fokusverschiebung hin zu einer anderen Tradition in den »vorsokratischen Schulen« entsprechen, welche die Frage nach einem gelingenden Leben bereits 100 Jahre vor Sokrates zum Kernstück ihrer philosophischen Praxis gemacht hatte.

Schauen wir jetzt aber genauer auf Sokrates' Projekt. Worum ging es ihm? Hier finden wir in der von Platon überlieferten Verteidigungsrede des Sokrates vor Gericht erste Hinweise.[35] Dort berichtet Sokrates davon, dass sein Jugendfreund Chairephon ohne sein Wissen das Orakel in Delphi darüber befragt habe, ob es jemanden gäbe, der weiser als Sokrates sei. Diese Frage wurde vom Orakel verneint. Als Sokrates von dieser Aussage hörte, war er verwundert und beschloss, zu den Personen in Athen zu gehen, die andere als weise betrachteten. Sein Anliegen war es dabei, zu erfahren, ob diese wirklich nicht weiser als er seien, wobei er von sich selbst immer als nicht weise sprach. Sokrates besuchte in der Folge zunächst die Staatsmänner Athens, dann die Dichter und zum Schluss die Handwerker. Bei den Begegnungen mit diesen Personen erfuhr Sokrates, dass alle Befragten der Meinung waren, zu wissen, wobei sie die Grenzen ihres Wissens nicht zu kennen schienen und sie vielmehr davon ausgingen, dass sie viel mehr wüssten, als es tatsächlich der Fall war. Letzteres versuchte Sokrates sie im Gespräch durch seine typische Art der Befragung erkennen zu lassen. In dieser Art der Befragung, welche heute als »sokratische Methode«[36] bekannt ist, spielt Sokrates die Rolle des unwissenden Fragenden. Mithilfe einer auf logische Konsistenz zwischen den Aussagen des Befragten ausgerichteten Fragetechnik gelingt es Sokrates im Laufe dieser Gespräche dann aber immer wieder, seine Gesprächspartner an den Punkt zu bringen, an dem sie selbst konstatieren müssen, dass sie sich widersprechen und damit offensichtlich nicht wissen, was sie vorgaben zu wissen. Ein Gesprächsausgang, den die meisten Gesprächspartner nicht zu schätzen wussten und welcher mit der Zeit dazu führte, dass Sokrates sich viele Feinde machte. Am Ende seiner Prüfungen musste Sokrates dann für sich erkennen, dass er scheinbar dahingehend der Weiseste zu sein schien, dass er der Einzige war, der wusste, dass er nicht weiß. Aus dieser Erfahrung schließt Sokrates dann auf eine wichtige Einsicht, nämlich dass die Einsicht in das eigene Nichtwissen die wichtigste Voraussetzung dafür ist, zu lernen und damit echte Weisheit zu erlangen. So einfach diese Einsicht auch klingt, stellt sie doch eine der größten Herausforderungen dar, wie wir aus der folgenden Passage aus Platons *Symposium* sehen können:

> »Es verhält sich nämlich damit folgendermaßen: Keiner der Götter philosophiert oder begehrt weise zu werden, denn sie sind es bereits; auch wenn sonst jemand weise ist, philosophiert er nicht. Ebensowenig philosophieren wiederum die Unverständigen, noch begehren sie, weise zu werden. Denn das eben ist das Verderbliche am Unverstand, daß man, ohne schön, gut und verständig zu sein, dennoch sich selber genug dünkt. Wer nun nicht glaubt, bedürftig zu sein, der begehrt auch dessen nicht, wessen er nicht zu bedürfen glaubt.« (Platon, *Symposium*, 204A)

Sokrates stellte das Erlangen dieser zentralen Einsicht daher in das Zentrum seiner Suche nach einem guten und gelingenden Leben. Er war sogar davon überzeugt, dass es die Götter waren, die ihm diese Aufgabe übertragen hätten, sodass es seine Pflicht sei, dieser Aufgabe nachzukommen.

Betrachtet man diese Situation, so stellt sich die Frage, ob Sokrates' Projekt im Kern ein negatives Projekt war, da es zunächst auf die Einsicht abzielt, dass man erkennt, dass man nicht weiß. Dies war aber nicht so, auch wenn es einzelne Schilderungen von sokratischen Gesprächen in Platons Werken gibt, in denen genau diese Einsicht am Ende des Gesprächs steht, ohne dass zusätzlich auch ein positives Wissen vermittelt wird. Bei einer weitergehenden Analyse der Beschreibungen des Projektes des Sokrates finden sich aber auch deutliche Elemente einer positiven Philosophie, welche Sokrates offensichtlich vertrat. Ward Farnsworth benennt in seinem Buch *Die sokratische Methode*[37] dabei folgende zentrale Gedanken des Sokrates, basierend auf den Schriften Platons und anderer:

- Das Ziel der philosophischen Aktivitäten des Sokrates war die Suche nach dem Guten im Leben, welches einem den Weg zu einem gelingenden Leben zeigen kann.
- Das gute Leben besteht im richtigen Gebrauch der Dinge im Leben entsprechend ihrem echten Wert für dieses Leben.
- Der richtige Gebrauch der Dinge des Lebens setzt innere Weisheit voraus.
- Weisheit ist eine spezielle Form des Wissens und zeigt sich in tugendhaftem Handeln.
- Wissen wird über vernünftiges beziehungsweise rationales Denken erworben, welches für Sokrates einem göttlichen Wissen gleicht (Sokrates spricht hier auch an einigen Stellen von seinem inneren »Daimon«*, welchen er als Stimme der Götter versteh).

* Der Begriff Daimon leitet sich von dem griechischen Verb *daiomai* ab, welches so viel wie teilen oder zuteilen bedeutet und sich in seiner ursprünglichen Bedeutung auf die Zuteilung des persönlichen Schicksals bei der Geburt eines Menschen bezog. Die Daimonen waren in der griechischen Mythologie eine Art von Zwischenwesen, welche dem Menschen göttliche Botschaften überbringen konnten. Im Zusamenhang mit Sokrates sollte der Begriff des Daimons am ehesten aber im Sinne einer göttlichen Vernunft interpretiert werden. Sokrates beschreibt im Zusammenhang mit seinem inneren Daimon seinen inneren Zugang zum Vernunftprinzip, welches die Stoiker später als Ausdruck der Vernunft des Kosmos interpretieren werden.

- Nur wer innere Weisheit besitzt, kann also ein gutes und gelingendes Leben führen.

Zusätzlich formulierte Sokrates auch noch folgende zentrale Einsicht seines Denkens, bezüglich der menschlichen Natur:

- Es gibt keine *Akrasia* (griechisch für Handeln wider besseres Wissen) – wer ein Wissen besitzt, kann nicht schlecht handeln. Wer schlecht handelt, besitzt kein passendes Wissen.

Aus dieser Einsicht folgen für Sokrates auch folgende weitere wichtigen Punkte:

- Niemand irrt mit Absicht.
- Niemand sucht mit Absicht das Böse.
- Jeder sucht das Gute (so wie es einer Person eben situativ erscheint).

Folgt man diesem sokratischen Menschenbild, so erscheint als Grundproblem in unserem Leben, dass wir über die wichtigen Dinge im Leben kein sicheres Wissen besitzen und wir nicht einmal wissen, dass uns dieses Wissen fehlt. Ward Farnsworth bezeichnet diese Einsicht auch als »sokratische Kränkung«, auf die die meisten Menschen mit Abwehr reagieren. Warum ist diese Kränkung aber so schmerzlich? Sie zeigt uns, dass wir aus Sicht von Sokrates zu jedem Zeitpunkt die Einsicht gewinnen können, dass wir uns in unserem vorherigen Leben geirrt haben und deshalb auch von uns selbst in die Irre geleitet wurden. Obwohl dieser Gedanke sehr erbarmungslos erscheint, besitzt er doch hohe Plausibilität. Man denke nur an jüngere Versionen von einem selbst zurück, um für sich zu klären, ob auch im eigenen Leben Ignoranz, Nichtwissen und Sturheit bereits einmal unbemerkt ihren Platz gefunden haben. Die Frage, welches Leben wir ausgehend von dieser Diagnose führen sollten und wie wir aus diesem Zustand des Nichtwissens in einen Zustand des positiven Wissens und damit der inneren Weisheit gelangen können, sodass wir ein gelingendes Leben führen können, steht im Kern des sokratischen Projektes und wird auch für die Lebensphilosophie der Stoa von zentraler Bedeutung bleiben. Ward Farnsworth fasst die Bedeutung dieses Projektes in folgendem Satz zusammen:

> »Philosophieren bedeutet, sorgfältig darüber nachzudenken, ob man wirklich glaubt, was man sagt, und ob wahr ist, was man sagt. Es ist das Bemühen, aufmerksam zu bleiben.«[38]

Im Rahmen seiner Überlegungen war Sokrates dann auch der Erste, der einen direkten Zusammenhang zwischen dieser inneren Weisheit und den Anforderungen einer Führungsposition hergestellt hat, wie zum Beispiel in Platons Dialogen *Alkibiades I* und *II* sowie in Xenophons Darstellung einer Unterhaltung zwischen Sokrates und Ethydemos nachzulesen ist. Sokrates schafft in diesen Dialogen ein deutliches Problembewusstsein für die Übernahme einer Führungsposition und zeigt somit bereits in diesen Dialogen auf, dass Führung als eine Rollenaufgabe mit sozialer Verantwortung eine große Herausforderung für jeden Menschen darstellt, der eine solche Rolle übernehmen möchte. Hierbei blickt Sokrates auf zwei Wissensgegenstände, und zwar das Wissen über sich selbst und das Wissen über die soziale Umwelt, in welche der an Führung Beteiligte durch sein Handeln eingreifen möchte. Diese beiden Aspekte unseres Wissens im Umfeld der Aufgabe von Führung werden uns auch in den nachfolgenden Abschnitten immer wieder beschäftigen und unsere Betrachtung der Verbindung der Stoa mit der Aufgabe von Führung anleiten. Im Folgenden wollen wir uns, bevor wir genauer in die Welt der Stoa einsteigen, deshalb erst noch einmal anhand des platonischen Dialogs *Alkibiades I* anschauen, welche Einsichten Sokrates in dieser Hinsicht bereits formuliert hat, sodass wir darauf im weiteren Verlauf aufbauen können. Wir werden hierbei dem Dialog sehr genau folgen, da er inhaltlich bereits wesentliche Elemente des Grundanliegens dieses Buches berührt und außerdem auch einen guten Eindruck über die sokratische Methode vermittelt, welche die Stoiker in ihrem Denken und Argumentieren ebenfalls übernommen haben.

2.1.2 Die Kunst, sich selbst und andere zu führen – Alkibiades und Sokrates[39]

Wir schreiben das Jahr 430 v. Chr. in Athen. Zu diesem Zeitpunkt trifft Sokrates Alkibiades, einen aufstrebenden jungen Aristokraten aus Athen, der sein 20. Lebensjahr noch nicht erreicht hat und der im Laufe seines Lebens inner- und außerhalb von Athen ein schillerndes Dasein führen wird. Beide kennen einander, stehen aber noch in keiner Beziehung zueinander. Die beiden könnten unterschiedlicher nicht sein. Auf der einen Seite ist der uns bereits aus dem vorigen Abschnitt bekannte reife Philosoph, der die Menschen Athens seit Jahren auf dem Marktplatz und in den Straßen dazu zu bringen versucht, dass sie ihr Leben hinterfragen, um so den Weg der Tugend entdecken zu können. Auf der anderen Seite steht der selbstbewusste und aufstrebende junge Stiefsohn des bekanntesten athenischen Staatsmanns Perikles, der für seine Schönheit, seinen Ehrgeiz und seinen Hochmut bekannt ist. Alkibiades ist von Perikles in sein Haus aufgenommen worden, nachdem Alkibiades' Vater Kleinias im Jahr 447 v. Chr. in der Schlacht von Koroneia gefallen ist. Perikles ist der Cousin von Alkibiades' Mutter Deinomache. Athen befindet sich zu diesem Zeitpunkt seit einigen Jahren im Krieg mit Sparta, seinem großen Opponenten in der griechischen Staatenwelt. Dieser Krieg soll noch weitere 26 Jahre dauern und, wie vorher schon gesagt, mit einer totalen Niederlage Athens enden.

Doch kommen wir zu dem Gespräch zwischen den beiden. Worum geht es? Sokrates hat Alkibiades aufgesucht, um mit ihm vordergründig über ihr Verhältnis zu sprechen und Alkibiades zu erläutern, warum er, Sokrates, sich bisher von ihm, Alkibiades, ferngehalten hat. Doch schnell wandelt sich das Gespräch hin zu einer Befragung des Alkibiades hinsichtlich seiner Pläne, in die Politik zu gehen und dort trotz seines jungen Alters eine führende Position in der Athener Gesellschaft einnehmen zu wollen. Das Gespräch verläuft in mehreren Etappen, welche wir im Folgenden überblicksartig betrachten wollen.

1. Etappe: Was weiss Alkibiades, und was brauchen die Athener?

Sokrates beginnt das Gespräch mit der Frage, ob es richtig sei, dass Alkibiades sich als Ratgeber der Athener im Rat Athens empfehlen wolle. Als Alkibiades dies bejaht, fragt Sokrates ihn, worüber er denn bereits so gut Bescheid wisse, dass er Ratschlag geben könne. Er zählt ihm nachfolgend alle Kenntnisse auf, von denen er, Sokrates, wüsste, dass Alkibiades darin geschult worden sei. Hierunter fielen Dinge wie Lesen, Schreiben, Flötespielen, Ringen, Rechnen und Zitherspielen. Alkibiades bestätigt diese Liste und stimmt zu, dass er mehr bisher nicht gelernt habe. Sokrates fragt ihn dann, ob dies die Dinge seien, in denen die Athener Ratschlag benötigten. Alkibiades verneint dies, worauf Sokrates ihn fragt, in welchen Fragen die Athener denn Ratschlag benötigten? Hierzu zählt Sokrates die Themenfelder Gesundheit und Schiffsbau auf und fragt, ob er hier raten könne, was Alkibiades verneint, da es hierfür andere, bessere Experten gäbe wie einen Arzt oder einen Schiffsbauer. Als Sokrates Alkibiades dann fragt, worin die Athener denn noch seine Beratung gebrauchen könnten, antwortet dieser, in Fragen von Krieg und Frieden sowie weiteren Staatsangelegenheiten. Als Sokrates dies hört, fragt er Alkibiades, wie er bei solchen Fragen ein »Besser« erkennen könne, da er sicherlich einen Ratschlag erteilen wolle, welcher zu einem »Besser« in diesen Feldern führen würde. Als Alkibiades hier zunächst ratlos ist, fragt Sokrates noch einmal nach dem, was man beherrschen müsse, um ein »Besser« in anderen, bereits besprochenen Themenfeldern erreichen zu können. Hier einigen sich beide darauf, dass man die entsprechende Kunst, wie zum Beispiel die Gymnastikkunst beim Ringen, beherrschen müsse. An dieser Stelle kommt Sokrates dann zu der Frage von Krieg und Frieden zurück und fragt Alkibiades:

> »Ist nun also nicht das, wonach ich soeben dich fragte, nämlich das Bessere in Ansehung des Kriegführens und Nichtkriegführens und in Ansehung dessen, mit wem man Krieg führen und nicht führen müsse und wann und wann nicht, das den Anforderungen des Rechts und der Gerechtigkeit mehr Entsprechende? Oder dünkt es dich anders?«

Dies bestätigt Alkibiades, woraufhin Sokrates ihn fragt, wo er denn dieses Wissen über Gerechtigkeit, um die es scheinbar geht, erworben habe.

2. Etappe: Woher weiss Alkibiades das, was er vermeintlich zu wissen weiss?

An dieser Stelle wechselt der Inhalt des Gesprächs von Alkibiades' Wissen hin zu der Frage, wie er denn dieses Wissen erworben habe. Sokrates zählt Alkibiades hierfür zwei mögliche Quellen des Wissens auf. Entweder habe er sein Wissen von einem Lehrer vermittelt bekommen, oder aber er habe dieses Wissen aus sich selbst heraus entwickelt. Als Alkibiades verneint, dass er dieses Wissen von einem Lehrer erworben habe, fragt Sokrates weiter, wann er denn die Einsicht in das Wesen der Gerechtigkeit gewonnen habe, da sein Wissen sich in diesem Kontext ja auf diese Frage beziehen müsse. Alkibiades erläutert ihm daraufhin, dass er schon als Kind gewusst habe, was gerecht und was ungerecht sei. Auf die Frage, wie er das habe wissen können, kann er Sokrates aber keine Antwort geben, und er muss zugeben, dass er dieses scheinbare Wissen nicht durch eigenes Nachdenken erworben habe. Auf dieses Eingeständnis hin fragt Sokrates ihn, woher er dieses Wissen dann habe. Nach kurzem Nachdenken erklärt Alkibiades, dass er denke, dass er es wie andere Leute vom Volk erlernt habe. »Von der großen Menge also«, konstatiert Sokrates und fragt gleichzeitig, ob diese denn für eine solche Frage ein guter Lehrer sei. Das Volk sei immerhin kein guter Lehrer, um bestimmte spezifische Dinge zu lehren, wie zum Beispiel ein Brettspiel. Alkibiades kontert dies mit dem Hinweis, dass das Volk einen aber beispielsweise die Sprache lehren könne. Diesem Gedanken stimmt Sokrates zu. Daraufhin fragt Sokrates Alkibiades, woran man denn einen guten Lehrer erkennen könne. Nach etwas Nachdenken einigen sich beide darauf, dass ein guter Lehrer zum einen ein gutes Verständnis des Lehrstoffes haben müsse und zum anderen über die Inhalte, die er vermittele, kein Disput mit ähnlichen Lehrern herrschen dürfe. Hieraus folgern beide dann nachfolgend, dass das Volk zwar Wörter lehren könne, dass es aber im Hinblick auf andere Fragen, wie zum Beispiel wer für bestimmte Dinge im Leben geeignet sei, wer gesund oder wer krank sei oder aber wer gerecht oder wer ungerecht sei, kein guter Lehrer sein könne. Dies zeige sich daran, dass zum Beispiel zu der Frage der Gerechtigkeit schon viele Konflikte und Kriege vom Volk und im Volk geführt worden seien. Auch das Volk scheine dieses Wissen also nicht hinlänglich zu besitzen. Alkibiades stimmt Sokrates auch in diesem Punkt zu, woraufhin Sokrates die bisherige Unterredung wie folgt zusammenfasst:

> »Und wurde nun nicht in ihr [der Unterredung] gesagt und behauptet, daß von Recht und Unrecht der schöne Alkibiades, der Sohn des Kleinias, nichts verstehe, wohl aber zu verstehen sich einbilde und beabsichtige, in der Volksversammlung aufzutreten und den Athenern Rat zu erteilen über das, wovon er selbst nichts verstehe? War es nicht so?«

Und er setzt weiter hinzu:

> »... Ein wahnsinniges Unternehmen hast du in der Tat vor, mein Bester, indem du wirklich das lehren willst, was du selbst nicht verstehst und zu lernen vernachlässigtest.«

Ein desillusionierender Zwischenstand der Unterhaltung für Alkibiades, wobei Sokrates zu diesem Zeitpunkt des Gesprächs auch noch zusätzlich betont, dass Alkibiades alle diese Einsichten mit Sokrates' Hilfe selbst erlangt habe. Zu keinem Zeitpunkt habe er, Sokrates, ihm aber eine Einsicht vorgegeben. Alkibiades muss also erkennen, dass er weder über die passende Ausbildung noch über passendes Wissen für die von ihm angestrebte Rolle im athenischen Staatswesen verfügt.

3. Etappe: Über den Unterschied zwischen dem Gerechten und dem Nützlichen

Nachdem die ersten beiden Etappen des Gesprächs für Alkibiades daher nicht wirklich gut verlaufen sind, tut er das, was den zukünftigen Politiker in ihm erkennen lässt: Er wechselt das Thema, um das ihm fehlende Wissen und die ihm fehlenden Fähigkeiten als für sein Vorhaben nicht wirklich relevant erscheinen zu lassen.

An dieser Stelle formuliert Alkibiades daher Folgendes:

> »Ich meine aber, lieber Sokrates, daß die Athener sowie die andern Hellenen nur in seltenen Fällen darüber zu Rate gehen, was gerechter und ungerechter ist, denn dergleichen halten sie für klar; und indem sie dies daher auf sich beruhen lassen, fragen sie nur danach, was ihnen zu tun vorteilhafter sein werde. Das Gerechte und das Vorteilhafte nämlich ist, wie mich dünkt, nicht dasselbe, sondern es hat schon vielen, sollte ich meinen, Nutzen gebracht, wenn sie großes Unrecht begingen, und anderen keinen, wenn sie gerecht handelten.«

Ausgehend von diesem Einstieg in die nächste Gesprächsetappe, fragt Sokrates Alkibiades, ob Gerechtigkeit also teilweise Vorteile bringe und teilweise nicht. Das bejaht Alkibiades. Er bejaht auch weiterhin Sokrates' Vorschlag, dass das Gerechte auch rühmlich sei, dass es aber trotzdem auch zum Teil von Übel wäre und dass etwas Unrühmliches auch Anteil an etwas Gutem haben könne. Um diese Diskussion an einem praktischen Beispiel fortzusetzen, fragt Sokrates, ob das Beispiel einer Rettungstat eines Kameraden im Krieg für diese Frage ein gutes Beispiel wäre, da ja diese Rettung etwas Rühmliches (Tapferkeit) hätte, nämlich die Rettung, aber eben auch Anteil an etwas Üblem hätte, nämlich möglicherweise Verwundung oder Tod (Übel). Weiterhin könnte ein Feigling (unrühmlich), welcher diese Rettung vermieden hätte, körperlich unversehrt bleiben (gut) und somit ein Gut erlangen. Alkibiades stimmt Sokrates hier zu. Sokrates weist dann Alkibiades darauf hin, dass die eben besprochenen Bewertungen der Tat offensichtlich nach zwei unterschiedlichen Gütern getroffen wurden, nämlich Tapferkeit und Gesundheit beziehungsweise ihren Gegenteilen Feigheit und Tod. Sokrates fragt Alkibiades daher, ob er die Feigheit dem Tod vorziehen würde. Als Alkibiades dies vehement verneint, fragt Sokrates ihn, ob damit nicht ersichtlich sei, dass für ihn, Alkibiades, die Tapferkeit wichtiger sei als alles andere und damit auch jede tapfere Tat unabhängig von ihrem Ausgang rühmlicher sei. Auch dies bejaht Alkibiades. In Summe wäre also eine rühmliche Tat immer etwas Gutes. Zum Abschluss weist Sokrates noch darauf hin, dass etwas Gutes aber für denjenigen, dem es zuteilwerde, doch immer auch einen Vorteil mit sich bringen würde, da man sich durch den Erwerb des Guten doch auch glücklicher fühlen würde. Auch dieser Überlegung stimmt Alkibiades zu. Damit folgert Sokrates, abschließend sei aber doch auch gezeigt, dass alles Rühmliche für den Handelnden also von Vorteil und damit für ihn auch nützlich sei. Da aber gerechtes Handeln ebenfalls rühmlich sei, so sei es für den Handelnden auch nützlich, sodass es zwischen Gerechtigkeit und Nutzen keinen Unterschied geben könne. Alkibiades muss auch in diesem Punkt Sokrates zustimmen.

Alkibiades befindet sich an dieser Stelle des Gesprächs in einem Zustand, den er selbst als perplex beschreibt und der ihm das Gefühl vermittelt, dass er nicht mehr sicher ist, was er wirklich weiß und was nicht. Diese Offenbarung eröffnet nun den nächsten Teil des Gesprächs.

4. Etappe: Über die drei Arten des Umgangs mit Wissen

Sokrates fragt Alkibiades, ob er dieses Gefühl allen Sachverhalten gegenüber habe oder ob es da Unterschiede gebe. Da Alkibiades in diesem Moment insgesamt verunsichert scheint, befragt Sokrates ihn im Folgenden bezüglich unterschiedlicher Wissenssituationen. So fragt er ihn, ob er denn noch wisse, wie viele Augen und wie viele Hände er habe. Alkibiades sagt, dass er im Moment zwar fast an allem zweifeln würde, aber dass er dies doch klar wisse. Dies greift Sokrates auf und stellt fest, dass er über Dinge, die er wirklich wisse, offensichtlich nicht in seiner Meinung schwanken würde. Von hier aus weist Sokrates Alkibiades darauf hin, dass er offensichtlich über Dinge wie Recht und Unrecht, Rühmliches und Schimpfliches, Gut und Übel, Vorteilhaft und Unvorteilhaft aber schwankender Meinung sei, da er über diese Dinge offensichtlich kein festes Wissen besitze. Er führt weiter fort, indem er fragt, ob das nicht für alle Felder gelte, in denen man kein festes Wissen besitze. Dies bejaht Alkibiades. Dann aber fragt Sokrates, ob Alkibiades denn wüsste, wie man den Himmel ersteigen könne. Dies verneint Alkibiades. So fragt Sokrates, ob ihn dies denn auch beunruhigen und er in seiner Meinung über diesen Sachverhalt schwanken würde. Auch dies verneint Alkibiades. Sokrates fragt dann weiter, wie er damit umgehen würde, dass er nicht kochen könne. Alkibiades antwortet darauf, dass er darin kein Problem sehe, da andere für ihn kochen könnten. Daraufhin fasst Sokrates den Sachverhalt so zusammen, dass Alkibiades offensichtlich in Bereichen, in denen er wüsste, dass er nicht weiß, mit seinem Nichtwissen ohne Probleme umgehen könne. Er formuliert daraufhin die Hypothese, dass fehlerhaftes Handeln offensichtlich daraus folge, dass es in Situationen und in Sachverhalten passiere, bei denen man glaube, zu wissen, aber tatsächlich nicht weiß. Dies würde weder in Situationen passieren, in denen man wüsste, noch in Situationen, in denen man wüsste, dass man nicht weiß. Die schlimmste Situation sei daher die, in der man zu wissen glaube, es aber eigentlich nicht tue. Besonders schlimm sei es auch, dass diese Form der Unwissenheit sich auf die wichtigsten Aspekte der Dinge, wie gerecht, rühmlich, gut und nützlich zu sein, beziehe. An dieser Stelle des Dialogs fasst daher Sokrates die Situation wie folgt zusammen:

»O weh, lieber Alkibiades! In welchem Zustande befindest du dich also! Ich scheue mich, ihn näher zu bezeichnen; indes da wir allein sind, sei es gesagt: Mit der Torheit, mein Bester, und mit der schlimmsten aller Torheiten bist du behaftet, wie deine eigene Aussage und du selber dich anschuldigst, und darum eben stürzest du dich so eilends in die Staatsgeschäfte, ohne zuvor die dazu nötige Bildung empfangen zu haben! Und so geht es nicht dir allein, sondern auch der ganzen Masse derer, welche die Angelegenheiten unseres Staates verwalten, mit Ausnahme einiger weniger, unter denen vielleicht auch dein Vormund Perikles ist.«

5. Etappe: Von der Kunst zu führen und der Sorge um unser Selbst sowie der Frage, ob diese Kunst gelehrt werden kann

Der Dialog beschäftigt sich dann im Weiteren mit der Frage, wenn denn Perikles hier eine Ausnahme sei, ob er denn als Lehrer für diese notwendige Bildung auftreten könne. Hier äußert Sokrates Zweifel, da er niemanden kenne, der durch den Umgang mit Perikles diese Bildung erfahren habe, nicht einmal seine Söhne. So scheint diese Art der Bildung in Athen und bei den für die Staatsgeschäfte Verantwortlichen kaum zu finden zu sein. Sokrates fragt Alkibiades daraufhin, wie er denn aufgrund dieser Situation weiter mit sich zu verfahren gedenke. Alkibiades antwortet darauf, dass er, da auch die anderen es nicht besser verstünden, mit seinen natürlichen Gaben diese schon übertrumpfen werde. Sokrates zeigt sich aufgrund dieser Aussage irritiert und fragt Alkibiades, ob er sich wirklich diese Situation zum Maßstab seiner Entwicklung machen möchte oder ob es nicht angemessener wäre, wenn er sich mit den Edelsten messe, und zwar nicht nur in Athen, sondern auch in Sparta und in Persien. Wenn er dies täte, dann würde er feststellen, dass seine natürlichen Gaben in diesem Wettstreit nicht ausreichen würden und er, wenn er tatsächlich auch im Vergleich zu diesen im Besonderen bestehen möchte, neben seinen natürlichen Gaben die schon angesprochene Ausbildung benötige. Als Alkibiades Sokrates dann fragt, worin diese Ausbildung bestehe und ob er sie ihm darlegen könne, antwortet dieser wie folgt:

> »Ja, aber gemeinsam sei die Beratung, auf welche Weise wir so tüchtig als möglich werden mögen. Denn ich will ja nicht von dir allein sprechen und behaupten, daß du der Ausbildung bedürfest, ich aber nicht. Denn es steht mit mir nicht besser als mit dir, außer in einem einzigen Stücke.«

Auf die Frage, worin es bei Sokrates besser stehe, antwortet dieser, dass er einen besseren Vormund als Alkibiades habe. Es handle sich hierbei um seinen inneren Gott*, welcher ihm und damit auch Alkibiades den Weg weisen könne. Hiernach fragt Alkibiades den Sokrates, worin denn ihre Aufgabe jetzt bestehe. Dieser antwortet, dass sie darin bestehe, dass sie die tüchtigsten Männer werden, und fragt dann Alkibiades:

> »Also die wahrhaft tüchtigen Männer sind solche, die Leuten zu gebieten verstehen, die sich wieder anderer Leute bedienen?«

Alkibiades bejaht diese Frage, worauf Sokrates fragt, in welcher Art diese Männer denn zu gebieten verstehen sollen. Hierauf antwortet Alkibiades:

> »Meine Meinung ist: Diese Männer verstehen über die anderen, sofern diese mit einander in staatsbürgerlicher Gemeinschaft stehen und innerhalb dieser mit einander verkehren, also über die Staatsgenossen als solche zu gebieten.«

Auf diesen Vorschlag hin fragt Sokrates, worin denn dann die Kunst bestehen würde, dies zu können. Hier antwortet Alkibiades zunächst mit dem Hinweis auf Klugheit, doch dies ist Sokrates zu wenig spezifisch, und um zu helfen, fragt er, was denn in einer staatsbürgerlichen Gemeinschaft im Sinne eines »Besser« beobachtbar sein müsse, wenn diese Klugheit Anwendung findet. Hierauf schlägt Alkibiades Folgendes vor:

---

* Gemeint ist hier keiner der griechischen Götter, sondern der innere Daimon des Sokrates, welchen wir vorher schon als die innere Stimme der Vernunft verstanden haben, welche in seinem Verständnis in Zeus ihren Ursprung hat.

> »Meines Bedünkens, Sokrates, muß gegenseitige Befreundung unter seinen Angehörigen bestehen und dagegen Haß und Parteihader von ihnen fern sein.«

Sokrates übersetzt dieses »Besser« dann in die beiden Anforderungen der Befreundung und der Sinneseinheit unter den Menschen der Staatsgemeinschaft.

Im Folgenden diskutieren Alkibiades und Sokrates über die Frage, wie denn diese beiden Aspekte der Staatsgemeinschaft erzeugt werden können, wenn viele Mitglieder dieser Gemeinschaft unterschiedlichen Beschäftigungen nachgehen. Nach einigen Versuchen, dies zu klären, kommen beide dahin, dass dies nur möglich ist, wenn jeder das Seinige tut und alle sich zusätzlich um sich selbst sorgen, sprich, wenn alle Sorgfalt auf sich verwenden. An dieser Stelle fragt Sokrates Alkibiades, was es denn bedeuten möge, Sorgfalt auf sich zu verwenden, und er fragt, ob denn jemand, der sich um das Seinige sorge, damit auch schon für sich selbst sorge. Dies bejaht Alkibiades.

Daraufhin fragt Sokrates zunächst noch einmal, was es denn heiße, für etwas Sorge zu tragen, und macht dann selbst den Vorschlag, ob es nicht heiße, dass, wenn jemand sich um eine Sache sorge, er die Sache in eine bessere Beschaffenheit versetze. Diesem Vorschlag stimmt Alkibiades wiederum zu. Im Folgenden besprechen die beiden ein Beispiel für das Praktizieren einer solchen Sorge am Beispiel der Füße. Hierbei zeigt sich, dass bei einer solchen Sorge immer zwei Arten der Sorge involviert sind. Beim Beispiel der Füße die Sorge um das, was den Füßen angehört, und die Sorge um die Füße selbst. Erstere Sorge entspricht der Kunst der Schuhmacherei, da die Schuhe den Füßen angehören, letztere ordnen beide der Turnkunst zu, da diese sich um die Körperlichkeit der Füße kümmere. Ausgehend von diesem Beispiel formulieren beide den Befund, dass dies nicht nur bei Füßen so sei, sondern generell gelte, dass man bei der Sorge um einen Gegenstand oder eine Sache immer die Sorge um den Gegenstand an sich und die Sorge um das unterscheiden muss, was ihm angehört. Hieraus folgt dann der Schluss, dass man zwei Künste unterscheiden muss und zwar zum einen die Kunst, mit deren Hilfe man sich um sich selbst und zum anderen die Kunst, mithilfe derer man sich um das Seinige sorgt.

Ausgehend von diesem Gedanken fragt Sokrates dann weiter, ob wir denn überhaupt wissen, welche Kunst uns selbst besser machen würde, wenn wir nicht wissen, was wir selbst sind. Die beiden beschließen, dieser Frage nachzugehen. Hierzu betrachtet Sokrates mit Alkibiades zunächst die Gesprächssituation, in der sie sich zu zweit befinden. In dieser sei er, Sokrates, gerade der Sprecher und er, Alkibiades, der Zuhörer, und Sokrates spreche zu ihm mittels des Gebrauchs von Sprache. Darauf fragt Sokrates Alkibiades, ob dann das von ihm Gebrauchte, nämlich die Sprache, und er zwei getrennte Dinge seien und ob dies nicht immer gelte, dass der sich Bedienende und das, dessen er sich bedient, zwei getrennte Dinge seien. Dies bejaht Alkibiades. Nun setzt Sokrates mit der Frage fort, ob denn nicht der Mensch sich auch seines Leibes bediene und damit der Mensch etwas anderes sei als sein Leib. Auch hier stimmt Alkibiades zu. Dann fragt Sokrates, ob nicht das, was sich des Leibes bediene und auch beherrsche, die Seele des Menschen sei. Auch hier stimmt Alkibiades zu, woraufhin Sokrates folgert, dass der wahre Mensch dann doch die Seele sein müsse. Wenn man sich um sich selbst sorge, müsse man sich daher um seine Seele sorgen. Die, welche sich um ihren Körper und die ihm angehörigen Dinge sorgten, sorgten sich noch nicht um ihr **Selbst**, sprich ihre Seele, und wer sich nur um seinen Besitz kümmere, der sorge sich weder um das seinem Selbst **Angehörige** noch um sein Selbst, sondern um ein noch Entfernteres, wir wollen es hier das uns **Zugehörige** nennen. Alkibiades fragt dann weiter und bittet Sokrates, ihm zu erläutern, worin denn dann die wahrhaftige Sorge um uns selbst bestehe. Sokrates verweist Alkibiades auf die delphische Inschrift »Erkenne dich selbst« und fährt fort, dass dies sicherlich nur durch den Blick in die eigene Seele möglich sei und dass hierbei vorrangig der tüchtigste Teil der Seele im Blick behalten werden müsse, nämlich der Teil, in dem die Weisheit und die Vernunft der Seele sitzen. Alkibiades kann nur zustimmen. Zum Abschluss des Gesprächs fragt Sokrates Alkibiades, ob denn jemand, der sich selbst nicht kenne und daher nicht besonnen sei, wohl wisse, was für ihn gut und was für ihn schlecht sei, was er selbst, was sein Angehöriges und auch was sein Zughöriges benötige. Dies verneint Alkibiades. Sokrates setzt daraufhin folgendermaßen fort:

> »Wer aber das Seinige und seine eigenen Angelegenheiten nicht versteht, der dürfte doch wohl gleichermaßen auch von denen der andern nichts verstehen ... Und wenn nichts von denen der andern, so wird er auch nichts von den Staatsangelegenheiten verstehen ... Ein solcher Mensch kann also nicht für einen Staats-

> mann gelten ... Ja nicht einmal einem Hauswesen könnte er vorstehen ... und wenn er Fehltritte begeht, wird er da wohl daran tun oder nicht vielmehr übel daran sein im privaten wie im öffentlichen Leben? ... Wenn er aber übel daran ist, so ist er auch unglücklich? ... Es ist sonach unmöglich, daß jemand, wenn er nicht besonnen, tüchtig und tugendhaft ist, dennoch glückselig sei. ... Jeder schlechte Mensch ist also auch unglücklich? ... Nicht also wer sich Reichtümer, sondern wer sich Besonnenheit erwirbt, macht sich dadurch frei von Elend und Unglück.«

Er ergänzt weiterhin:

> »Also nicht Mauern noch Kriegsschiff oder Werften, mein Alkibiades, sind es, deren die Staaten bedürfen, um glücklich zu sein, und nicht große Volks- und Ländermassen bringen ihnen Heil, wenn ihnen Tugend und Tüchtigkeit fehle ... Wenn du also die Staatsgeschäfte auf die rechte und löbliche Weise verwalten willst, so muß dabei dein Streben darauf gerichtet sein, die Bürger der Tüchtigkeit und Tugend teilhaftig zu machen ... Kann nun aber jemand dessen teilhaftig machen, was er selber nicht besitzt? ... Dir selbst also mußt du zuvörderst Tugend erwerben, und ebenso muß es jeder andere, der nicht bloß als Privatmann sich selbst und seine eigenen Angelegenheiten lenken und besorgen will, sondern auch den Staat und die Angelegenheiten des Staates.«

Abschließend stellt er fest:

> »Nicht also unbeschränkte Macht und Herrschergewalt, tun zu können, was man will, mußt du dir, mußt du dem Staate anzueignen suchen, sondern Gerechtigkeit und Besonnenheit ... Denn wer, mein lieber Alkibiades, Macht hat zu tun, was er will, aber keine vernünftige Einsicht besitzt – wie wird es nach aller Wahrscheinlichkeit einem solchen ergehen, mag es nun ein einzelner Mensch oder auch ein ganzer Staat sein? Wie wird es zum Beispiel wohl einem Kranken ergehen, der die Macht hat, zu tun, was er will, wenn er nicht die Einsicht des Arztes besitzt und doch ganz den unbeschränkten Herren spielen will und

> nicht einmal auf seine eigenen Bedenken hört? Wird er nicht aller Wahrscheinlichkeit nach leiblich zugrunde gehen? ... Und wenn jemandem auf einem Schiffe die unbeschränkte Macht verstattet wäre, zu tun, was ihm gut dünkt, während er doch der Einsicht eines Steuermanns bar und ledig ist – siehst du da nicht ein, wie es ihm und seinen Gefährten ergehen würde? ... Und sollte nicht ebenso auch im Staate und überall sonst, wo es der Herrschaft und Gewalt an Tüchtigkeit und Tugend gebricht, die Folge davon sein, daß es allen übel ergehe? ... Nicht unbeschränkte Herrschergewalt also, mein bester Alkibiades, mußt du dir und dem Staate anzueignen suchen, wenn ihr glücklich sein wollt, sondern Tugend und Tüchtigkeit.«

Hiermit endet der Dialog. Wir sind ein ziemliches Stück Weg gegangen, indem wir den beiden Gesprächspartnern gefolgt sind, aber ich denke, der Ertrag hat sich für unser Vorhaben gelohnt. Das Gespräch zwischen Sokrates und Alkibiades bietet auf den zuvor beschriebenen zwei Ebenen des Inhaltes und der Form wichtige Erkenntnisse, welche wir für den weiteren Fortgang des Buches sichern wollen. Auf der inhaltlichen Ebene sind es vor allem zwei Einsichten, welche wir nochmals kurz zusammenfassen wollen:

1. **Die Ausübung von Führung setzt die Fähigkeit der Selbstführung voraus.**
   In den Worten Sokrates' bedeutet dies, dass wir zunächst das Wissen um die Kunst der Sorge um unser Selbst (unsere Seele) sowie hieraus folgend das Wissen um das uns Angehörige (unsere körperlichen Dinge) sowie das uns Zugehörige (Besitz, Status et cetera) erlernen müssen. Dieses Wissen können wir nach Sokrates nicht von einem Lehrer erlernen. Wir müssen uns dieses Wissen stattdessen selbst erarbeiten, indem wir uns, dem Orakel von Delphi folgend, selbst erkennen. Sokrates hat dieses Wissen um uns selbst sowie die uns angehörigen und zugehörigen Dinge am Ende des Dialogs auch als Tugend beziehungsweise Tugendhaftigkeit bezeichnet. Das sokratische Projekt besteht im Kern also darin, dass wir in uns die Tugendhaftigkeit kultivieren und finden müssen, wenn wir gelingende Selbst- und Fremdführung praktizieren wollen. Die Tugendhaftigkeit besteht für Sokrates dabei darin, dass wir eine spezielle Form des Wissens erlangen, welches uns dabei

hilft, mit uns selbst, mit unserem Körper und dem uns Zugehörigen auf die richtige Art und Weise umzugehen. Die tugendhafte Seele besitzt dieses Wissen und ist damit in der Lage, diesen Umgang mit uns und der Welt zu bewerkstelligen. Die Tugendhaftigkeit besteht aus Sicht von Sokrates also nicht nur in einem Tun, sondern vor allem auch in einem inneren Zustand des Wissens. Gleichzeitig lernen wir am Ende dieses Dialogs aber auch, dass dieser Zustand des inneren Wissens für unser Leben von großem Vorteil ist, da er mit einem Zustand der Glückseligkeit einhergeht, wie Sokrates in der oben bereits zitierten Passage ausführt, wobei der Begriff der Besonnenheit an dieser Stelle für den Zustand der Tugendhaftigkeit steht. Die Tugendhaftigkeit ist daher aus Sicht von Sokrates der Schlüssel zur Glückseligkeit. Gleichzeitig ist die Tugendhaftigkeit aber auch der Schlüssel zum richtigen Umgang mit dem uns Angehörigen (unserem Körper) sowie dem uns Zugehörigen (unserem Besitz, unseren Beziehungen, unseren Rollen und so weiter). Hieraus folgt wiederum, dass uns zum Beispiel die gute Ausübung einer Führungsrolle nur gelingen kann, wenn wir zunächst selbst in uns die Tugendhaftigkeit kultivieren konnten, wie Sokrates am Ende des Dialogs formuliert:

> »Nicht also unbeschränkte Macht und Herrschergewalt, tun zu können, was man will, mußt du dir, mußt du dem Staate anzueignen suchen, sondern Gerechtigkeit und Besonnenheit ... Nicht unbeschränkte Herrschergewalt also, mein bester Alkibiades, mußt du dir und dem Staate anzueignen suchen, wenn ihr glücklich sein wollt, sondern Tugend und Tüchtigkeit.«

Hierbei verwendet Sokrates die Begriffe Gerechtigkeit, Besonnenheit sowie Tüchtigkeit und Tugend, um den Zustand der Tugendhaftigkeit zu charakterisieren. Wir werden später noch sehen, dass hinter diesem Sprachgebrauch der sokratische Gedanke steht, dass die unterschiedlichen Tugenden im Kern im Besitz eines inneren Wissens begründet sind. Die unterschiedlichen Tugenden, wie sie zum Beispiel durch Platon in seinem Dialog *Der Staat*[40] als die **vier Kardinaltugenden praktische Weisheit, Mäßigung, Mut und Gerechtigkeit** benannt wurden, entsprechen dabei nur unterschiedlichen Anwendungen des inneren Wissens der Tugendhaftigkeit in unterschiedlichen Lebenssituationen.

Die Stoiker werden diese Einsicht später zum Kern ihrer Philosophie machen und Sokrates folgend die Hypothese formulieren, dass wir, wenn wir eine dieser Tugenden besitzen, immer auch alle anderen Tugenden besitzen, da sie alle auf das eine innere Wissen zurückgehen, dass wir mit der Tugendhaftigkeit erworben haben.
Hier sei auch noch darauf verwiesen, dass diese erste Einsicht im Kern der ersten Leithypothese dieses Buches entspricht (siehe Kap. 1.1).

2. **Das »Besser« in einem Staatswesen und damit auch das »Besser« in einer Organisation entspricht einem Zustand, in dem Befreundung und Sinneseinheit unter den an diesem Gemeinwesen beteiligten Menschen vorherrscht. Dieser Zustand kann hierbei über die Tugendhaftigkeit der Beteiligten hergestellt werden.**
Diese Einsicht trägt zwei Aspekte in sich, zum einen den Gedanken, dass alle an einem Gemeinwesen beteiligten Personen tugendhaft sein sollten, was im Kern eine Erweiterung unserer ersten Einsicht entspricht. Zusätzlich verweist diese Einsicht aber auch implizit auf einen systemischen Kontext für ein solches Gemeinwesen, welcher eine solche Entwicklung befördern sollte. Hierzu gehören zum einen tugendhaft handelnde Führungskräfte und zum anderen ein durch »Befreundung und Sinneseinheit« gekennzeichnetes Miteinander. Letztere Anforderung kann dabei vor dem Hintergrund des im ersten Teil beschriebenen schematischen Bilds von Organisationen und von Führung interpretiert werden (siehe Kap. 1.2.2 und 1.2.4), was wir am Ende dieses Teils auch noch im Detail machen werden (siehe Kap. 2.3.4). Hierbei wird der Begriff der inneren und äußeren Kohärenz für uns zentral werden. An dieser Stelle soll es aber genügen, diese Verbindung anzudeuten und zusätzlich darauf hinzuweisen, dass die hier formulierte zweite Einsicht aus diesem Dialog in ihrer Kernaussage der zweiten Leithypothese dieses Buches entspricht (siehe Kap. 1.1).

Betrachten wir zum Abschluss dieses Kapitels noch den Aspekt der Form des Dialogs zwischen Sokrates und Alkibiades. Hier zeigt der Verlauf der Themenbearbeitung sehr eindrücklich die Vorgehensweise eines sokratischen Dialogs. Diese besteht im Kern darin, dass der Fragende den Befragten zu seinen Ansichten zu einem Thema befragt und im Anschluss an eine entsprechende Äußerung durch den Befragten diese Äußerungen auf ihre logischen Konsequenzen untersucht. Die sich aus diesen Analysen ergebenden Einsichten werden dann dem Befragten zur Zustimmung präsentiert. Gibt der Befragte die Zustimmung, so kann der gedankliche Faden auf der Basis dieser Einsichten so lange weitergesponnen werden, bis der Befragte zu Schlüssen kommt, welche seine ursprünglichen Ansichten als unvollständig oder zu umfassend erweisen, wodurch der Befragte sein bisheriges Wissen als nicht hinreichend erkennen kann. Sokrates gelingt es so in diesem Gespräch, Alkibiades zum Beispiel zu der Erkenntnis zu bringen, dass sein aktuelles Wissen nicht ausreicht, um als Führungskraft im Rat der Athener zu arbeiten, oder dass er das für diese Tätigkeit notwendige Wissen nicht besitzt.

Nun wollen wir uns aber von Sokrates lösen und uns in die Welt der Stoa begeben, welche die Kerneinsichten des Sokrates aufgreifen und durch ihre eigenen Überlegungen ergänzen und vertiefen wird.

2.2 Die Geschichte und Kerngedanken der Stoa im Überblick

2.2.1 Eine kurze Geschichte der Stoa

Die Stoa wurde als philosophische Bewegung durch Zenon von Kition gegründet. Sie entwickelte sich aus ihren griechischen Anfängen in Athen im Laufe der Zeit, durch ihre Übernahme in die römische Kultur, zeitweise zur dominierenden Lebensphilosophie des römisch-griechischen Altertums. Sie war insbesondere in der Oberschicht des römischen Reiches bis zum Ende des 2. Jahrhunderts n. Chr. weitverbreitet und fand in der Herrschaft von Kaiser Marc Aurel (121 – 180 n. Chr.), einem bekennenden Stoiker, ihren Höhepunkt. In der Nachfolge Marc Aurels wurde sie langsam, aber unaufhaltsam vom aufkommenden Christentum verdrängt und verlor schließlich ab dem 3. Jahrhundert n. Chr. jede gesellschaftliche Bedeutung. Zeitlich unterteilt man die antike Stoa in drei Phasen, die alte oder frühe, griechische Stoa (repräsentiert vorwiegend durch die drei ersten Schuloberhäupter Zenon von Kition, Kleanthes von Assos [331 – 232 v. Chr.] und vor allem Chrysippos von Soloi [Chrysipp]), die mittlere Stoa (repräsentiert durch Panaitios von Rhodos [180 – 110 v. Chr.] und Poseidonios [135 – 51 v. Chr.]) sowie die späte, römische Stoa (repräsentiert durch Seneca den Jüngeren [1/5 – 65 n. Chr.], Musonius Rufus [30 – 101/102 n. Chr.], Epiktet [50 – 138 n. Chr.] und eben Marc Aurel). Umfangreiche Überlieferungen in Form von ganzen Schriften liegen uns heute im Wesentlichen nur noch aus der späten Stoa vor. Von der frühen und mittleren Stoa besitzen wir nur noch Fragmente, welche oft nur als Zitate in den Werken anderer Autoren auffindbar sind. Die Stoa blieb trotz dieser Quellenlage und ihres Verschwindens als Schule in der Geistesgeschichte des Westens sehr einflussreich.[41] Hierbei sind vor allem Autoren wie Seneca der Jüngere, Epiktet und Marc Aurel bedeutsam. Neben diesen stoischen Autoren hat vor allem aber auch Marcus Tullius Cicero durch die prominente Behandlung der stoischen Philosophie in seinen Werken* zur Verbreitung der stoischen Ideen in der Antike sowie im Mittelalter und der Neuzeit beigetragen. Weitere wichtige Quellen sind antike Sammlungen philosophischer Schriften, wie die von Diogenes Laertius[42] aus dem 3. Jahrhundert n. Chr. sowie Johannes Stobaios[43] aus dem 5. Jahrhundert n. Chr. Eine kurze Blütezeit, auch Neustoizismus oder Neostoizismus genannt, erlebte die Stoa im 16. Jahrhundert durch Autoren wie Justus Lipsius und Michel de Montaigne, welche in ihren Schriften starke Bezüge zur Stoa herstellten.

Doch kommen wir zurück zum Anfang der Stoa und ihrem Gründer Zenon von Kition (im Folgenden Zenon). Zenon stammte aus Zypern und war Sohn eines Handelskaufmanns, welcher ihm schon in jungen Jahren philosophische Schriften aus Athen mit nach Hause brachte. Er selbst kam um 312/311 nach Athen, um Handel zu treiben. Der Erzählung nach erlitt er aber auf der Reise Schiffbruch, und seine Waren wurden zum großen Teil vernichtet. Er blieb aber in Athen, da er dort, so die Erzählung bei Diogenes Laertius, Gefallen an der Philosophie fand.

Man muss sich das geistige Klima und damit auch die philosophische Welt im Athen des ausgehenden 4. Jahrhunderts v. Chr. dabei deutlich anders vorstellen als zur Zeit Sokrates'. Athen selbst hatte zu dieser Zeit seine bedeutende Machtposition im griechischen Kulturraum verloren. Die Macht lag in den Händen der Generäle Alexanders des Großen, welcher Griechenland und den angrenzenden Nahen und Mittleren Osten zwischen 334 v. Chr. und seinem Tod im Jahre 323 v. Chr. erobert hatte. Diese Umbrüche führten unter anderem zur Hellenisierung der antiken Welt, wodurch die griechische Kultur zur Leitkultur der Antike und

---

* Siehe vor allem *De officiis – Vom pflichtgemäßen Handeln*, »De finibus bonorum et malorum – Über das höchste Gut und das größte Übel« sowie »Tusculanae disputationes – Gespräche in Tusculum«.

Griechisch zur Lingua franca wurde. Gleichzeitig öffnete sich hierdurch auch ein neuer Kulturraum von bisher noch nicht da gewesener Größe, welcher von Griechenland beziehungsweise den griechischen Kolonien im westlichen Mittelmeer bis nach Afghanistan und Indien im Osten reichte und für alle philosophischen Reflexionen sicherlich einen anderen Hintergrund bildete als der griechische Stadtstaat des 5. Jahrhunderts v. Chr. Gleichzeitig war die philosophische Welt Athens aber auch viel diverser geworden.

Hier hatten sich in der Nachfolge Sokrates' um seine Schüler und deren Schüler wichtige Schulen gegründet. Zu diesen gehörten die Akademie des Platon, welche 387 v. Chr. vor den Toren Athens gegründet und zu dieser Zeit von Polemon von Athen (350 – 270/269 v. Chr.) geführt wurde, sowie der Peripatos (von griechisch »Umgang«) des Aristoteles, einem Schüler Platons, welcher 335 v. Chr. gegründet und zur Zeit Zenons von Theophrastos von Eresos (371 – 287 v. Chr.) geführt wurde. Hinzu kam die erst 306 v. Chr. gegründete Schule Epikurs aus Samos, welcher mit seiner Gemeinschaft in seinem berühmten Garten (griechisch: *kepos*) vor den Toren Athens lebte und lehrte. Zuletzt gab es auch noch die Bewegung der Kyniker, welche im Anschluss an Sokrates' Schüler Anthisthenes und dessen Schüler Diogenes von Sinope (413 – 323 v. Chr.) über Krates von Theben (365 – 285 v. Chr.) in Athen wirksam war, sowie die Schule der pyrrhonischen Skepsis von Pyrrhon von Elis. Pyrrhons skeptische Haltung war nicht wirklich schulbildend, der durch ihn aber gesetzte skeptische Impuls lebte noch lange in der griechischen Philosophietradition sowie darüber hinaus fort. So entwickelte sich die akademische Schule unter Arkesilaos (315 – 241 v. Chr.) sowie Karneades von Kyrene (214 – 129 v. Chr.) zeitweise stark in Richtung einer eigenständigen skeptischen Haltung (»akademische Skepsis«), und Pyrrhons Denken selbst wurde im 1. Jahrhundert n. Chr. von Sextus Empiricus noch einmal aufgegriffen und zu einer eigenständigen Schule entwickelt. Alle diese Schulen und Bewegungen hatten ihren Platz im Athen dieser Zeit und konkurrierten sowohl um intellektuellen als auch politischen Einfluss in Athen und darüber hinaus.

Als Zenon in dieser Situation in Athen eine philosophische Ausbildung erwerben wollte, stand er also vor einer Vielzahl von Möglichkeiten. Seine Wahl fiel zunächst auf die kynische Bewegung, welche zu dieser Zeit von Krates von Theben in Athen vertreten wurde. Nachfolgend hat er aber auch bei den Megarern* Diodoros Kronos und Stilpon sowie dem Akademiker Polemon Vorträge besucht. Die Auseinandersetzung mit diesen Lehrern beziehungsweise den mit ihnen verbundenen Schulen hat deutliche Spuren im Denken Zenons und nachfolgend auch der Stoa hinterlassen. So findet sich der ethische Rigorismus der Kyniker in der stoischen Fokussierung auf die Tugend als alleiniges Gut wieder. Der Kontakt mit der megarischen Schule spiegelt sich im gedanklichen Gebäude der Stoa in der starken Betonung der Logik und der Sprache wider. Der Einfluss Polemons, eines Schülers des Xenokrates (396/395 – 314/313 v. Chr.), der wiederum ein direkter Schüler Platons gewesen war, ist für die Stoa ebenfalls von großer Bedeutung gewesen, da er mit seinem Fokus auf die Praxis und den Vorrang eines tugendhaften Lebens vor theoretischer Reflexion sowie der Orientierung eines solchen an der Natur bereits einen zentralen Aspekt der stoischen Philosophie formuliert hatte.

Zenon gründete seine eigene Schule um 301/300 v. Chr., nachdem er gut ein Jahrzehnt bei den obigen Lehrern studiert hatte. Über Zenons Leben wird berichtet, dass er im Alltag eher ernst war, bei Gelagen aber auch sehr ausgelassen sein konnte. Er galt als sehr anspruchslos und abgehärtet und aß gerne ungekochte Speisen. Er starb im Alter von 72 Jahren, vermeintlich an den Folgen eines kleinen Unfalls oder weil er sich zu Tode hungerte. Von Zenon sind leider keine eigenständigen Schriften vollständig überliefert, obwohl er nach Diogenes Laertius 19 Schriften verfasst hat. Aus diesen besitzen wir heute nur noch wenige Fragmente. Überdies finden sich in den Schriften anderer antiker Autoren Hinweise auf Aussagen und Meinungen von Zenon. So wissen wir, dass Zenon eine Schrift unter dem Namen *Der Staat*, analog zu Platons berühmtem Dialog, verfasst hat, in welcher er aber noch stark kynische Einflüsse zum Ausdruck gebracht hat.

Der Name der Stoa entstammt, wie vorher bereits kurz erwähnt, der Tatsache, dass Zenon sich mit seinen Schülern zunächst in Athen in der sogenannten »bemalten Säulenhalle«, der »Stoa Poikile« traf und dort mit

---

* Die Schule der Megarer geht auf Euklid von Megara (450 – 368 v. Chr.), einen Schüler des Sokrates, zurück. Sie beschäftigte sich sehr intensiv mit der Reflexion über das Gute mithilfe der Logik und der Begriffsbildung. Wichtige Vertreter waren neben Euklid von Megara Diodoros Kronos, Philon von Megara und Stilpon, welche wichtige Impulse für die spätere Entwicklung der Logik in der stoischen Philosophieschule gaben.

ihnen beim Diskutieren umherwandelte. Die Stoa befand sich damit räumlich – im Gegensatz zu der Akademie Platons, dem Peripatos des Aristoteles sowie dem Garten des Epikur – mitten in Athen und dabei auch noch in der Nähe des Zentrums. Dies war nicht nur als räumliches Faktum zu verstehen, da die Stoa die Schule in der Antike war, deren Anhänger sich am aktivsten in das Leben ihrer Gemeinschaften einbrachten. Prominente Beispiele waren Cato der Jüngere, der Gegenspieler Julius Caesars, Seneca der Jüngere, der Lehrer des römischen Kaisers Nero, oder aber Marc Aurel, der römische Philosophenkaiser aus dem 2. Jahrhundert n. Chr. Zenon selbst war in Athen hoch angesehen und ein aktives Mitglied der Athener Gesellschaft. Er war außerdem zum Beispiel in Kontakt mit Antigonos II. Gonatas, einem makedonischen König aus der Linie zweier Diadochen (das heißt zweier der Generäle Alexanders des Großen), sowie dem bedeutenden athenischen Staatsmann Chremonides, welcher ein Schüler Zenons war.

Die Stoa sah sich in der direkten Nachfolge von Sokrates und versuchte in ihrer Philosophie, dem Menschen dabei zu helfen, ein gelingendes Leben zu führen. Hierzu formulierte Zenon als Ziel der stoischen Philosophie »das Leben in Übereinstimmung« und meinte damit, dass man ein Leben in Übereinstimmung mit einem einzigen, zusammenklingenden Vernunftprinzip anstreben solle, da man ansonsten in Konflikt leben würde und nachfolgend unglücklich sein müsse. Erreicht man dieses Ziel, so wird man glücklich leben, was nach Zenon bedeutet, dass man ein Leben in einem guten Fluss (griechisch: *euroia*) lebt. Diesen Zustand nennen die Stoiker dann auch *eudaimonia*, was oft als Glückseligkeit übersetzt wird, im engeren Sinne aus meiner Sicht aber vielleicht eher als gut (griechisch: *eu*) begleitet oder geführt übersetzt werden sollte. Diese Übersetzung würde sich an dem Bild des inneren Daimons (im Sinne einer inneren Stimme der Vernunft) von Sokrates orientieren, der ihm nach eigener Aussage oft den Weg in schwierigen Situationen gewiesen hatte. Um dieses Ziel zu erreichen, formulierte die Stoa als einzig möglichen Weg den Weg der Tugend. Sie beschrieb hierbei die Tugend als das Gute im Leben des Menschen, welches es ohne Wenn und Aber anzustreben galt.

Alle anderen Dinge in der Welt, wie zum Beispiel Gesundheit, Reichtum, Ruhm oder Einfluss, sind aus Sicht der Stoa zwar gegenüber Dingen wie Krankheit, Armut, Isolation oder Unbedeutsamkeit zu präferieren, sie sind aber für das Erreichen eines gelingenden und damit tugendhaften Lebens ohne echte Bedeutung (»moralisch indifferent«). Einer der Gründe für diese Sichtweise war das sokratische Argument, dass alles außer der Tugend auch für moralisch schlechte Dinge eingesetzt werden könne. Der Besitz der Tugend kommt in der Stoa nur dem stoischen Weisen zu, welcher auch aus Sicht der Stoiker sehr selten auf der Welt vorzufinden sei. Er sei nach Aussage der Stoiker seltener als der legendäre Phönix anzutreffen, welcher nach mythologischer Vorstellung nur alle 500 Jahre zu sehen sei. Der stoische Weise sei daran zu erkennen, dass er den naturgemäßen Gebrauch der äußeren Dinge (also den Gebrauch der präferierten und nicht präferierten Indifferenzien) im Leben, analog zu der Forderung Sokrates', zu jedem Zeitpunkt praktizieren könne. Er zeichnet sich aber vor allem auch dadurch aus, dass seine Psyche beziehungsweise Seele tugendhaft ist, das heißt, im Bild der Stoiker innere Weisheit besitzt. Die Stoiker folgen also einem Tugendverständnis, welches dem des Sokrates sehr ähnlich ist. Die Tugenden, wie sie zum Beispiel als die vier Kardinaltugenden bekannt sind, sind aus Sicht der Stoiker nur vier Arten des Wissens, welches benötigt wird, um den Gebrauch der Indifferenzien in unterschiedlichen Lebenssituationen auf naturgemäße Art und Weise zu praktizieren.

Um den Weg des Weisen gehen zu können, braucht es aus Sicht der Stoiker zwei Kerneinsichten. Zum einen, dass wir Menschen auf dem Weg der Tugend nur ein verlässliches Mittel zur Hand haben, und zwar unseren freien Willen. Nur diesen können wir wirklich beeinflussen und dadurch auch unsere Handlungen verändern. Alles andere, selbst unsere Körper, unser Besitz und unsere Mitmenschen, obliegen nicht unserer Gestaltungsmacht, sondern können jederzeit durch Handlungen anderer Menschen oder Naturprozesse unserer Kontrolle entzogen werden. Dieses Prinzip ist auch unter dem Namen der »Dichotomie der Kontrolle« bekannt und wurde in seiner prominentesten Form von Epiktet, dem Stoiker aus dem 2. Jahrhundert n. Chr., in seinem berühmten Handbuch der Moral (griechisch: *Enchiridion*) in Paragraf 1 formuliert.[44] Zum anderen haben die Stoiker – und damit haben sie in der Antike echtes Neuland betreten – als zweite Kerneinsicht formuliert, dass wir Menschen zwar mit dem Impuls geboren werden, uns zu erhalten (die Stoa spricht hier von der Zuneigung zu sich selbst), unsere Aufgabe auf dem Weg zur inneren Weisheit aber darin besteht, diese innere Zuneigung von uns, über die uns umgebenden Menschen, schrittweise auf die Gemeinschaft aller Menschen auszudehnen. Die Stoiker nannten diesen Prozess *oikeiosis* (von griechisch: *oikeioun*, »zu eigen machen, zum Freund machen, befreunden«). Erst wenn wir dies erreicht haben, können wir dem von Zenon formulierten Anspruch eines Lebens in Übereinstimmung wirklich gerecht werden. Die Stoa hörte an dieser Stelle aber nicht auf, sondern konzipierte zur Bewältigung dieser doppelten Herausforderung zusätzlich auch noch einen Weg der Lebenskunst, welcher uns drei Disziplinen nennt, die auf dem Weg zur Weisheit von entscheidender Bedeutung sind. Dies sind die Disziplin der Zustimmung, die Disziplin des Begehrens und die Disziplin des Handelns. Diese von Epiktet in seinen Diskursen[45] zum ersten Mal beschriebenen Disziplinen befassen sich mit dem Umgang mit uns selbst, dem Umgang mit unserer Umwelt und dem Umgang mit anderen Menschen. Wir werden diese Disziplinen im dritten Teil dieses Buches noch genauer kennenlernen (siehe Kap. 3.2.5 – 3.2.7).

Die Stoiker formulierten mit diesen beiden Kerneinsichten und den beschriebenen Disziplinen die Grundpfeiler einer Entwicklungstheorie personaler Identität[46] des Menschen. Diese beinhaltet zum einen eine einengende Bewegung, da sie uns über Selbsterkenntnis dazu bringt, auf das zu fokussieren, was uns als Menschen eigen ist, nämlich unsere Rationalität sowie ihr Gebrauch durch unseren freien Willen. Zum anderen beinhaltet sie aber auch eine weitende Bewegung, was unsere Einbettung in Gemeinschaft und den Kosmos angeht. Hier zeigt sie uns, dass unser Menschsein darin besteht, dass wir im Laufe unserer Entwicklung unser Zuneigungs- und Relevanzempfinden auf die gesamte Gemeinschaft aller Menschen ausweiten. Die Stoa entwickelte mit dieser Konzeption eine eigenständige Vorstellung von der Entwicklung einer personalen Identität, welche gleichzeitig mit einer inneren Entwicklung hin zu einem gelingenden Leben identisch war. Sie verbindet hierbei Ideen aus dem Werk Sokrates' (prüfe dich selbst und entwickle Weisheit) mit Ideen der Kyniker (nur die Tugend ist gut). Sie schließt weiterhin in einzelnen Aspekten an den Theorien Platons (seine Kosmologie) und Aristoteles' (zum Beispiel der Gedanke der *oikeiosis*) an, entwickelt diese aber weiter und integriert sie zusammen mit weiteren Ideen anderer Schulen (Logik und Dialektik von den Megarern) zu einer systematischen Synthese. Hierbei entwickelte sie auch Vorstellungen, welche sie in Teilen ihrer Philosophie deutlich von diesen Schulen unterschieden. In Summe verbleibt aber ein umfassendes Gesamtgebäude, für welches die Stoa bereits in der Antike berühmt war. Nicht umsonst wurde sie für einen Zeitraum von fast 300 Jahren zu der dominierenden Lebensphilosophie der Antike. Im Folgenden wollen wir, ausgehend von diesem ersten Überblick, einige der Aspekte des stoischen Denkens zunächst noch einmal vertieft betrachten, um auf der Basis dieser vorbereitenden Überlegungen dann in die personale Entwicklungstheorie der Stoiker, ihr Konzept eines gelingenden Lebens und abschließend das systemische Potenzial der Stoa noch tiefergehend einsteigen zu können.

2.2.2 Das stoische Verständnis der kosmischen Vernunft und das stoische Lebensziel

Beginnen wir zunächst mit der Frage, was die Stoiker unter einem Ziel, genauer einem Lebensziel (griechisch: *telos*) verstehen. Hier finden wir eine gute Beschreibung bei Johannes Stobaios, dem antiken Autor und Sammler von philosophischen Lehrmeinungen aus dem 5. Jahrhundert n. Chr. Er schreibt in seinem zweiten Buch (*Eclogae*) Folgendes (Stob. Ecl. II S. 46, 5-10):

> »Von den Stoikern wird folgende Definition gegeben: ›Ein Ziel ist das, wofür alles auf angemessene Weise getan wird; es selbst aber wird für keinen anderen Zweck getan.‹ Anders ausgedrückt: ›Für das Ziel wird alles andere getan, es selbst aber für nichts anderes.‹ Und wiederum: ›Das Ziel ist das, worauf sich alles, was im Leben auf angemessene Weise getan wird, bezieht, während es selbst sich auf nichts anderes bezieht.‹«

Das Lebensziel ist im Verständnis der Stoiker also ein Ziel, welches es nur um seiner selbst zu erreichen gilt. Wir streben es nicht wie andere Ziele an, da wir uns durch das Erreichen dieser Ziele wiederum das leichtere oder bessere Erreichen weiterer Ziele erhoffen. Als ein Beispiel für ein derartiges »Zwischenziel« könnten wir Reichtum betrachten, da wir oft davon ausgehen, dass uns das Erwerben von Reichtum ein zufriedeneres oder aber erfüllteres Leben ermöglichen würde. In diesem Beispiel wäre der Reichtum nur ein vermittelndes Ziel, um unser eigentliches Ziel, nämlich Zufriedenheit oder aber Erfüllung zu erreichen. Für die Stoiker steht das Lebensziel an der Spitze unserer Zielhierarchien und steht damit für sich alleine und zweckfrei. Es erfüllt keinen weiteren Zweck für uns, da alle Zwecke in unserem Leben zur Erreichung dieses Ziels führen. Wie lautet dieses Ziel aber?

Zenon, der Begründer der stoischen Philosophie, definierte dieses Ziel, wie im letzten Abschnitt bereits erwähnt, in seiner einfachsten Form wie folgt (Stob. Ecl. II S. 75, 11-76, 8):

> »das übereinstimmende Leben«

und meinte damit, dass man ein Leben in Übereinstimmung mit einem einzigen, zusammenklingenden Vernunftprinzip anstreben solle, da man ansonsten in Konflikt leben würde und nachfolgend unglücklich sein müsse. Diesen Zustand hat Seneca in seinem Brief 120 an Lucilius (120.20-22)[47] aus seinen moralischen Briefen sehr treffend beschrieben:

> »(20) Das deutlichste Merkmal eines minderwertigen Charakters ist der Wankelmut und ein ewiges Hin und Her zwischen geheuchelten Tugenden und der Neigung zu Lastern.
>
> ›Er hatte oft zweihundert Sklaven,
> oft aber wieder nur zehn; mit Königen bald und mit Fürsten
> prahlte er groß; bald sagt' er: ›Mir reicht schon ein Tisch auf
> drei Füßen,
> reines Salz in der Schale und Toga gegen die Kälte,
> mag sie auch grobfädig sein.‹ Und gäbest du eine Million
> ihm – war er doch sparsam, mit wenig zufrieden – in fünf Tagen
> hätt' er gar nichts mehr.‹
> [Horaz, Sat. 1,3,11-17]
>
> (21) Viele Menschen sind so wie dieser von Horatius Flaccus hier beschriebene, niemals der gleiche, ja nicht einmal sich selbst ähnlich; so sehr verirrt er sich in entgegengesetzte Extreme. Habe ich ›viele‹ gesagt? Fast alle sind es. Niemanden gibt es, der nicht täglich seinen Entschluss und seinen Wunsch ändert: Bald will er eine Gemahlin haben, bald eine Geliebte, bald will er herrschen, bald möchte er diensteifriger sein als jeder Sklave, bald spielt er sich auf bis zum Verhasstsein, bald erniedrigt er

> sich und will noch unbedeutender erscheinen als jene, die wirklich am Boden liegen, heute verschleudert er sein Geld, morgen rafft er es gierig zusammen. (22) Auf diese Weise vor allem entlarvt sich der Unverstand eines Menschen: Bald zeigt er sich so, bald anders und ist, was in meinen Augen am beschämendsten ist, sich selbst doch untreu. Betrachte es als eine große Sache, [immer] die Rolle eines Menschen zu spielen. Doch vom Weisen abgesehen, spielt niemand nur eine Rolle, wir übrigen zeigen viele verschiedene Gesichter. Bald werden wir Dir anspruchslos und ernst, bald verschwenderisch und eitel erscheinen; immerzu wechseln wir die Maske und setzen uns das Gegenbild der gerade abgelegten auf. Mach es Dir also zur Pflicht, die Haltung, zu der Du Dich durchgerungen hast, bis zum Tod zu bewahren; bring es zuwege, dass man Dir Lob spenden, und wenn das nicht, dass man Dich [wenigstens] wiedererkennen kann. Bei so manchem, den Du erst gestern gesehen hast, könnte man mit Recht sagen. ›Wer ist das?‹ So sehr hat er sich verändert. Leb wohl!«

Seneca beschreibt hier den Zustand eines Menschen, den wir alle zu gut kennen und der dadurch gekennzeichnet ist, dass wir unser Leben nach immer wechselnden Prinzipien leben. Eben suchten wir noch die Lust, jetzt den Reichtum, dann wieder die Bescheidenheit und den Rückzug, bis uns dann wieder die Sehnsucht nach Sichtbarkeit oder Ruhm plagt. Wie soll ein Mensch in diesem Zustand glücklich sein und einen inneren Frieden finden? Die Diagnose Zenons scheint daher sehr treffend, und die Stoiker zeigten schon in ihren Anfängen, welche guten Beobachter des allgemein Menschlichen sie sind. Folgen wir dieser Analyse Zenons nun aber weiter, so wirft sich uns die Frage auf, nach welchem Prinzip wir unser Leben denn ausrichten sollten. Zenon selbst nannte hier das Prinzip der rationalen Vernunft, welches wir als Menschen als Teil eines vernünftigen Kosmos (von den Stoikern auch »die Allvernunft« oder »die Allnatur« genannt) als Potenzial in uns tragen. Dieses Potenzial gilt es nach Zenon zu entwickeln.

Um diese Ergänzung auch im Telos der Stoa klarer aufzuzeigen, erweiterte Zenons Nachfolger Kleanthes die Definition des Telos der Stoa wie folgt[48]:

> »das Leben in Übereinstimmung mit der Natur«

Hiermit wollte er darauf hinweisen, dass das von Zenon als Leitprinzip für unser Leben geforderte Prinzip in der Natur zu finden sei, wobei er mit »Natur« die bereits erwähnte Allnatur beziehungsweise Allvernunft meinte. Ein gutes stoisches Leben besteht also darin, dass wir dieses im Einklang mit dem kosmischen Vernunftprinzip führen. Woraus leiten die Stoiker aber ab, dass der Kosmos, also die Allnatur, mit einer Allvernunft ausgestattet ist, und warum ist es erstrebenswert, sein Leben im Einklang mit dieser Allnatur zu führen. Um dies zu verstehen, muss man auf das Bild der Stoiker schauen, welches sie vom Kosmos hatten. Hier hilft uns eine Passage, welche wir bei Cicero, in seinem Buch *Über das Wesen der Götter*[49] finden. Er lässt in dieser Passage einen Stoiker namens Balbus zu Wort kommen. Dieser beschreibt den Kosmos in seinen Ausführungen so (*Über das Wesen der Götter*, 2. 56):

> »Es gibt am Himmel also weder Zufall noch Willkür, noch Irrtum, noch Unzuverlässigkeit, sondern im Gegenteil lauter Ordnung, Wahrheit, klare Berechnung und Beständigkeit ...«

Balbus betont in dieser Passage die Ordnung des Kosmos. Diese bringt er dann in einem nachfolgenden Schritt in Verbindung mit einer schöpferischen Kraft, welche im Kosmos waltet (*Über das Wesen der Götter*, 2. 57-58):

> »Zenon also definiert die Natur als ein schöpferisch wirkendes Feuer, das methodisch vorgeht, um etwas zu erschaffen. Er glaubt nämlich, Hauptmerkmal der Kunst sei es, etwas zu erschaffen und hervorzubringen ... Nach dieser Theorie ist nun die ganze Natur künstlerisch tätig, weil sie gleichsam einen bestimmten Weg und eine Richtung hat, die sie verfolgen muss. (58) Von der Natur des Weltalls selbst, das alles einschließt und umfaßt, sagt derselbe Zenon, sie sei nicht nur schöpferisch tätig, sondern eine vollendete Künstlerin, die sich um den Nutzen und Vorteil aller Geschöpfe kümmert und sorge.«

Diese schöpferische Kraft, welche Balbus dann mit der Vorsehung identifiziert, führt dazu, dass der Kosmos durch drei Eigenschaften charakterisiert ist (*Über das Wesen der Götter*, 2.58):

> »Weil der Weltgeist so beschaffen ist und deshalb mit Recht als Voraussicht oder Vorsehung bezeichnet werden kann – auf Griechisch nennt man ihn ja *pronoia* –, sorgt er vornehmlich dafür und ist vorrangig damit beschäftigt, sicherzustellen, daß das Weltall erstens für seine Fortdauer bestens eingerichtet ist, zweitens, daß ihm nichts fehlt, hauptsächlich aber, daß es sich durch Schönheit und jede Art von Schmuck auszeichnet.«

Der Kosmos zeichnet sich also durch eine offensichtliche Ordnung und Schönheit aus, welche auch dafür sorgt, dass alle Geschöpfe des Kosmos gut versorgt seien. Hiermit ist gemeint, dass jedes Geschöpf so ausgestattet ist, dass es im Kosmos alles findet, dass es gut leben kann und es alle Fähigkeiten besitzt, um dieses Leben auch zu führen. Der Kosmos stellt im Bild der Stoiker also ein in sich stimmiges, harmonisches und geordnetes Ganzes dar. Aus diesen beobachtbaren Eigenschaften des Kosmos schließen die Stoiker dann weiterhin, dass es sich bei der feurigen, gestaltenden Kraft im Kosmos um eine vernunftbegabte, also rationale Kraft handeln muss, weshalb der Kosmos oder die Allnatur dann von ihnen auch Allvernunft genannt wird. Wenn Zenon und Kleanthes also fordern, dass wir in Übereinstimmung (griechisch: *homologia*) mit der Allvernunft leben sollen, so steht dahinter die Vorstellung, dass wir unser Leben vernünftig, also rational, ordnen und leben sollen. Nur so kann unser Leben dann einen ungestörten und harmonischen Lebensfluss (griechisch: *euroia*) aufweisen, welcher von positiven Gefühlen (griechisch: *eupatheiai*) und innerer Harmonie und Stimmigkeit begleitet wird. Diesen Zustand bezeichnen die Stoiker dann mit dem uns schon im letzten Abschnitt begegneten Begriff der *eudaimonia*.

Im Hinblick auf die Frage, was das anzustrebende Ziel in der Stoa also ist, haben wir als Antwort »das Leben in Übereinstimmung mit der Natur« in den Texten der Stoa gefunden. Worin besteht dieses Leben aber jetzt genau? Hier scheint eine weitere Ergänzung dieser Telos-Formulierung durch Zenons Schüler Chrysipp von Bedeutung. Dieser erweiterte die Formulierung des Kleanthes in folgender Form (Stob. Ecl. II S. 75, 11-76, 8):

> »das Leben in Übereinstimmung mit der Natur, in Übereinstimmung mit der Erfahrung von dem Leben, was sich von Natur aus ereignet«,

wobei Chrysipp hierbei unter Natur *»sowohl die allgemeine als auch insbesondere die menschliche Natur«* meinte. Mit diesen Erweiterungen deutet Chrysipp an, dass das glückliche Leben eine bestimmte Form von Wissen über uns Menschen, über den Kosmos als Ganzes sowie die in diesem ablaufenden Prozesse voraussetzt. Ein Gedanke, welchem wir auch schon bei Sokrates in abstrakterer Form begegnet sind. Einen noch deutlicheren Hinweis auf sokratische Spuren finden wir in der Version der Zieldefinition des Antipater von Tarsos (200 – 129 v. Chr.) (Stob. Ecl. II S. 76, 11-15):

> »Antipater bestimmte das Telos folgendermaßen: ›Leben, indem man auswählt, was naturgemäß ist, und ablehnt, was nicht naturgemäß ist.‹ Oft hat er es aber auch so formuliert, dass man ›alles in seinen Kräften stehende ununterbrochen und standhaft tut, um alle wünschenswerten Dinge zu erreichen, die der Natur entsprechen‹.«

Man sieht hier den Kerngedanken des Sokrates, dass der Schlüssel zu einem gelingenden Leben in der richtigen Wahl oder Ablehnung beziehungsweise Abwahl von den Dingen liegt, welchen wir im Leben begegnen. Die stoische Veränderung oder Weiterentwicklung gegenüber Sokrates liegt jetzt darin, dass als Orientierung für diese Wahl beziehungsweise Abwahl der Gedanke des Naturgemäßen hinzugenommen wird, wobei die Stoiker hierunter abstrakt gesehen wiederum die Allvernunft der Natur verstehen und sich im Kern so wieder in Übereinstimmung mit Sokrates befinden. Dennoch bedeutet diese Einbettung der Vernunft in die Struktur der Naturvorgänge des Kosmos, dass die Stoiker für viele praktische Fragen ein genaueres Studium des Kosmos beziehungsweise der Natur des Menschen als Orientierung in ihr Denken einbeziehen konnten, ein Schritt, den Sokrates so konkret nicht mehr gegangen ist. Poseidonios, der Nachfolger von Panaitios von Rhodos, der wiederum ein Schüler von Antipater gewesen war, formulierte seine Sichtweise auf das Ziel der Stoa abschließend wie folgt (Clemens von Alexandrien, *Stromateis* II S. 129, 1-5)[50]:

> »Und im Anschluss an alle diese bestimmte Poseidonios das Ziel als ›das Leben, in dem man die Wahrheit und Ordnung des Ganzen erkennt und sie den eigenen Möglichkeiten entsprechend mit verwirklicht, ohne sich in irgendeiner Hinsicht von dem irrationalen Seelenteil leiten zu lassen‹.«

Wir sehen in dieser letzten Formulierung noch einmal deutlich die sich aus Sicht der Stoiker ergebende Aufgabe eines jeden Menschen, »die Wahrheit und Ordnung des Ganzen«, hiermit ist der Kosmos gemeint, zu erkennen und die hieraus folgenden Einsichten im eigenen Leben, entsprechend den eigenen Möglichkeiten, über die richtige Auswahl und Abwahl von Dingen des Alltags zu verwirklichen. Übertragen wir diese allgemeinste Einsicht auf das Kernthema dieses Buches, so könnte man hieraus für an Führung beteiligte Personen die Folgerung ziehen, dass sie im Rahmen ihrer Tätigkeit:

- ein strukturelles Verständnis des Kontextes ihrer Rolle als Führende erwerben (Teams, Organisationen, Märkte, Gesellschaft und Umwelt) und
- ein Verständnis ihrer eigenen Möglichkeiten in ihrer Rolle über eine Reflexion ihrer eigenen persönlichen Eigenschaften, Kompetenzen und weiteren Lebensrollen finden sollten.

Der im ersten Teil dieses Buches vorgestellte schematische Blick auf Organisationen und Führung (siehe Kap. 1.2.2 und 1.2.4) kann in diesem Sinne als ein Beitrag zum ersten Punkt verstanden werden, da er ein strukturelles, also syntaktisches Verständnis von beiden Phänomenen bietet. Im weiteren Verlauf dieses Teils werden wir noch einen genaueren Blick auf den zweiten obigen Punkt werfen. Hierbei werden wir analog zu dem schematischen Verständnis von Organisationen und Führung auch ein syntaktisch gleiches Verständnis einer Person entwickeln, welches wir im stoischen Verständnis personaler Identität finden werden (siehe Kap. 2.3.4). Bevor wir diesen Schritt aber gehen können, müssen wir in den nächsten Kapiteln (Kap. 2.2.3 – 2.2.6) erst noch einige weitere Schritte im grundsätzlichen Verständnis der stoischen Lebensphilosophie machen. Im nächsten Kapitel werden wir hierfür zunächst noch einmal versuchen, genauer zu verstehen, was die Stoiker unter innerer Weisheit verstanden, welche sie als Grundlage für das Erreichen des von ihnen definierten Lebensziels ansahen.

2.2.3 Das stoische Verständnis der Weisheit und des stoischen Weisen

Der Gedanke, dass wir zur Erreichung des Lebensziels eine Form innerer Weisheit benötigen, findet sich bereits bei Sokrates. Die Stoiker zeigen sich hier wiederum als seine direkten Schüler, da auch sie davon ausgingen, dass innere Weisheit der Schlüssel zur Erreichung eines ungestörten Lebensflusses sei, welcher wiederum mit dem Zustand »des Lebens in Übereinstimmung« identisch ist, wie Zenon es formuliert hatte. Doch wie lautete die genaue Definition von Weisheit und damit auch des Weisen bei den Stoikern? Schaut man in die Literatur, so finden sich hier zwei Definitionen der Stoiker[51]:

1. »Weisheit ist Wissen in den menschlichen und göttlichen (kosmischen) Dingen.«
2. »Weisheit ist passende Expertise.«

Betrachten wir zunächst die erste Definition, so fällt auf, dass sie drei Aspekte beinhaltet. Erstens besteht Weisheit darin, dass ich ein bestimmtes Wissen besitze, zweitens, dass dieses Wissen sich auf die menschlichen Dinge, und drittens, dass es sich außerdem auch auf die göttlichen (kosmischen) Dinge bezieht. Wer innere Weisheit besitzt, der muss also sowohl von den menschlichen als auch von den kosmischen Dingen sicheres Wissen besitzen. Wir sehen über diese Definition, dass die stoische Vorstellung von innerer Weisheit, zumindest was ihre Wissensbestandteile angeht, direkt aus der im letzten Abschnitt ausführlich diskutierten Vorstellung des Lebensziels folgt, wie sie zum Beispiel von Chrysipp gegeben wurde.

Ausgehend von dieser Vorstellung von Weisheit ist es auch nicht verwunderlich, dass die Stoiker ihre Philosophie in drei Teile unterteilten[52], und zwar:

- **Logik:** Dieser Teil der Philosophie beinhaltete bei den Stoikern die Dialektik (das Wissen über richtige und falsche Schlüsse) und die Rhetorik (der richtige Gebrauch der Sprache). Er entspricht in der obigen Definition der Weisheit dem Wissen. Die Stoiker nannten die Anwendung dieses Teils ihrer Philosophie auch die **Disziplin der Zustimmung***, wobei hier die Zustimmung zu Vorstellungen gemeint war, welche gleichzeitig die Grundlage von Urteilen darstellen.

- **Physik:** Dieser Teil der Philosophie umfasste das Wissen über den Kosmos und die Dinge in ihm (Struktur und Prozesse). Die Anwendung dieses Teils der Philosophie nannten die Stoiker die **Disziplin des Begehrens**, da die Anpassung unseres Begehrens an die Abläufe im Kosmos von den Stoikern als eine der zentralen Herausforderungen betrachtet wurde.
- **Ethik:** Dieser Teil der Philosophie betrachtete das menschliche Leben. Die Anwendung dieses Teils der Philosophie wurde von den Stoikern die **Disziplin des Handelns** genannt, da unsere Handlungen die Basis unseres ethischen Verhaltens sind.

Das Besondere an dieser Dreiteilung war für die Stoiker, dass keine dieser Disziplinen von ihnen als wichtiger als die jeweils anderen angenommen wurde, was sich zum Beispiel darin zeigte, dass unterschiedliche Stoiker auch eine unterschiedliche Reihenfolge in der Behandlung dieser Teildisziplinen für ihre Schüler vorsahen. Die Stoiker veranschaulichten das Verhältnis ihrer Disziplinen auch über unterschiedliche Metaphern, wobei auch aus diesen Metaphern erkennbar ist, dass es keine durchgängige Priorität einer Disziplin für die Stoiker gab. Die wichtigsten Metaphern[53] waren dabei:

- **Ei:** Schale (Logik), Eiweiß (Ethik), Eigelb (Physik)
- **Lebewesen:** Knochen und Sehnen (Logik), Fleisch (Ethik), Seele (Physik)
- **Feld:** Zaun (Logik), Land und Bäume (Physik), Früchte (Ethik)

Was im Hinblick auf die obige Definition der Weisheit aber nach wie vor offen ist, ist die Frage, wie die Stoiker Wissen definierten. Was wir der vorherigen Betrachtung zur Struktur ihrer Philosophie aber entnehmen

* Im engeren Sinne wurde diese Einteilung der Praxis hinter ihrer Philosophie explizit erst durch Epiktet eingeführt. Die drei Disziplinen haben sich mittlerweile aber zu einem Standard in der Betrachtung der Stoa entwickelt.

können, ist die Einsicht, dass die Frage, was Wissen ist, von ihnen in der Teildisziplin Logik und damit der Disziplin der Zustimmung betrachtet wurde. Letztere Zuordnung gibt uns hier auch bereits einen wichtigen Hinweis zu der Frage, was Wissen ist. Die Stoiker waren Empiristen in dem Sinne, dass sie ihr Wissen aus den durch die Umwelt in einem Menschen hervorgerufenen Vorstellungen aufbauten. Hierbei unterschieden sie zwischen sogenannten kognitiven oder kataleptischen Vorstellungen (griechisch: *katalepsis*) und nicht kognitiven Vorstellungen. Erstere waren aus Sicht der Stoiker Vorstellungen, welche bestimmte Eigenschaften besaßen, wie zum Beispiel, dass sie mit absoluter Klarheit und Verlässlichkeit einen Gegenstand in der Umwelt abbildeten und ein erkennbares Zeichen der Wahrheit in sich trugen. Sie stellten aus Sicht der Stoiker also einen verlässlichen Grund für Wissen dar.

Die Stoiker erweiterten diese Betrachtung aber noch dahingehend, dass derartige Vorstellungen erst zu Wissen führten, wenn wir ihren Inhalt in unserer Psyche als wahr betrachten und ihnen innerlich zustimmen. Zusätzlich dürfen diese Vorstellungen auch nicht durch weitere Vernunftsüberlegungen infrage gestellt werden können. Wissen ist also das bewusste Zustimmen zu einer als kognitiv erkannten Vorstellung, welche wir logisch konsistent in unser bisheriges Wissen (was auf anderen derartigen Vorstellungen beruht) integrieren können. Der stoische Weise ist aus Sicht der Stoiker dann dadurch gekennzeichnet, dass seine innere Weisheit auf einem solchen Wissen über die menschlichen Dinge und die Dinge des Kosmos beruht. Dies bedeutet nicht, dass der stoische Weise allwissend ist, es bedeutet nur, dass das, was er weiß, den obigen Anforderungen entspricht. Seneca beschreibt in seinem 109. *Brief an Lucilius*[54] daher auch den Gedanken, dass stoische Weise einander helfen können, da sie zum Beispiel über unterschiedliche Dinge sicheres Wissen besitzen und so voneinander lernen können.

Die oft diskutierte Frage, ob zwei stoische Weise in der gleichen Situation zu den gleichen Schlüssen kommen würden, lässt sich damit verneinen, wenn beide bezüglich des für die Situation relevanten Wissens unterschiedliche Wissensstände besitzen. Diese Situation wäre für die Weisen aber kein Problem, da sie sich sofort darauf verständigen könnten, ob und wie diese Situation geklärt werden könnte, wie in ihr also sicheres Wissen gewonnen werden kann. Wenn beide kein sicheres Wissen besäßen und dieses auch in der Situation nicht gewinnen könnten, zum Beispiel aus zeitlichen Gründen, dann würden beide sich eines Urteils über die Situation enthalten. Wie verhält es sich jetzt aber mit dem Wissen über sich selbst, dem nach Sokrates wichtigsten Wissen? Hier finden wir in Ciceros *Gespräche in Tusculum* folgende Passage[55]:

> »(70) Wenn man dies [die drei Teile der Philosophie] in seinem Geist bedenkt und Tag und Nacht überlegt, entsteht jene vom Gott in Delphi geforderte Erkenntnis, daß der Geist sich selbst erkennen und sich mit dem göttlichen Geist verbunden fühlen soll und dadurch von unermeßlicher Freude erfüllt wird.«

Die innere Weisheit und die Selbsterkenntnis des stoischen Weisen entsteht also aus der ständigen Reflexion über die drei Teilgebiete der Philosophie und führt dabei durch ein Gefühl der Verbundenheit mit dem Kosmos zu großer innerer Freude. Dieser Zustand wird in Ciceros Buch *Über die Gesetze* (siehe 1.58-62) noch detaillierter besprochen und wird dort so beschrieben, dass Weisheit der Ursprung alles Guten ist und über die in sich selbst entdeckte Vernunft entwickelt wird. Über diese Vernunft erkennt der stoische Weise dann, dass er sowohl eine gute, das heißt tugendhafte, Person als auch ein Bürger der Welt (die Stoiker verwenden in diesem Kontext auch den Begriff Kosmopolis) ist. Die innere Weisheit führt den stoischen Weisen also sowohl nach innen zur Erkenntnis seiner selbst als auch nach außen zur Erkenntnis seiner Verbundenheit mit der Welt. Die innere Weisheit des stoischen Weisen erfüllt damit zum einen die Forderung des Sokrates, sich selbst zu erkennen, sie erweitert diese Einsicht aber um die Erkenntnis, dass der Weise über die in ihm wirksame Vernunft mit dem Kosmos verbunden ist.

Kommen wir jetzt aber noch auf die zweite Definition von Weisheit als passende Expertise zurück.[56] Diese Definition verweist darauf, dass Weisheit auch ein passendes Handeln, wir haben dies vorher auch schon ein naturgemäßes Handeln genannt, ermöglicht. Die innere Weisheit muss uns also zu Experten des Lebensvollzugs machen, nur dann ist sie eine passende Expertise. Wenn ich inneres Wissen angehäuft habe, dieses aber nicht dazu führt, dass ich mich entsprechend meiner menschlichen Natur und den Prozessen und Anforderungen des Kosmos verhalte, dann besitze ich zwar Wissen, aber keine Weisheit. Weisheit besteht also zum einen aus verlässlichem Wissen über die menschlichen und kosmischen Dinge und zum anderen aus einer Verhaltensdisposition, welche den stoischen Weisen auf der Basis seines Wissens handeln lässt. Diese Verhaltensdisposition steht hierbei beim stoischen Weisen in direkter Verbindung mit der stoischen Vorstellung eines aktiven Prinzips des Kosmos, welches den Kosmos antreibt und gestaltet. Dieses aktive Prinzip wird von den Stoikern auch gestaltende Kraft beziehungsweise Atem (griechisch: *pneuma*) genannt und steht in Verbindung mit der stoischen Vorstellung, dass der Kosmos als Ganzes ein belebtes Wesen ist. Wenn der stoische Weise jetzt eine Verhaltensdisposition zeigt, welche sich in ihm in Form seines freien Willens manifestiert, dann gehen die Stoiker davon aus, dass im stoischen Weisen der freie Wille in Übereinstimmung (griechisch: *homologia*) mit der gestaltenden Kraft des Kosmos ist. Wenn der stoische Weise der Entwicklung des Kosmos in allen Situationen zu folgen versucht, so tut er dies, da er aus innerer Einsicht seinen freien Willen in Übereinstimmung mit dem »Wollen« des Kosmos bringen will. Der stoische Weise folgt dem Kosmos, weil er dies will und weil dieses Wollen aus seinem inneren Wissen über sich selbst und den Kosmos gespeist wird. So gelingt es ihm auch, in seinem Lebensvollzug die richtigen Dinge zu wählen beziehungsweise abzuwählen und somit in Übereinstimmung mit seiner Natur und der Allnatur zu leben.

Bevor wir im Anschluss an die hier angestellten Überlegungen im nächsten Kapitel auf die aus der inneren Weisheit folgende Tugendhaftigkeit schauen, möchte ich unsere Überlegungen an dieser Stelle noch mit einer kurzen Reflexion des vorher Gesagten aus moderner Perspektive beenden. Begriffe wie *pneuma* oder Vorstellungen, dass der Kosmos als Ganzes ein belebtes Wesen darstellt, sind uns heutzutage wahrscheinlich zunächst sehr fremd. Wenn man sich aber von den Begriffen der Stoiker im engeren Sinne löst und auf das hinter ihrer Beschreibung liegende strukturelle Verständnis ihrer Welt schaut, so zeigen sich hier aus meiner Sicht spannende Verbindungen zu unserem heutigen Denken. So kennen wir auch in unserer modernen Vorstellung vom Kosmos zum Beispiel das Prinzip der Selbstorganisation, das heißt das Phänomen, dass unbelebte Materie in bestimmten Situationen (zum Beispiel je nach energetischem Zustand) den Aufbau spontaner Ordnung zeigen kann (siehe zum Beispiel das Entstehen regelmäßiger räumlicher Muster in Konvektionsprozessen oder die Bildung von Eiskristallen, welche infolge ihrer räumlichen Struktur von großer ästhetischer Schönheit sind).[57] Die zusätzliche Erkenntnis, dass sich in solchen selbst organisierten Prozessen Muster bilden, welche über viele Skalen hinweg selbstähnlich sind, das heißt, dass man auf unterschiedlichen Skalen (im Sinne von räumlichen Größenordnungen) ähnliche Muster findet, hat unter der Überschrift der Komplexitätsforschung zu der Einsicht geführt, dass es eine Vielzahl von Verbindungen in der Struktur und Dynamik von komplexen Systemen gibt. Hierbei zeigt sich ebenfalls eine Vielzahl von Verbindungen zwischen der Komplexität des menschlichen Körpers auf der einen Seite und der Komplexität anderer komplexer Systeme im Kosmos. Die Vorstellungen der Stoiker verweisen aus dieser Perspektive vielleicht auf strukturelle Einsichten, welche wir in anderer Sprache und mit anderen Bildern heute erst wiederentdecken.

2.2.4 Das stoische Verständnis der Tugend

Der Begriff der Tugend beziehungsweise Tugendhaftigkeit ist uns bereits mehrfach in den letzten Kapiteln begegnet. Wir werden uns daher nun genauer mit der hinter diesem Begriff stehenden Vorstellung der Stoiker beschäftigen. Wir machen dies auch, da der Begriff der Tugend in der stoischen Philosophie einen zentralen Stellenwert besaß. Die Stoiker definierten die Tugend als das einzige Gute, welches es zu verfolgen gilt. Nichts anderes besaß in der Vorstellung der Stoiker einen ähnlichen Stellenwert, nicht Reichtum, nicht Ruhm, nicht Gesundheit und auch nicht körperliche Schönheit oder Erfolg. Wie kamen die Stoiker zu dieser, auch in der Antike schon aufgrund ihrer empfundenen Härte kritisierten, Vorstellung? Um dies zu klären, müssen wir nochmals an unsere Diskussion der inneren Weisheit im letzten Abschnitt anschließen. Dort hatten wir gesehen, dass der Zustand der inneren Weisheit es uns erlaubt, ein Leben in Übereinstimmung mit uns selbst und dem Kosmos zu leben. Das Erreichen der inneren Weisheit lässt uns somit das Lebensziel der stoischen Weisheit erreichen. Aus Sicht der Stoiker ist die innere Weisheit also der Schlüssel zu einem gelingenden Leben. Sie definierten daher auch diesen Zustand als den Zustand der Tugendhaftigkeit. In stoischer Sicht ist die Tugend beziehungsweise die Tugendhaftigkeit also nichts anderes als ein Ausdruck innerer Weisheit. Damit folgt auch direkt, dass nur der stoische Weise im engeren Sinne tugendhaft handeln kann. Betrachtet man diese Definition der Tugend, so ist es nicht verwunderlich, dass die Stoiker sie als einziges Gut definierten und ihr Erreichen als oberstes Ziel im Leben definierten.

Das innere Wissen um die naturgemäßen Vorgänge hilft dem Menschen, tugendhaft zu handeln, da er durch dieses Wissen den naturgemäßen situativen Wert von Dingen beziehungsweise Zuständen für sich erkennen kann. Dinge oder Zustände mit einem positiven naturgemäßen Wert, wie zum Beispiel Wohlstand oder Ruhm, wurden von den Stoikern daher als präferiert und Dinge mit einem negativen naturgemäßen Wert, wie zum Beispiel Krankheit oder Armut, wurden als nicht präferiert bezeichnet. Da diese Dinge ihren Wert aber nur im Hinblick auf die individuelle Natur eines Menschen besitzen, haben sie aus Sicht des Wissens über die Allnatur keinen Wert. Die Stoiker bezeichneten ihren Besitz beziehungsweise Nichtbesitz daher auch im Hinblick auf das gute Leben als präferierte beziehungsweise nicht präferierte Indifferenzien, da ihr Vorhandensein aus Sicht der Allnatur und damit auch im Hinblick auf die Fähigkeit, tugendhaft zu leben, nur dahingehend von Bedeutung ist, dass ihr Gebrauch auf die richtige Art und Weise geschehen sollte. Die Tugendhaftigkeit besteht aus dieser Perspektive aus der richtigen, das heißt naturgemäßen, Handhabung dieser Indifferenzien im Lebensvollzug, wobei die Wahl oder Abwahl dieser Indifferenzien von der jeweiligen Situation abhängt. Für die Stoiker konnte es daher auch tugendhaft sein, freiwillig aus dem Leben zu scheiden, wenn ein weiteres tugendhaftes Leben nicht mehr möglich erschien.

Aus diesem Bild der Tugend folgen einige wichtige stoische Einsichten, welche die Stoiker in ihrem Tugendverständnis auch von anderen philosophischen Schulen unterschieden. Hierzu zählt zum Beispiel der Gedanke, dass eine tugendhafte Handlung nicht an einer bestimmten Form oder einem Ziel erkennbar ist, da nur der innere Zustand der Seele beziehungsweise der Psyche des Handelnden darüber entscheidet, ob die entsprechende Handlung tugendhaft ist oder nicht. Eine identische Handlung, welche von einer nicht weisen Person ausgeführt wird, ist in diesem Sinne nicht tugendhaft. Die Stoiker verwendeten zur Markierung des Unterschieds zwischen diesen beiden Handlungen auch zwei unterschiedliche Begriffe. Dies ist zum einen der Begriff *kathekonta*, welcher eine angemessene Handlung (im Sinne einer naturgemäßen Handlung) darstellt, und zum anderen der Begriff *katorthomata*, der eine perfekte oder komplett angemessenen Handlung (im Sinne einer aus innerer Weisheit heraus durchgeführten Handlung) bezeichnet. Aus Sicht der Stoiker konnte jeder Mensch hiermit *kathekonta* ausführen, aber nur der stoische Weise war in der Lage, auch *katorthomata* durchzuführen.

Neben diesen eher abstrakten Betrachtungen zur Tugend schlossen die Stoiker in ihrem Sprachgebrauch aber auch an Tugendbegriffen an, welche bereits zur Zeit Sokrates' und Platons in Verwendung waren. So verwendeten die Stoiker auch das Konzept der vier **Kardinaltugenden: praktische Weisheit** (griechisch: *phronesis*), **Mäßigung** (griechisch: *sophrosyne*), **Mut** (griechisch: *andreia*) und **Gerechtigkeit** (griechisch: *dikaiosyne*). Hierbei unterscheiden sie sich in der Herleitung der Tugenden aber deutlich von zum Beispiel Platon, auf den diese Tugenden zurückgehen. Während Letzterer die vier Tugenden mit unterschiedlichen Teilen der Psyche* sowie ihrem Zusammenwirken in Verbindung bringt, sehen die Stoiker die Tugend in der inneren Weisheit und dem aus dieser folgenden Wissen über die Welt begründet. Sie erklären die vier Kardinaltugenden als konkrete Wissensbereiche, in denen sich die innere Weisheit in unterschiedlicher Form ausdrückt. Die Stoiker ordneten dabei einzelnen Wissensbereichen entsprechende Haupttugenden (identisch mit den Kardinaltugenden) sowie weitere Untertugenden zu. Das hieraus sich ergebende Bild der (ethischen) Tugenden, also der auf Handlungen fokussierten Tugenden**, ist in Tabelle 2 dargestellt und folgt einer Darstellung von Chrysipp, wie sie von Christoph Jedan wiedergegeben wurde[58].

---

* Platon leitet in seinem Dialog *Der Staat* die vier Tugenden aus seinem Modell der Dreiteilung der Psyche ab, wobei der Triebanteil der Psyche die Mäßigung erfordert, der Eros den Mut und der rationale Teil der Seele die Weisheit. Die gelingende Balance zwischen diesen Seelenteilen identifiziert er mit der Tugend der Gerechtigkeit. Die Stoiker lehnten diese Dreiteilung der Psyche ab und unterschieden nur unterschiedliche Wissenszustände der Psyche (rational, irrational).

** Chrysipp hatte zusätzlich noch die Vorstellung, dass auch die Fähigkeit, logisch zu denken, und physikalisches Wissen Tugenden waren, da sie ebenfalls Teil des Wissens der inneren Weisheit sind. Die ethischen Tugenden sind in dieser Hinsicht die Tugenden, welche im engeren Sinne nur mit Handlungen zu tun haben. Chrysipps Meta-Einteilung der Tugenden orientiert sich also an der Dreigliederung der Philosophie.

<table>
<tr><th>Sphäre</th><th>Angemessene Handlungen</th><th>(Handlungs-) Impulse</th><th>Fälle, die Ausdauer im Handeln benötigen</th><th>Fragen der Verteilung im Handeln</th></tr>
<tr><td>Primäre Tugenden</td><td>Praktische Weisheit</td><td>Mäßigung</td><td>Mut</td><td>Gerechtigkeit</td></tr>
<tr><td rowspan="6">Sekundäre Tugenden</td><td>Gute Urteilsfähigkeit</td><td>Ordnungsfähigkeit</td><td>Beharrlichkeit</td><td>Angemessenheit*</td></tr>
<tr><td>Guter praktischer Überblick</td><td>Angemessenheit</td><td>(Selbst-)Vertrauen</td><td>Freundlichkeit</td></tr>
<tr><td>Gute moralische Intuition</td><td>Ehrgefühl</td><td>Großherzigkeit</td><td>Aufgeschlossenheit</td></tr>
<tr><td>Ermessensfähigkeit</td><td rowspan="3">Selbstkontrolle</td><td>Mentale Resilienz</td><td rowspan="3">Kameradschaft</td></tr>
<tr><td>Gewitztheit</td><td rowspan="2">Fleiß</td></tr>
<tr><td>Einfallsreichtum</td></tr>
</table>

Tabelle 2: *Tabelle der (ethischen) auf Handlungen fokussierten Tugenden des Chrysipp in der Darstellung von Christoph Jedan.*

Betrachtet man diese Auflistung, so erhält man für praktische Situationen je nach ihrem Typus eine Liste der Tugenden, welche für diesen Situationstypus relevant sein könnten. Man kann diesen Zugang auch einen deskriptiven Zugang zur Tugend nennen, welcher einem grobe Anhaltspunkte darüber vermittelt, welche Handlungssituationen welche Art von Verhaltensdispositionen benötigen. Wichtig ist hierbei die Tatsache, dass im strengen Sinne in jeder Situation immer alle Tugenden in unterschiedlichem Maße benötigt werden beziehungsweise dem Weisen auch in jeder Situation zur Verfügung stehen, da sich die Tugendhaftigkeit einer Person

* Im Original steht bei Christoph Jedan an dieser Stelle Frömmigkeit. Ich habe mich aber dazu entschlossen, diesen Begriff durch Angemessenheit zu ersetzen, da er darauf hinweist, dass es nicht in erster Linie um das Einhalten religiöser Pflichten geht, sondern vielmehr darum geht, das in einer gegebenen Situation Angemessene zu tun. Angemessen bezieht sich hierbei auf die der »kosmischen« Situation angemessene Verteilung von Gütern et cetera. Die Verwendung des Begriffs Angemessenheit im Bereich der Tugend der Mäßigung verweist im Gegensatz hierzu auf die Anforderung, angemessene Handlungsimpulse zu besitzen, der Blick geht hier also nach innen und nicht wie vorher nach außen.

aus dem Vorhandensein der inneren Weisheit dieser Person ergibt. Die Tugenden sind in diesem Sinne alle in einem Wissen, nämlich dem Wissen um die menschlichen Dinge und die Dinge des Kosmos (siehe den vorherigen Abschnitt über die Weisheit und den stoischen Weisen) begründet. Diese Einsicht gilt auch für die vier Kardinaltugenden, da die Gerechtigkeit zum Beispiel auch die praktische Weisheit, die Mäßigung und den Mut* erfordert. Tugendhaft handeln bedeutet also, dass ich in einer Situation eine primäre Perspektive einnehme und eine kardinale Tugend auswähle, aber gleichzeitig alle subordinierten Sekundärtugenden der anderen Tugenden mit praktiziere. Ein plastisches Beispiel der Praxis dieser Überlegungen finden wir bei Seneca in seinem 120. *Brief an Lucilius* (120.10-11):

> »(10) Einen anderen sahen wir zu Freunden gütig, gegen Feinde gemäßigt, bei der Verwaltung öffentlicher und privater Angelegenheiten unbescholten und gewissenhaft; nicht fehlte es ihm an Geduld, wenn es galt etwas zu ertragen, nicht an Weitblick, wenn es galt zu handeln. Wir sahen ihn, wo Freigebigkeit geboten war, mit vollen Händen schenken, und wo Anstrengung erforderlich war, ausdauernd, zäh und imstande, der körperlichen Erschöpfung mit geistiger Energie entgegenzuwirken. Außerdem blieb er immer der gleiche und bei jeder Tätigkeit sich selbst treu, nicht etwa aus Berechnung anständig, sondern durch seine moralische Qualität so weit gebracht, dass er nicht bloß fähig war, richtig zu handeln, sondern überhaupt unfähig, nicht richtig zu handeln. (11) Wir haben erkannt, dass er die sittliche Haltung in höchster Vollendung besitzt. Diese haben wir unterteilt: Notwendig war es, Begierden zu zügeln, Ängste zu beschwichtigen, erforderliche Maßnahmen vorauszusehen, [jedem] das ihm Gebührende zuzuteilen. So haben wir die Begriffe Mäßigung, Tapferkeit, Klugheit und Gerechtigkeit gebildet und jedem seine ihm eigene Aufgabe zugewiesen. Woran also erkannten wir die sittliche Vollkommenheit? Enthüllt hat sie uns

* Eine analoge Analyse für den Mut findet sich auf meiner Blogseite www.weg-der-stoa.de sowie meinem begleitenden Podcast in Episode 7, »Ein Gespräch mit ChatGPT über die Tugend des Mutes«.

> ihre Ordnung, Schönheit, Beständigkeit, die Harmonie in allen ihren Handlungen und ihre sich über alles erhebende Größe. Daraus hat man die Einsicht in das glückliche Leben gewonnen, das in ungestört glücklichem Lauf dahinfließt, ganz auf sich selbst gestellt.«

Seneca schildert in dieser Passage nicht nur die Praxis der Tugend beziehungsweise die Notwendigkeit des Zusammenwirkens der Tugenden. Er zeigt in dieser Darstellung auch noch einen zusätzlichen Aspekt der Tugend auf, den wir so bisher noch nicht behandelt haben. Er beschreibt das Erscheinungsbild der der Tugend entspringenden Handlungen aus einer ästhetischen Perspektive als geordnet, schön, beständig und harmonisch, wobei diese ästhetische Qualität der Tugend nicht nur äußerlich, sondern auch als innere Qualität angenommen wird. Eine tugendhafte Seele besitzt also gleichzeitig auch die Eigenschaft der inneren Harmonie. Der Gedanke der inneren Harmonie und guten Gestimmtheit der Seele des stoischen Weisen ist in der stoischen Tradition durch eine populäre Metapher bereits sehr früh in der Entwicklung der Stoa etabliert gewesen.[59] Die hierbei verwendete Metapher stammte dabei aus der damaligen Musiktheorie. Der Gedanke war hierbei, dass diese Musiktheorie in gewissen Strukturelementen Ähnlichkeiten zur stoischen Theorie der Tugenden zeigte. Die vier Tugenden wurden dabei metaphorisch mit den vier Tetrachorden (vier Töne) einer doppelten Zweioktavreihe (16 Töne) in Verbindung gebracht, wobei jeder Tetrachord mit seinen Untertönen und Stimmungsmöglichkeiten der Kombination einer primären Tugend mit ihren Sekundärtugenden entsprach. Hieraus erklärte sich metaphorisch dann auch, warum es genau vier Primärtugenden geben musste. Diese Metapher war für die Stoiker besonders wirkmächtig, da sie aufzeigte, dass die gute Gestimmtheit in der Seele eines stoischen Weisen sich in einer passenden Kombination von Tugenden in ihren Handlungen ausdrücken musste. Gleichzeitig eröffnete sich mit diesem Bild auch die Möglichkeit, metaphorisch das harmonische Zusammenklingen der Tugenden eines stoischen Weisen mit seiner Umwelt als wichtigen Ausdruck der Tugend zu markieren. Das eher abstrakte Konzept der **homologia**, also der Übereinstimmung der Seele eines Weisen mit der kosmischen Allvernunft, erhielt auf diese Art und Weise noch eine ästhetische Dimension, in der das entsprechende Verhältnis, zusätzlich auch über den Begriff der **Harmonie**, beschrieben werden konnte.* Epiktet hat diesen Zusammenhang in seinen Gesprächen auf das Miteinander mit anderen Menschen übertragen und davor gewarnt, dass der Umgang mit schlechten Menschen zu innerer Disharmonie führen kann, wenn man sich dieses Einflusses nicht bewusst ist.[60]

Neben der aus dieser musikalischen Metapher sich ableitenden Forderung nach einer inneren Harmonie in der Seele des stoischen Weisen schrieben die Stoiker dessen Seele auch noch eine andere ästhetische Eigenschaft zu, nämlich die der inneren Schönheit. Die Seele des stoischen Weisen weist im Bild der Stoiker nicht nur eine innere Harmonie auf, sie ist vielmehr auch noch schön. Hierbei ist es wichtig zu verstehen, dass die Stoiker diesen Gedanken nicht auf das visuelle Erscheinungsbild eines Weisen übertrugen. Der Gedanke der Schönheit bezog sich dabei auf die innere Struktur der Seele des stoischen Weisen sowie auf die sich aus dieser Struktur heraus ergebenden Handlungen und Äußerungen. Äußere Schönheit war für die Stoiker nur eine präferierte Indifferenzie. Schönheit zeigt sich aus Sicht der Stoiker dabei im Allgemeinen über ihre drei Kerneigenschaften[61]:

- die Kraft, Vielfalt zu einem harmonischen Ganzen zu integrieren (griechisch *poikilia* oder lateinisch *varietas*)
- harmonische Proportionalität beziehungsweise Verhältnismäßigkeit der einzelnen Teile eines Ganzen zueinander und zum Ganzen (griechisch *symmetria*)
- das stimmige (funktionale) Ineinandergreifen der Teile eines Ganzen sowie der Teile mit dem Ganzen (griechisch *prépon* oder lateinisch *decorum***)

* An dieser Stelle zeigt sich bei den Stoikern wiederum eine Ähnlichkeit zu Überlegungen des Pythagoras, welcher mit seiner Musiktheorie bereits folgende Korrespondenzen in seinem Denken etabliert hatte:
Melodie – Charakter eines Menschen, Harmonie – Verhältnis zwischen verschiedenen Charakteren, Rhythmus – Lebensrhythmus der Charaktere und Tempo – Geschwindigkeit des Lebensvollzugs.

** Von diesem Begriff stammt auch unser heutiges Wort Dekor ab, welches nach wie vor eine starke ästhetische Bedeutung in sich trägt.

Ein Schmuckstück galt in dieser Vorstellung als schön, wenn es zum einen eine innere Vielfalt an Materialien, Farben oder Texturen zu einem Ganzen verband, die Teile des Schmuckstücks untereinander wie auch im Verhältnis zum Ganzen wohlproportioniert waren und es zuletzt auch in einem Kontext getragen wurde, für den es passend (zum Beispiel Kleidung) beziehungsweise angemessen (zum Beispiel die Umstände, in denen es getragen wird) war. Im Hinblick auf die Handlungen oder Äußerungen eines Menschen kann dieser Gedanke sich beispielsweise in der Sprache dieses Menschen zeigen, wobei in diesem Fall aber eher die Wortwahl, die Tonalität oder der Sprachrhythmus sowie deren Passung zueinander und zu den äußeren Umständen im Vordergrund stehen würden.

Fassen wir die Überlegungen dieses Abschnitts noch einmal für die Praxis zusammen, so ist die Grundlage tugendhaften Handelns durch das Erreichen innerer Weisheit, also das Erringen verlässlichen Wissens gegeben. Solange wir diese aber noch nicht erreicht haben, kann uns der in Tabelle 2 dargestellte Katalog der handlungsorientierten Tugenden Hinweise für unsere Verhaltenspraxis in bestimmten Situationen geben. Zuletzt kann aber auch die An- oder Abwesenheit innerer oder äußerer Harmonie infolge einer Handlung uns einen Hinweis darüber geben, ob eine Handlung zu befürworten ist oder nicht. Zuletzt kann auch die Frage, ob eine Handlung die ästhetische Eigenschaft der Schönheit in sich selbst und ihrem Kontext besitzt, einen Hinweis darauf geben, ob diese Handlung zu präferieren ist.

Ich möchte hier die Reflexion über die Tugend in der Stoa zunächst abschließen, werde auf die Erkenntnisse dieses Abschnitts aber im weiteren Verlauf des Buches immer wieder zurückkommen. Im nächsten Kapitel werden wir unseren Überblick über die Kerngedanken der Stoa noch um einen Blick auf die soziale Seite der Stoa ergänzen, bevor wir in einem Exkurs diesen Blick auf die Lebensphilosophie der Stoa noch um einen modernen Blick auf diese Art der Philosophie erweitern werden.

2.2.5 Das Konzept der Kreise des Hierokles und der stoische Kosmopolitismus

Wir hatten im Abschnitt über die Weisheit in der Stoa bereits den Punkt kennengelernt, dass zum Erlangen der inneren Weisheit auch die Erkenntnis gehört, dass wir Menschen Bürger der Welt sind und wir mit dem Kosmos als Ganzem verbunden sind. Dieser Gedanke hatte im stoischen Denken einen großen Stellenwert und führte zur Entwicklung zweier bedeutender Konzepte, für die die Stoiker in der Antike bekannt waren. Dies ist zum einen das Konzept der Eingebundenheit des Menschen in seine Umwelt, welches im Konzept der Kreise des Hierokles seinen Ausdruck fand und in dem in diesem Konzept integrierten Gedanken einer Kosmopolis*, also einer allumfassenden menschlichen Gemeinschaft. Hierokles, ein Stoiker aus dem 2. Jahrhundert n. Chr., verfasste eine Schrift zur Ethik der Stoa, in welcher er den Gedanken der menschlichen Eingebundenheit in dem berühmt gewordenen Bild ineinander verschachtelter Kreise der Verantwortlichkeiten darstellte (siehe Abbildung 6)[62].

Was Hierokles mit diesem Bild beschreiben wollte, war die Eingebundenheit des menschlichen Lebens in unterschiedliche Kreise der Verantwortlichkeit. Die menschliche Situation wird in diesem Bild zunächst so konzipiert, dass wir Menschen mit unserem Selbst im engsten Kreis der Verantwortlichkeit stehen, da es unsere Kernaufgabe als Mensch ist, innere Weisheit zu erlangen und unseren freien Willen in Übereinstimmung mit den Abläufen des Kosmos zu bringen. In dem nächsten Kreis steht unser Körper, der im Bild der Stoa für uns bereits eine präferierte Indifferenzie darstellt, da wir über ihn nicht mehr vollständig bestimmen können. Wir sind aber gleichzeitig für seine Pflege und den Erhalt seiner Gesundheit verantwortlich. Im nächsten Kreis steht unsere Familie und hier zunächst im engeren Sinne unsere Kernfamilie, das heißt unsere Eltern und unsere Kinder. Hierokles differenziert in seiner Originalschrift an dieser Stelle

* Der Begriff leitet sich aus den beiden griechischen Begriffen *kosmos* (Ordnung, Welt oder Weltordnung) und *polites* (Bürger) ab und bedeutet im engeren Sinne Gemeinschaft der Weltbürger.

noch zwischen dieser Kernfamilie und der weiteren Familie, in der sich auch unsere Großeltern, Onkel und Tanten sowie weitere Verwandte befinden. Gehen wir weiter nach außen, so finden wir nachfolgend unsere Freunde, Bekannten und Kollegen sowie danach unsere engere Lebensgemeinschaft wie unser Dorf oder die Stadt, in der wir leben. Dieser Kreis wird wiederum eingeschlossen von unserem Landkreis oder Land sowie abschließend von dem Kreis der Gemeinschaft aller Menschen, der Kosmopolis. In der hier dargestellten Form folgt noch ein letzter Kreis, welcher im Original von Hierokles so nicht genannt wurde, nämlich der Kreis des Kosmos, also der belebten und unbelebten Natur.

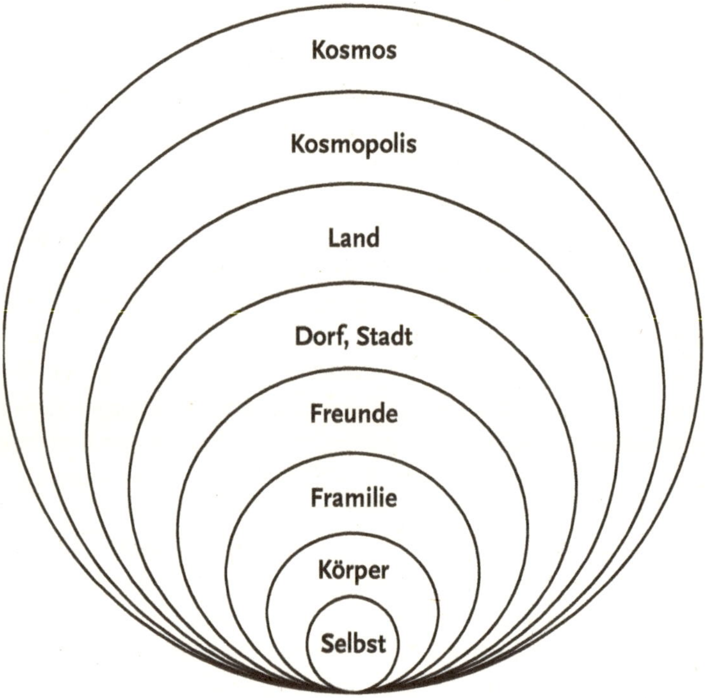

Abbildung 6: Die Kreise des Hierokles [eigene, um den Kreis des Kosmos, erweiterte und leicht angepasste Darstellung (Selbst und Körper sind im Original nicht getrennt)].

Die Differenzierung unserer Verantwortlichkeiten in unserem Leben nach diesen Kreisen war für Hierokles deshalb wichtig, da er davon ausging, dass wir uns in unserer Aufmerksamkeit und Verbundenheit stärker an die inneren als die äußeren Kreise gebunden fühlen. Dies hält er auch für ganz natürlich. Er führt dann aber aus, dass es die Aufgabe des Stoikers sei, im Laufe des Prozesses hin zur inneren Weisheit unsere Aufmerksamkeit und Verbundenheit immer weiter auszudehnen, sodass wir im Zustand des stoischen Weisen prinzipiell keinen Unterschied mehr zwischen den Menschen machen und uns als Bürger der Kosmopolis beziehungsweise als Bürger der Welt betrachten. In diesem Zustand sind alle Menschen einander Freunde geworden und sorgen füreinander. Dieser Zustand wirft die Frage auf, ob der stoische Weise allen Menschen die gleiche Aufmerksamkeit und Fürsorge zukommen lassen würde oder ob eine Unterscheidung nach den Kreisen vernünftig ist. Hierokles spricht in seinem Text nur davon, dass er den stoisch Fortschreitenden (griechisch: *prokopton*) dazu auffordert, die Menschen der äußeren Kreise wie die Mitglieder der inneren Kreise zu behandeln. Überträgt man diesen Gedanken auf den stoischen Weisen, so würde dieser alle Menschen gleich behandeln. Eine Asymmetrie in der Aufmerksamkeit würde aber sicherlich dadurch entstehen, dass die uns näheren Menschen häufiger in unserem Umfeld sind und dadurch auch mehr Aufmerksamkeit erhalten müssen. Sollte aber eine Person aus einem äußeren Kreis in unser Umfeld treten, so wäre eine Gleichbehandlung in dieser Vorstellung zumindest grundsätzlich vernünftig. Ein Gedanke, welcher dem antiken Gastrecht in vielen Kulturen recht nahezukommen scheint. Zu diesem Bild gehört aber auch, dass der stoische Weise alle Tätigkeiten, welche er in den inneren Kreisen vollbringt, vor dem Hintergrund der Anforderungen der äußeren Kreise durchführt. Der uns heute geläufige Spruch »Think globally, act locally!« scheint für die Stoiker schon vor über 2000 Jahren eine gültige Anforderung auf dem Weg zur inneren Weisheit dargestellt zu haben.

Betrachtet man weiterhin die Tatsache, dass die Existenz der inneren Ringe die der äußeren voraussetzt, so ist es auch vernünftig, dass der stoische Weise den Erhalt der äußeren Ringe dem Erhalt der inneren Ringe Vorzug geben würde. Der stoische Weise würde daher, wenn erforderlich, die Sorge um seine Familie gegenüber der Sorge um den Erhalt seiner Stadt oder seines Landes oder aber der Kosmopolis hintanstellen. Ein praktisches Beispiel für diesen Fall ist die Ableistung eines Kriegsdienstes, welcher das eigene Leben gefährden kann und für die Zeit des Dienstes die direkte Sorge um die Familie unmöglich macht. Aus diesem Bild heraus erscheint es jetzt auch noch verständlicher, warum die Stoiker im Gegensatz zum Beispiel zu den Epikureern, welche den Rückzug aus der Gesellschaft präferierten, ein Engagement für das Gemeinwesen als Ausdruck innerer Weisheit ansahen. Diese Haltung zeigt sich sehr deutlich auch im folgenden Zitat von Marc Aurel, dem römischen Kaiser aus dem 2. Jahrhundert n. Chr. Er schreibt in seinen *Selbstbetrachtungen*[63] (5.22):

> »Was dem Staat nicht schadet, das schadet auch den (einzelnen) Bürgern nicht. Bei jeder Vorstellung, daß du geschädigt seist, lege diesen Maßstab an: wenn der Staat von diesem (Ereignis oder Menschen) nicht geschädigt wird, habe auch ich keinen Schaden. Wenn aber der Staat geschädigt wird, muß man dem nicht zürnen, der den Staat schädigt, (sondern man muß ihm zeigen,) worin sein Fehler liegt.«

Die Stoa zeigt sich in diesem Zitat als eine sehr soziale Philosophie, ganz im Gegensatz zu vielen Vorurteilen ihr gegenüber. Diese Vorurteile beschreiben die Stoa oft als eine Philosophie, welche im Kern nur die innere Autonomie und seelische Unverwundbarkeit im Blick hat. Sie ist, wie wir an der bisherigen Diskussion aber sehen können, tatsächlich beides, eine Philosophie der inneren Autonomie, welche durch innere Weisheit erreicht wird, und gleichzeitig aber auch eine Philosophie der kosmischen Eingebundenheit, da der stoische Weise auf der Basis seiner inneren Weisheit diese Eingebundenheit erst erkennt und nachfolgend sein Leben in den Dienst dieser kosmischen Gemeinschaft stellt. Eine Einschränkung muss hier aber erwähnt werden, da eine unkritische Priorisierung der Staatsangelegenheiten gegenüber den persönlichen Belangen seiner Bürger sicherlich den Kern des Totalitarismus beinhalten könnte. Hier ist es wichtig zu verstehen, dass der stoische Weise seinen freien Willen nur einer Staatsform freiwillig unterordnen wird, wenn diese als vernünftig angesehen werden kann, also den Prinzipien der Übereinstimmung mit den Bedürfnissen ihrer Bürger sowie der Welt als Ganzem genügt. Als Beispiel für eine solche Situation, in der diese Anforderung nicht erfüllt schien, kann der von Cato dem Jüngeren, einem der bekanntesten Stoiker seiner Zeit, angeführte Widerstand der Republik gegen den aufstrebenden Diktator Caesar gelten.

In dem Bild der Kreise des Hierokles deutet sich abschließend auch noch ein weiterer Aspekt unseres Alltagslebens an, welchen sein Zeitgenosse

Epiktet in Form einer Rollenethik weiter ausgearbeitet hat.[64] Bei diesem Aspekt geht es darum, dass wir durch die Einbettung in die Kreise des Hierokles Rollen zugeschrieben bekommen (Vater, Mutter, Tochter, Sohn et cetera) beziehungsweise auch solche wählen können (Handwerker, Soldat, Arzt et cetera). Diese Rollen können dabei im Lebensvollzug in Konflikt miteinander geraten, wie wir dies vorher schon am Beispiel des Kriegsdienstes gesehen haben. Die Frage, wie wir derartige Konflikte auflösen beziehungsweise mit ihnen umgehen können, steht daher im Fokus der Rollenethik von Epiktet. Wir werden uns dieser Art von Überlegungen, welche für die moderne Lebenspraxis sehr relevant erscheinen, im Rahmen unserer Betrachtung der stoischen Theorie der »vier Personen« (siehe Kap. 2.3.4) sowie im dritten Teil dieses Buches noch genauer zuwenden (siehe Kap. 3.2.6). An dieser Stelle wollen wir unsere Betrachtung der stoischen Kernaussagen aber zunächst abschließen und uns in einem Exkurs der Frage zuwenden, wie eine Lebensphilosophie wie die Stoa aus heutiger Sicht, insbesondere im Vergleich zu alternativen Angeboten wie Lebensratgebern oder Coaching-Angeboten, dasteht. Nach diesem Exkurs werden wir dann unsere Betrachtung der stoischen Philosophie mit dem speziellen Fokus auf die in ihr enthaltene personale Entwicklungstheorie weiter fortsetzen.

2.2.6 Exkurs 2: Ein moderner Blick auf Lebensphilosophie und -kunst

Ich hatte zu Beginn dieses Teils einen kurzen Überblick über die Geschichte der Stoa gegeben, welcher im 17. Jahrhundert endete. Die Geschichte der Stoa war damit aber natürlich nicht abgeschlossen. Sie durchlief ein Wechselspiel der Bedeutsamkeit, wobei es Zeiten gab, in denen die Stoa und ihre Vertreter hoch geschätzt wurden. Ein prominentes Beispiel waren die Gründerväter der USA. So soll George Washington Cato den Jüngeren, den überzeugten Stoiker und Widersacher Julius Caesars, als Rollenvorbild für sich genutzt haben.[65] Auch im 19. Jahrhundert stand die Philosophie der Stoiker im deutschen Sprachraum noch hoch im Kurs. Erst im 20. Jahrhundert trat die Stoa mehr und mehr in den Hintergrund und wurde von den Philosophien Platons und Aristoteles' in der Aufmerksamkeit der akademischen Welt und auch der Öffentlichkeit verdrängt. Im deutschen Sprachraum kam noch hinzu, dass unter dem nationalsozialistischen Regime die Philosophie des semitischstämmigen Zenon von Kition aufgrund seiner Abstammung abgelehnt wurde. Zusätzlich war auch der Kosmopolitismus der Stoiker den nationalsozialistischen Strategen ein Dorn im Auge.[66]

In der ersten Hälfte des 20. Jahrhunderts wendete sich die Philosophie zusätzlich auch anderen Themen zu, wie der analytischen Sprachphilosophie im englischsprachigen Raum oder der Phänomenologie und dem Existenzialismus in Europa. Erst im Laufe der zweiten Hälfte des 20. Jahrhunderts wurden die Kerngedanken der antiken Tugendphilosophie zunächst in der philosophischen Fachliteratur zu Fragen der Ethik durch Autoren wie Elizabeth Anscombe, Philippa Foot, Alasdair MacIntyre und Bernard Williams wiederbelebt, wobei hier der Schwerpunkt der Arbeiten zunächst eher auf der Tugendphilosophie des Aristoteles lag. Erst gegen Ende des 20. sowie zu Beginn des 21. Jahrhunderts trat dann sowohl in der philosophischen Fachliteratur als auch durch breiter angelegte Buchveröffentlichungen und verstärkte Aktivitäten in den sozialen Medien eine neue Blüte der Tugendphilosophie des Stoizismus auf, welche von manchen bereits als fünfte Stoa[67] bezeichnet wird. Prominente Autoren in dieser stark aus dem englischen Sprachraum stammenden Bewegung sind unter anderem William Irvine, John Sellars, Donald Robertson, Massimo Pigliucci und vor allem Anthony Long sowie im deutschen Sprachraum Michael Frede, Katja Vogt, Maximilian Forschner, Jula Wildberger, Stefan Dienstbeck, Anna Schriefl oder Markus Rüther. Im Rahmen dieser Bewegung, welche manchmal auch mit dem Begriff »Modern Stoicism«* bezeichnet wird, finden sich mittlerweile auch vielfältige andere Angebote wie zum Beispiel Podcasts[68] und Facebook-Gruppen oder aber praktische Angebote wie sogenannte »Stoic Camps«[69] sowie Konferenzen wie die weltweit ausgelegte Stoicon[70] oder regionale Angebote unter dem Namen Stoicon-X, welche alle unter der Schirmherrschaft der Organisation »Modern Stoicism« veranstaltet werden.

Inhaltlich stehen in der »Modern-Stoicism«-Bewegung unterschiedlichste Themen im Fokus. Diese reichen von der Klärung von Grundlagen-

---

* Diese Bezeichnung ist angelehnt an die gleichnamige Organisation »Modern Stoicism«, welche in Großbritannien als Non-Profit-Organisation gegründet wurde und vor allem internetbasierte Angebote zur Verfügung stellt: https://modernstoicism.com.

fragen des Stoizismus über Interpretationen der Originalquellen bis hin zu eher praktisch orientierten Fragen einer durch den Stoizismus inspirierten Lebensführung. Insbesondere letzterer Punkt ist seit einigen Jahren unter dem Begriff »Philosophy as a Way of Life« (oft auch abgekürzt als PAWL)* zu einem Fokuspunkt vieler Diskussionen in der »Modern-Stoicism«-Bewegung geworden. Der Begriff geht hierbei auf ein Buch[71] des französischen Philosophen und Historikers Pierre Hadot zurück. Dort stellt Hadot die These auf, dass in der antiken Tradition der hellenistischen Philosophieschulen der theoretische Diskurs nur einen Teil einer Schultradition ausmachte und dass neben diesem vor allem auch praktische Übungen von großer Bedeutung waren, welche Hadot in seinem Buch als »spiritual exercises« (»spirituelle Übungen«) bezeichnet. Hadot geht hierbei sogar so weit, dass er die theoretischen Diskurse und die hiermit verbundenen Texte in den antiken Philosophieschulen teilweise als Ausdruck dieser »spirituellen Übungen« betrachtet, wie zum Beispiel im Fall der *Selbstbetrachtungen* des römischen Kaisers Marc Aurel[72], oder aber nur als begleitende Materialien für diese Praxis. Anschließend an Hadot wird das Konzept der PAWL mittlerweile nicht mehr nur auf die antiken griechischen Philosophieschulen des Hellenismus angewendet, sondern ganz grundsätzlich als eine andere Perspektive auf philosophische Gedankengebäude verstanden.[73] Wie diese Sichtweise der antiken Praxis der Philosophieschulen dabei genau zu verstehen ist, wollen wir jetzt betrachten.

Beginnen wir mit der Frage, was eine Lebensphilosophie beziehungsweise eine philosophische Lebenskunst ausmacht. Hier finden wir in der Literatur beispielhaft Definitionen in der folgenden Art und Weise:

a. Grimm und Cohoe[74]: Diese Autoren beschreiben drei Anforderungen, die eine Philosophie erfüllen muss, damit sie als Rahmen für einen

* Ich verwende im Folgenden als Übersetzung für den englischen Begriff »Philosophy as a Way of Life« die Formulierung »Philosophie als Lebensweg« beziehungsweise »Philosophie als Lebenskunst« synonym. Wobei der erste Begriff eher den Prozesscharakter und der zweite Begriff eher den praktischen Aspekt dieses Konzeptes stärker betont. Ich werde auch weiterhin den naheliegenden alternativen Begriff einer »Lebensphilosophie« verwenden. Im deutschen Sprachraum muss man sich allerdings im Klaren darüber sein, dass dieser Begriff bereits mit einer eigenen verwandten Philosophietradition verbunden ist, die durch Autoren wie Henri Bergson und Wilhelm Dilthey und andere ins Leben gerufen wurde.

Lebensweg geeignet ist. Dies sind erstens die Definition einer »Conditio humana«, also eines Verständnisses des Wesens des Menschen, im Rahmen der gegebenen Philosophie, zweitens die Definition eines absoluten Guten im Leben und drittens die Beschreibung eines Wegs, um dieses Gute auf praktischem Weg erreichen zu können.

b. Pigliucci, Cleary und Kaufman[75]: Diese Autoren beschreiben als wesentliche Elemente einer solchen Philosophie erstens das Vorhandensein einer Metaphysik, zweitens das Vorliegen einer Ethik und drittens die Definition von Praktiken, welche mit der Metaphysik und der Ethik im Einklang stehen.

In diesen Anforderungskatalogen zeigt sich zum einen bereits ein hohes Maß an Übereinstimmung. So fordern beide Definitionen das Vorhandensein eines theoretischen Rahmens, welcher Auskunft über das Wesen des Menschen und des Kosmos gibt. Sie fordern weiterhin eine begleitende Praxis, welche durch Übungen die Konzepte der Philosophie praktisch erfahrbar macht. Zuletzt fordern sie auch, dass diese beiden Aspekte durch die Definition eines handlungsleitenden Guten beziehungsweise einer Ethik ergänzt werden. Diese Definitionen zeigen aber auch einen grundsätzlichen Unterschied zum Philosophieverständnis von Hadot auf. In beiden Fällen steht theoretisches Wissen neben praktischem Wissen, wobei sich in beiden Fällen die Anforderungen so lesen, dass die Praxis sich an der Theorie orientieren muss.

Im ersten Fall soll durch die Praxis das theoretisch verstandene Gute erreicht werden, im zweiten Fall soll die Praxis den Anforderungen der Metaphysik und der Ethik genügen. In beiden Fällen ist die umgekehrte Forderung, dass auch die Theoriearbeit einen praktischen Nutzen haben muss und zum Beispiel einen Unterschied in der Praxis befördern sollte, nicht explizit formuliert. Hier zeigt sich die von Hadot in seiner Arbeit kritisierte asymmetrische Tradition der Philosophie, welche nach seinem Verständnis aus der Interaktion der Philosophie mit dem Christentum resultierte und in der antiken Praxis lebensphilosophischer Schulen so nicht vorhanden war. Im Kern formuliert er hier die Hypothese, dass die praktische Anbindung der Philosophie in der spirituellen Praxis des Christentums aufgegangen ist (siehe zum Beispiel Ignatius von Loyolas *Exercitia spiritualia*) und dieser Strang der philosophischen Tradition auch nach der Trennung vom Christentum im Laufe der Aufklärung nicht wieder etabliert wurde. Die Philosophie blieb in diesem Bild ein im Wesentlichen theoretisches Unterfangen. Der Gedanke Hadots ist dabei aber noch mehr als nur die Idee, dass neben die theoretische Seite der Philosophie eine praktische Übungspraxis treten sollte. Vielmehr fordert er, dass die Philosophie als Ganzes wieder unter das Primat einer lebenspraktischen Ausrichtung gestellt werden sollte, was eben auch bedeutet, dass theoretische Arbeit immer hinsichtlich ihrer Relevanz für die Lebenspraxis zu betrachten ist. Hierbei konstatiert er sogar, dass die Ausbildung widerspruchsfreier gedanklicher Systeme nicht im Vordergrund des Tuns steht und bei vielen antiken Autoren auch in ihren Texten nicht auffindbar ist, was viele moderne Autoren oft auch kritisierten. Reine Theoriearbeit, welche sich komplett von ihrer lebenspraktischen Anwendung gelöst hätte, wäre aus Sicht dieses Verständnisses daher kein relevanter Bestandteil einer Philosophie, welche als Lebensweg beziehungsweise Lebenskunst verstanden werden will. Wir hatten diesen praktischen Anspruch einer Lebensphilosophie antiken Zuschnitts ebenfalls bereits zu Beginn dieses Buches durch ein Zitat von Epiktet in der Einleitung kennengelernt.

Um den Gedanken einer solchen philosophischen Praxis greifbar zu machen, zitiert Hadot in seinem Buch *Philosophy as a Way of Life* eine Liste von »spirituellen Übungen«, welche aus einer Schrift des Philon aus Alexandria entnommen sind und die für die stoisch-platonische Tradition stehen dürften. Philon beschreibt in diesem Text zwei nicht deckungsgleiche Listen solcher Übungen, welche Hadot in drei Gruppen, namentlich meditative, intellektuelle und praktische Übungen untergliedert. Die jeweiligen Gruppen beinhalten hierbei konkrete Arten »spiritueller Übungen«. Die sich hieraus ergebende Liste ist in Tabelle 3 dargestellt.

Diese Übungen stehen hierbei nicht lose nebeneinander, sondern bilden vielmehr ein in sich geschlossenes Ganzes einer lebensphilosophischen Praxis. So kann zum Beispiel in einer Lesegruppe sowohl das laute Lesen als auch das Zuhören sowie die skeptische Betrachtung einzelner Passagen geübt werden. Diese antike Liste hat in viele heutige Veröffentlichungen Eingang gefunden und ist dabei um eine Vielzahl weiterer stoischer Übungen ergänzt worden.[76]

Fasst man unsere bisherigen Überlegungen zu einer philosophischen Lebenskunst beziehungsweise einem philosophischen Lebensweg schematisch zusammen, so ergibt sich das in Abbildung 7 dargestellte Bild.

Praktische Übungen		
Meditativ	**Intellektuell**	**Aktiv**
Aufmerksamkeit (*prosoche*)	Forschung (*zetesis*)	Selbstbeherrschung (*enkrateia*)
Meditation (*meletai*)	Genaue Untersuchung (*skepsis*)	Therapie der Leidenschaften
Erinnerung an die »guten Dinge«	Lesen (*anagnosis*)	Erledigung von Pflichten
	Zuhören (*akroasis*)	Indifferenz gegenüber Indifferentem

Tabelle 3: Liste der spirituellen Übungen nach Philon aus Alexandria.

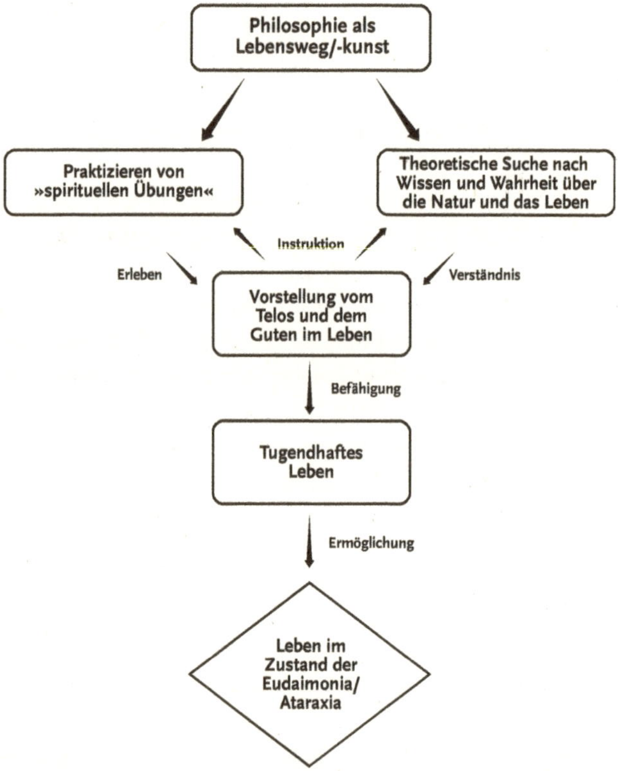

Abbildung 7: Schematischer Zusammenhang zwischen den unterschiedlichen Aspekten einer Lebensführung auf der Basis einer Lebensphilosophie.

Abbildung 7 ist hierbei so zu lesen, dass die Verwendung einer Philosophie als Lebensweg oder -kunst durch zwei Aktivitätsfelder charakterisiert ist. Das eine Feld umfasst dabei das Praktizieren von »spirituellen Übungen« (»spiritual exercises«), und das andere Feld besteht aus der »theoretischen Suche nach Wissen und Wahrheit über die Natur und das Leben«. Das zweite Feld ermöglicht durch die Auseinandersetzung mit den Fragen nach Wissen und Wahrheit eine Vorstellung vom menschlichen Telos sowie dem mit diesem verbundenen Guten im menschlichen Leben. Die Praxis der »spirituellen Übungen« ergänzt diese Vorstellung durch einen Erlebnischarakter, wie er nur über praktische Erfahrungen in festgelegten spirituellen Übungen möglich ist und welcher im Kern dem Praktizierenden unter anderem zum Beispiel dabei hilft, sogenannte Werte-Illusionen aufzugeben.[77] Letztere sind dafür verantwortlich, dass wir bei rationalen Entscheidungen fehlgehen, da wir zum Beispiel den falschen Dingen Wert in unserem Leben beimessen. Hadot bezieht den Begriff Wert hierbei auf den durch uns emotional gefühlten Wert eines Dings, welcher uns aus Sicht dieser philosophischen Traditionen oft in die Irre führt. Wir werden diesen Aspekt im dritten Teil des Buches im Rahmen der Diskussion der Disziplin der Zustimmung (siehe Kap. 3.2.7) noch genauer betrachten.

Umgekehrt profitieren beide Aktivitätsfelder von der iterativen Steigerung des Verständnisses und Erlebens des Telos und des Guten, da hierdurch wiederum auch die praktische und die theoretische Auseinandersetzung mit diesen Themen positiv beeinflusst wird (»Instruktionspfeile« in Abbildung 7). Hierbei ist auch von Bedeutung, dass Erfahrungen in »spirituellen Übungen« den theoretischen Diskurs über ein verändertes Erleben von Aspekten des Telos und dem Guten im Leben instruktiv verändern können. Genauso wie sich umgekehrt eine durch den theoretischen Diskurs geschärfte Vorstellung des Telos und des Guten im Leben die Art und Weise der Konzeption und Durchführung von »spirituellen Übungen« verändern kann. Die mithilfe dieser iterativen Schärfung gesteigerte Klarheit des Erlebens und der Vorstellung vom Telos und dem Guten im Leben befähigt einen Menschen nachfolgend zu einem tugendhaften Leben im Alltag, welches dann wiederum mit dem inneren Zustand der Weisheit und damit der *eudaimonia* beziehungsweise *ataraxia* (Seelenruhe) verbunden ist.

Aufgrund der potenziell tiefgreifenden Auswirkungen eines solchen philosophischen Lebenswegs auf die innere und äußere Verfasstheit eines Menschen wurde dieser Ansatz in der Literatur unter dem Stichwort »Philosophie als Therapie« auch schon in die Nähe therapeutischer Ansätze gerückt.[78] Michel Foucault bezeichnete in seinem Spätwerk *Sexualität und Wahrheit* die Praxis einer solchen Philosophie als Lebensweg, als Lebenskunst beziehungsweise Selbstsorge.[79] Cicero sagte über einen solchen Weg in der Philosophie:

> »Das ist keineswegs verwunderlich; denn das bewirkt die Philosophie: Sie heilt die Seelen, nimmt grundlosen Kummer, befreit von Begierden und vertreibt Ängste.«[80]

Pierre Hadot beschreibt das Ergebnis einer solchen Praxis in seinem Buch als die völlige Umwandlung unseres Umgangs mit der Welt. Hierbei gelangen wir, seiner Meinung nach, von unserer normalen leidenschaftlichen Sichtweise, in welcher unsere Emotionen und Gefühle unser Handeln bestimmen, hin zu einer Sichtweise, in welcher wir unsere Handlungen dem natürlichen Wert der Dinge im Leben anpassen.

Hadot spricht hier von der uns schon vorher begegneten Tatsache, dass Dinge oder Zustände in der Lebenspraxis eines Menschen einen bestimmten Wert haben können, dieser aber aus Sicht der Allnatur indifferent wird. Die Stoiker sprechen in dieser Hinsicht deshalb auch nur von präferierten und nicht präferierten Indifferenzien, welche für uns als Menschen zwar situativ einen Wert besitzen können, der aber nicht absolut gesehen werden darf. Der von Hadot beschriebene Perspektivwechsel kann in der Praxis der Stoa als Übung benutzt werden und wird in diesem Kontext als die Technik des »Naturalisierens« bezeichnet. Ein Beispiel für diese Art der Übung ist die Betrachtung eines teuren Weins, welcher aus naturalisierter Perspektive nur als vergorener Traubensaft erscheint. Marc Aurel verwendet in seinen *Selbstbetrachtungen* häufiger diese Technik (zum Beispiel *Selbstbetrachtungen* 6.13), um sich selbst gegen eine mögliche Überbetonung externer Werte zu wappnen. Wir werden dieser Technik im dritten Teil dieses Buches im Rahmen der Betrachtung der Disziplin der Zustimmung (siehe Kap. 3.2.7) nochmals begegnen. Ausgehend von diesen Überlegungen sehen wir jetzt auch, dass die bisherige Darstellung der Stoa noch recht wenig über die praktische Seite dieser Philosophie ausgesagt hat. Wir werden dies im dritten Teil dieses Buches, welches das stoische Programm für ein gelingendes Leben und damit auch das stoische Programm für eine gelingende Führung darstellt, nachholen.

Vergleichen wir zum Abschluss unseres Exkurses jetzt aber noch den Anspruch und das Wirken einer Lebensphilosophie mit den Angeboten, wie wir sie in der therapeutischen Praxis, in Coaching-Angeboten oder aber in der modernen Hilfsliteratur vorfinden können, so können wir mithilfe von Abbildung 7 sofort den konzeptionellen Unterschied zwischen diesen Angeboten erkennen. Nehmen wir das Beispiel eines therapeutischen Angebotes, welches wir zum Beispiel in psychologischen Praxen vorfinden, so finden wir zwar die auf der linken Seite des Schemas abgebildeten Übungsangebote in Form von therapeutischen Interventionen. Diese sind aber meist trotz wissenschaftlicher Verankerung (rechte Seite des Schemas) zum Beispiel nicht mit einer umfassenden Vorstellung eines philosophisch begründeten Guten im Leben eines Patienten oder Klienten verknüpft. Interessanterweise hat dabei aber gerade die in der heutigen therapeutischen Praxis sehr verbreitete und wissenschaftlich in ihrer Wirkung validierte kognitive Verhaltenstherapie in ihren Anfängen starke Impulse aus der stoischen Philosophie bezogen.[81]

Betrachten wir alternative Angebote, wie sie in Form von Ratgebern oder Entwicklungsleitfäden verfügbar sind[82], so finden wir in diesen Angeboten sowohl praktische Übungen (linke Seite) als auch Leitsätze oder Leitmetaphern (rechte Seite). Eine philosophische Reflexion oder eine Einordnung der entsprechenden Leitsätze, zum Beispiel im Hinblick auf das durch diese erreichbare Gute im Leben eines Klienten, findet dabei aber oft ebenfalls nicht wirklich statt. Gleiches gilt für die Begründung derartiger Leitsätze.* Wir finden anstelle dieser Reflexion dann eher den Ansatz, dass durch das Verinnerlichen einzelner Leitsätze, manchmal auch in Verbindung mit einer Übung, ein Wandel hin zu einem »Besser« erreicht werden soll. Diese Vorgehensweise wurde dabei schon in der antiken Seelenschulung der Epikureer verwendet, dies aber mit dem Unterschied, dass es nicht nur um reines Memorieren ging, sondern der entsprechende

* Interessant ist hier zum Beispiel die Beobachtung, dass Jens Corssen in seinem Werk einige Gedanken verfolgt, deren Ursprung in der Stoa zu vermuten sein könnte, ohne dass sich ein Hinweis auf diese gedankliche Tradition in seinem Buch findet.

Leitsatz im Kontext des gesamten Systems der Lebensphilosophie des Epikur interpretiert wurde. Paul Rabbow, ein deutscher Altphilologe, beschreibt in seinem Buch *Seelenführung. Methoden der Exerzitien in der Antike* diese Praxis anhand von Beispielen und betont dabei, dass das reine Memorieren eines Satzes, aus seiner Sicht, keine sittliche Wirksamkeit entfaltet. Ein entsprechender Satz muss, seiner Meinung nach, als Bestandteil eines ganzen Gedankensystems verstanden und erinnert werden, um tatsächlich eine Wirksamkeit auf die innere Seelenruhe des Praktizierenden zu haben.

Im Kern kritisiert Rabbow hiermit sehr deutlich, dass das reine Zur-Verfügung-Stellen und Memorieren von Leitsätzen ohne entsprechende Einbettung und Reflexion eines solchen Satzes im Rahmen einer lebensphilosophischen Praxis kaum Wirkung erzielen wird. Andere Angebote wie zum Beispiel die Bücher von Michael Bordt[83] gehen hier einen anderen Weg. Michael Bordt nutzt in seinen Büchern zum Beispiel einen philosophischen Rahmen als Ausgangspunkt seiner Überlegungen und führt dann dazu passende Praxisübungen ein. Ein derartiges Angebot kommt daher dem hier skizzierten Ansatz einer lebensphilosophisch instruierten Lebenspraxis bereits sehr viel näher.

Fassen wir die Überlegungen in unserem Exkurs zusammen, so kann festgestellt werden, dass eine philosophisch instruierte Lebenspraxis gegenüber anderen Formen der personalen Entwicklungsunterstützung ein deutlich breiteres und tieferes personales Entwicklungsangebot macht. Ob dies in einer gegebenen Situation von Vorteil ist, hängt dann aber sicherlich auch mit den in einer Situation gegebenen Bedarfen und Zielsetzungen zusammen. Eine Kurzintervention zur Entspannung oder zur inneren Beruhigung oder eine Krisenintervention mithilfe psychologischer Interventionstechniken ist aus dieser Perspektive sicherlich von großem Nutzen. Wenn es aber um die Frage geht, wie eine wirkliche, nachhaltige personale Entwicklung hin zu einem selbstbestimmten guten Leben erfolgen kann, so scheint der Weg über eine umfassende lebensphilosophische Reflexion und Praxis, wie dies zum Beispiel über die Stoa angeboten wird, gegenüber weniger umfassenden Angeboten wie zum Beispiel Lebensratgebern, Praxisleitfäden, aber auch Therapieformen deutlich von Vorteil zu sein.

2.3 Der Entwicklungsgedanke der personalen Identität in der Stoa

2.3.1 Das stoische Bild der menschlichen Psyche

Die Stoiker besaßen ein komplexes Verständnis der Entwicklung der personalen Identität des Menschen. Um den Prozess dieser Entwicklung genauer zu verstehen, nutzten die Stoiker daher mehrere Theoriefiguren, welche im Zusammenspiel das komplexe Verhältnis des ICH-Selbst-Systems eines Menschen abbilden. Diese waren:

1. eine Theorie der menschlichen Psyche
2. eine Theorie der menschlichen Gefühle
3. eine Theorie des Prozesses der menschlichen Entwicklung, welchen sie *oikeiosis* nannten (zu Deutsch: Aneignung)
4. eine Vorstellung des menschlichen ICH in der Form des Konzeptes »der vier Personen«

Wir werden uns im Folgenden daher in gebotener Kürze mit den Kerngedanken dieser Theoriestücke nacheinander vertraut machen. Auf diesem Weg wird es zum einen darum gehen, die Philosophie der Stoa weiter kennenzulernen und zum anderen vor allem das sehr komplexe stoische Verständnis personaler Identität so greifbar zu machen, dass wir es mit unseren Erkenntnissen aus dem ersten Teil (siehe vor allem Kap. 1.2.2 und 1.2.4) verbinden können.

Wir beginnen die Entwicklung dieses Gedankens mit der detaillierteren Betrachtung der stoischen Psyche*, da in dieser Theorie wichtige Elemente des stoischen Denkens greifbar werden. Hierzu gehören zum Beispiel die Frage nach der Beziehung der Psyche zum Körper, die Frage, wie die Stoiker sich Rationalität und Irrationalität erklärten, oder aber, in welcher Form Menschen sich in ihrer Psyche von Tieren unterscheiden. Die Stoiker standen mit ihren Überlegungen zu diesen Themen nicht alleine da.[84] Die antike Philosophie scheint an diesem Thema ein großes Interesse gehabt zu haben. Die Stoiker konkurrierten mit ihrem Denken hierbei mit den anderen großen Schultraditionen, die es zur Zeit des Hellenismus gab. Hier war zum einen die Schule Platons, die Akademie, die ein dualistisches Verständnis des Verhältnisses von Körper und Psyche vertrat. Die Psyche galt Platon als unsterblich und trennbar vom Körper. Den Gegenpol zu diesem Bild vertraten die Epikureer, welche die Psyche rein materiell verstanden und ihr kein eigenständiges Dasein ohne Körper zugestanden.

Einen mittleren Pfad in dieser Diskussion vertrat Aristoteles, der die Psyche als die Form eines Körpers verstand, welcher Lebenspotenzial besaß. Auch in seinem Bild konnte die Psyche ohne Körper damit nicht existieren. Aristoteles' Bild war aber noch etwas komplizierter, da er zusätzlich zu der Psyche noch einen aktiven Intellekt annahm, welcher in seiner Natur immateriell und unsterblich war. Aristoteles weist in seinem Denken damit sowohl Elemente eines Materialismus als auch eines Dualismus auf.

Die Stoiker nehmen in dieser Debatte ebenfalls einen Mittelweg ein, wobei ihre Position zwar Ähnlichkeiten zu dem Bild des Aristoteles aufweist, sie aber auch wieder einen ganz eigenen Weg gehen, welcher als Körper-Realismus bezeichnet wird. Im Bild der Stoiker besitzen nur Körper eine Existenz, wobei diese Körper aus einer Verbindung von zwei substanziellen Prinzipien entstehen, welche die Stoiker auch als aktives und passives Prinzip bezeichneten. Das aktive Prinzip hatten wir vorher schon

---

* Unser heutiger Begriff Psyche stammt aus dem Griechischen und ist lautgleich mit dem antiken Begriff. Trotzdem müssen wir uns immer bewusst sein, dass er in der Antike deutlich andere Konnotationen besessen hat als heute. Der Begriff Psyche wurde in der Antike zum Beispiel teilweise synonym mit dem Begriff Seele verwendet. Wir werden diesen Punkt in der folgenden Darstellung noch genauer betrachten.

unter dem Namen göttliches Prinzip beziehungsweise *pneuma* kennengelernt. Die Psyche ist im Bild der Stoiker ein eigenständiger Körper, welcher mit dem Körper des Menschen in enger Durchdringung existiert und nach dem Tod des menschlichen Körpers noch eine gewisse Zeit weiterexistieren kann, dann aber zumeist auch zerfällt. Vergleicht man das Bild der Stoiker mit dem Bild der anderen Schulen, so ähnelt das Konzept der stoischen Psyche in seiner Vergänglichkeit dem Bild der Epikureer und dem des Aristoteles, wobei die hinter diesem Bild liegenden Vorstellungen von Materie und Form deutlich unterschiedlich waren. Im Vergleich zu Platons Vorstellungen teilen die Stoiker mit ihm eine gewisse Form des Dualismus, wobei dieser Dualismus fundamental anders angelegt ist, da Platons Dualismus zwei komplett getrennte Sphären annimmt und die Stoa von zwei Substanzen ausging, welche zwar unterschiedlich sind, aber beide Körperlichkeit besitzen.

Neben aller Unterschiedlichkeit gab es zwischen den antiken Schulen bezüglich des Phänomens der Psyche aber auch gemeinsame Vorstellungen. So glaubten alle Schulen, dass

- die Psyche und der Körper unterschiedliche Phänomene sind,
- die Psyche in einem bestimmten Teil des Körpers lokalisiert ist,
- die Psyche die Grundlage für alle mentalen beziehungsweise intellektuellen Phänomene ist,
- die Psyche der Ursprung allen moralischen Denkens und Handelns ist und
- die Psyche im Wesentlichen für Phänomene der Identität und der Persönlichkeit verantwortlich ist, wobei natürlich körperliche Einflüsse gesehen wurden.

Uneinig waren sich die Schulen allerdings bezüglich der Natur und Bedeutung von Gefühlen und Antrieben sowie hiermit verbunden des Ursprungs von Rationalität beziehungsweise Irrationalität. In beiden Punkten gingen die Stoiker einen eigenen Weg, welcher auf das Innigste mit ihrer Theorie der Psyche verbunden war.

Betrachten wir insbesondere die letzten drei Aspekte psychischer Phänomene, so wird verständlich, dass wir im Folgenden diesen Aspekten etwas genauer nachgehen wollen, wohl wissend, dass es sich hier um ein Denken handelt, welches über 2000 Jahre alt ist. Dennoch wird sich zeigen, dass die

Stoiker bereits zu diesem frühen Zeitpunkt in unserer Geistesgeschichte ein sehr anspruchsvolles und auch heute noch interessantes Verständnis der Psyche entworfen haben. Dies erklärt sicherlich auch, warum viele ihrer Texte auch heute noch sehr aktuell und psychologisch sehr gut beobachtet erscheinen. Weiterhin werden wir durch diese Betrachtung auch sehen, dass diese Texte nicht nur schöne Reflexionen über die menschliche Natur darstellen, sondern ebenfalls tief im philosophischen Denken der Stoa verwurzelt sind. Beginnen wir daher mit einer detaillierteren Betrachtung des stoischen Bilds der menschlichen Psyche. Die Emotionstheorie, welche auf diesem Bild aufbaut, werden wir im nächsten Kapitel kennenlernen.

Um das Bild der Psyche der Stoa verstehen zu können, müssen wir zunächst einen Blick auf die stoische Physik werfen.[85] Aus Sicht der Stoiker besteht die Welt aus Körpern, welche miteinander interagieren. In der Vorstellung der Stoa entstehen Körper in der Natur, wie vorher bereits gesagt, aus dem Zusammenspiel von zwei Prinzipien. Dies ist zum einen das göttliche oder aktive Prinzip und zum anderen das passive Prinzip. Ersteres wird im Bild der Stoa als eine Substanz (griechisch: *pneumatike ousia*) definiert, welche *pneuma* (auf Deutsch: Atem, Lebenskraft, Seele) genannt wurde. Das zweite Prinzip wurde im Bild der Stoa über eine weitere **formlose Substanz** (griechisch: *hyletike ousia*) abgebildet. Die Stoiker erklärten sich die Materialität dieser Körper, welche vorwiegend durch räumliche Ausdehnung und ihre Eigenschaften definiert wurden, als das Ergebnis einer vollständigen Mischung aus *pneuma* und der formlosen Substanz. Hierbei sorgt das aktive Prinzip, also das *pneuma*, dafür, dass die formlose Substanz Eigenschaften und Form erhält. Das *pneuma* durchdringt hierbei alle Substanz des Kosmos und sorgt so dafür, dass der Kosmos als Ganzes zusammenhält und alle Körper im Kosmos miteinander zu einem harmonischen Ganzen verbunden sind. Diese harmonische Verbindung beziehungsweise Wechselwirkung im Kosmos nannten die Stoiker *sympatheia*. In ihrem physikalischen Weltbild folgten die Stoiker dabei dem Vier-Elemente-Konzept des Empedokles, welcher die Auffassung vertrat, dass alle Substanz im Kosmos aus den vier Grundelementen Feuer, Luft, Wasser und Erde entsteht. Hierbei wurden diesen Elementen noch jeweils zwei weitere, zusätzliche Eigenschaften zugeordnet: Feuer (warm und trocken), Luft (warm und feucht), Wasser (kalt und feucht), Erde (kalt und trocken). Die Substanz des *pneumas* entstand in diesem Bild durch die Mischung von Feuer mit Luft, wohingegen die formlose Substanz aus der Mischung von Erde und Wasser gebildet wurde.

Diese Vorstellung der Zusammensetzung des *pneumas* ermöglichte den Stoikern in einem nächsten Schritt, unterschiedliche Zustände dieser göttlichen Substanz zu definieren. Hierbei unterschieden sich diese Zustände danach, ob das *pneuma* eher feurig, also warm und trocken, oder aber luftiger, also warm und feucht, war. Die in der Welt beobachtbaren unterschiedlichen Qualitäten realer Körper erklärten sich die Stoiker dadurch, dass diese aus *pneuma* gebildet werden, welches in einem jeweils anderen Zustand ist. So ist ein kälteres und feuchteres *pneuma* (*hexis*) für den physischen Zusammenhalt anorganischer Körper verantwortlich. Ein etwas wärmeres und trockeneres *pneuma* (*physis*) ist für pflanzliche Körper und die mit ihnen auftretenden physiologischen Prozesse und Eigenschaften verantwortlich. Ein noch wärmeres und trockeneres *pneuma* (*psyche*) charakterisiert die impulsorientierte Art tierischer Lebewesen. Die trockenste und wärmste Art des *pneumas* (*nous*) charakterisiert die sprachbegabte Seele des Menschen, die dem kosmischen *pneuma* identisch ist, wodurch der Mensch als einziges Lebewesen Anteil an der kosmischen Vernunft haben kann. Mithilfe dieser unterschiedlichen Zustände des *pneumas* zeigt sich im Kosmos eine hierarchische Ordnung ansteigender Komplexität von unbelebter Materie bis zur vernunftbegabten Materie des menschlichen Geistes. Diese Hierarchie nannten die Stoiker auch die »*scala naturae*« (zu Deutsch: Naturskala).

Betrachtet man den Menschen in diesem Bild, so weist ein Mensch alle Elemente der *scala naturae* in seinem Wesen auf. So beschreibt die Ebene der *hexis* die Materialität des menschlichen Körpers, die Ebene der *physis* die physiologischen Prozesse im menschlichen Körper sowie die Ebene der *psyche* die Fähigkeit zur Wahrnehmung und zur Generierung von Handlungsimpulsen, welche der Mensch auch mit den Tieren teilt. Die letzte Ebene des *nous* ermöglicht es dem Menschen, mithilfe seines freien Willens ein rationales Leben im Einklang mit der Natur zu führen. Wichtig ist hierbei zu verstehen, dass das diese Phänomene ermöglichende *pneuma* im Menschen zwar unterschiedliche Zustände aufweist, es aber trotzdem ein verbundenes *pneuma* ist, welches den ganzen Menschen zu einer Einheit verbindet und ihn sogar über die Verbindung zum kosmischen *pneuma* mit dem ganzen Kosmos verbindet.

Wie operiert die menschliche Psyche jetzt aber aus Sicht der Stoiker, und wie zeigt sich in dieser Operationsweise ein Hinweis auf die Möglichkeit, ein Konzept einer personalen Identität zu definieren? Hierzu lohnt es, noch mal zu dem uns bereits bekannten Stoiker Hierokles zurückzukommen. Dieser hat über die Psyche geschrieben und dabei darauf hingewiesen, dass sie folgende Eigenschaften besitzt:

- Die Psyche ist materiell (sie besteht aus *pneuma* und Substanz).
- Die Psyche ist, aufgrund ihrer pneumatischen Natur, mit dem restlichen Körper komplett vermischt.
- Die Psyche besitzt Wahrnehmungsfähigkeit (griechisch: *aisthesis*) und kann daher alle Veränderungen im Körper wahrnehmen.

Aus diesen Eigenschaften folgt ein sehr spannender Befund über die Psyche im Bild der Stoiker. Hierbei handelt es sich um den Gedanken, dass die Wahrnehmung von externen Gegenständen über die Psyche immer mit einer internen Mitwahrnehmung (Empfindung) des eigenen Körpers verbunden ist. Die Psyche nimmt also Externes wahr und nimmt dabei gleichzeitig wahr, was im Körper bei dieser Wahrnehmung passiert.[86] Wahrnehmung findet in diesem Bild daher immer gleichzeitig auf zwei Ebenen statt. Der wahrgenommene Gegenstand und das wahrnehmende Subjekt, repräsentiert durch die innere Mitwahrnehmung, erscheinen in diesem Bild als die untrennbar miteinander verbundenen zwei Seiten des Aktes einer Wahrnehmung eines wahrnehmungsfähigen Lebewesens.[87] Diese Art der Wahrnehmung ist also nie einfach nur die neutrale Wahrnehmung eines Gegenstandes, da in ihr immer auch die innere Gestimmtheit des Lebewesens enthalten ist. Nimmt sich das Lebewesen selbst wahr, so findet diese Selbstwahrnehmung ebenfalls auf beide Arten statt, sodass das Lebewesen nicht nur sich selbst in seiner Körperlichkeit sieht, sondern diese Wahrnehmung auch gleichzeitig eine Gestimmtheit zu sich selbst beinhaltet. Diese Fähigkeit, sich selbst zu erfahren, ist für die Stoiker auch gleichzeitig der Ausgangspunkt ihrer Entwicklungstheorie, da die Stoiker hierzu konstatierten, dass jedes Lebewesen sich selbst in dieser Form als etwas Gutes und Schützenswertes erlebt.[88] Diese Fähigkeit zur Selbstwahrnehmung schreiben die Stoiker dabei nicht nur Menschen, sondern auch Tieren zu, und sie gingen weiterhin davon aus, dass diese Fähigkeit bei wahrnehmungsfähigen Lebewesen von Geburt an vorhanden ist. Sie glaubten außerdem, dass der aus dieser Disposition folgende Prozess der *oikeiosis* in seiner vorsprachlichen Form und Struktur bei Tieren und Menschen zunächst gleich abläuft.

Neben dieser Fähigkeit der Wahrnehmung beziehungsweise Selbstwahrnehmung nahmen die Stoiker weiterhin an, dass die Psyche von wahrnehmungsfähigen Lebewesen mit einem leitenden Teil ausgestattet ist, welchen sie *hegemonikon* nannten. Dieser besaß in ihrer Vorstellung sieben Bestandteile (die fünf Sinne, die Stimme und das Zeugungsvermögen). Das *hegemonikon* entsprach in der Vorstellung der Stoiker dabei einer Art psychischer Zentrale, in der die Wahrnehmungen des Lebewesens zusammenliefen und von der auch alle Handlungsimpulse ausgingen. Das *hegemonikon* war dabei über die Form der vorher beschriebenen Fähigkeit der Wahrnehmung des Lebewesens mit dem Körper vollständig verbunden. Seneca beschreibt diese Eigenschaft in seinem 121. *Brief an Lucilius* mit dem Satz (121.10):

> »Selbstwahrnehmung heißt, sein hegemonikon als mit dem Körper vermischt zu erkennen.«

Wichtig erscheint an diesem Punkt noch zu erwähnen, dass das *hegemonikon* eines Menschen sich von dem eines Tieres primär dadurch unterscheidet, dass es sprachfähig ist und dadurch Wahrnehmungen nicht nur als vorsprachliche Impulse verarbeitet, sondern vielmehr als Vorstellungen (griechisch: *phantasia*) in der Psyche abbildet. Vorstellungen können dabei alles sein, was uns innerlich in unserer Aufmerksamkeit erscheint. Diese Vorstellungen erscheinen dabei aus Sicht der Stoiker in der Form sprachlicher Propositionen. Ein Auto wird von einem Menschen in diesem Bild nicht einfach nur wahrgenommen, sondern als eine innere Proposition (griechisch: *lekton*) der Form »Da steht ein rotes Auto vor mir« innerlich repräsentiert. Ausgehend von einer solchen sprachlich gebundenen Vorstellung, gingen die Stoiker weiter davon aus, dass ein Mensch die innere Fähigkeit der Wahl besitzt, ob er einer solchen Vorstellung zustimmen will oder nicht. Im obigen Beispiel könnte es sein, dass die Person überzeugt ist, dass es sich bei dem Auto nur um eine optische Täuschung handelt, warum sie der entsprechenden Vorstellung dann nicht zustimmen würde. Stimmt eine Person einer inneren Vorstellung aber zu, so kann daraus dann auch ein Handlungsimpuls (griechisch: *hormē*) generiert werden, welcher nachfolgend zu einer Handlung der Person führt. Die Fähigkeit, Vorstellungen zuzustimmen oder diese abzulehnen (griechisch: *synkatathesis*), ist hierbei eine rein menschliche Fähigkeit, da sie die Verwendung von Sprache voraussetzt. Durch diese Fähigkeit entsteht in der Psyche des Menschen auch die Möglichkeit der inneren Autonomie, da die Zustimmung beziehungsweise Ablehnung einer inneren Vorstellung von außen nicht beeinflusst werden kann. Die Person selbst kann aber sehr wohl ihren eigenen Umgang mit Vorstellungen innerlich beobachten und diesem wiederum zustimmen oder ihn ablehnen. Diese besondere Fähigkeit, den eigenen Umgang mit Vorstellungen, also unseren freien Willen, wiederum verändern und somit auch gestalten zu können, war für die Stoiker die Grundlage des moralischen Charakters eines Menschen, welcher sich für sie in den von einer Person getroffenen Entscheidungen (griechisch: *prohairesis*) über seine Zustimmungsentscheidungen abbildet. Die Stoiker nannten solche Entscheidungen daher auch moralische Entscheidungen, und die Struktur in einem Menschen, auf deren Basis diese Entscheidungen getroffen werden, war für sie identisch mit dem moralischen Charakter dieses Menschen. Diesen siedelten sie ebenfalls, da es um den Gebrauch der Vorstellungen ging, im *hegemonikon* an. Für Epiktet war diese Fähigkeit ein göttliches Geschenk, da sie dem Menschen die gottgleiche Fähigkeit innerer Freiheit verlieh, so formulierte er in seinen Gesprächen zum Beispiel[89]:

> »Die Götter haben nur das wichtigste von allem zu dem, was in unserer Hand ist, gemacht: Den richtigen Gebrauch der Vorstellung. Die anderen Dinge sind nicht in unserer Hand.«

Wie diese moralischen Entscheidungen, welche wir auch als Meta-Entscheidungen betrachten können, in einer Person getroffen werden und worauf sie basieren, werden wir uns im Rahmen der stoischen Theorie der »vier Personen« sowie insbesondere in der Vorstellung von einem mit dem ICH verbundenen Selbst noch genauer ansehen. An dieser Stelle soll nur zum einen festgehalten werden, dass diese innere Instanz für die Stoiker auch den Kern der Identität eines Menschen ausmachte. Zum anderen will ich auch schon einmal darauf hinweisen, dass sich in diesen Überlegungen der Stoiker zu der personalen Identität eines Menschen bereits eine frappierende Ähnlichkeit zu unseren Überlegungen der systemisch-syntaktischen Struktur der Phänomene Organisation und Führung andeutet, da in beiden Fällen Entscheidungen sowie Meta-Entscheidungen von zentraler Bedeutung sind. Auch diesen Punkt werden wir im Abschnitt über die Theorie der »vier Personen« genauer betrachten. Hier wird sich in unserer

Betrachtung auch der Grund dafür zeigen, warum für den weiteren Verlauf der Gedanken in diesem Buch eine genaue Betrachtung der stoischen Theorie der Psyche von essenzieller Bedeutung war.

Wir haben die Funktionsweise der stoischen Psyche nun fast komplett vorgestellt. Wir wollen abschließend aber, bevor wir uns im nächsten Kapitel der stoischen Theorie der Gefühle zuwenden, ein Konzept noch einmal in Erinnerung rufen, welches wir bereits bei der Vorstellung des stoischen Weisen kennengelernt haben.[90] Dort haben wir unterschiedliche Vorstellungen dahingehend konzeptionell unterschieden, ob sie kognitiv beziehungsweise kataleptisch waren oder nicht. Erstere Vorstellungen standen dabei in einem besonderen Verhältnis zu dem von ihnen abgebildeten Betrachtungsgegenstand, da sie als sichere Basis für Erkenntnis dienen konnten. Aus diesen Vorstellungen bilden sich aus Sicht der Stoiker mit der Zeit auch sogenannte natürliche (Vor-)Begriffe beziehungsweise Konzepte (griechisch: *prolepsis*), und sie repräsentieren damit eine Art natürliche Begriffsbasis des Menschen. Nach stoischer Vorstellung gelangen alle Menschen zu diesen natürlichen Begriffen, welche dann wiederum auch die Basis für eine rationale Operationsweise der Psyche darstellen. Die Stoiker sahen die natürlichen Begriffe hierbei als ausreichend für das Führen eines normalen rationalen Lebens an, konstatierten aber auch, dass anspruchsvollere Tätigkeiten, wie zum Beispiel die eines Handwerkers, eines Politikers oder eines Philosophen, die Bildung zusätzlicher Begriffe erforderten. Grundsätzlich gilt hierbei aber auch, dass die verwendete Sprache oder die Komplexität und die Art der Sprache darüber entscheiden, wie der betrachtete Gegenstand in der Psyche des Menschen erscheint. Dies bedeutet, dass ich Dinge anders sehe, wenn ich andere Konzepte zu ihrer Beschreibung verwende. Dies gilt hierbei sowohl für meine Selbstbeobachtung wie die Beobachtung der Welt.

Ausgehend von diesem Gedanken formulierten die Stoiker zusätzlich aber auch das Problem, dass Menschen neben diesen natürlichen Begriffen auch Begriffe bilden, welche keinem verlässlichen Wissen entsprechen. In diesem Fall handelt es sich dann nur um Meinungen. Die Aufgabe einer philosophischen Entwicklung der Psyche besteht damit darin, diese Meinungen durch echtes Wissen und damit auch passende Begriffe zu ersetzen. Die Vorstellungen in einer Psyche, in der echtes Wissen repräsentiert wird, werden manchmal auch als rationale Vorstellungen bezeichnet. Dieser Sprachgebrauch weist damit auch auf die stoische Vorstellung von Rationalität hin, welche darin bestand, dass zum einen nur rationale Vorstellungen im Denken verwendet und diese auch nur mithilfe von logisch zulässigen Schlüssen verbunden werden dürfen. Rationalität besteht also aus dem Gebrauch der richtigen Vorstellungen und hiermit verbunden auch den passenden Begriffen sowie der logisch richtigen und konsistenten Verbindung dieser Vorstellungen. Ein Mensch, dessen Psyche diesen Zustand erreicht hat, wurde von den Stoikern als weise angesehen, da er die innere Weisheit besitzt.

Eine abschließende, für die nachfolgende Betrachtung der Theorie der Gefühle wichtige Einsicht der Stoiker im Rahmen dieser Überlegungen bestand darin, dass sie sich der Tatsache bewusst waren, dass die Bildung eines Begriffs und dessen Verwendung in einer Vorstellung nicht nur ein rein kognitiver Vorgang war. Er war unter anderem auch davon begleitet, dass die sich selbst wahrnehmende Seite der mit einer Vorstellung verbundenen Wahrnehmung, mithilfe der verwendeten Begriffe, ebenfalls eine andere Form erhielt. Man könnte dies auch so ausdrücken, dass Menschen über den Gebrauch ihrer Begriffe auch die Selbstwahrnehmung ihres eigenen Körpers organisieren und abbilden. So kann die Beobachtung eines körperlichen Zustands durch zwei unterschiedliche Begriffe zu völlig verschiedenen Vorstellungen von diesem führen, ein Gedanke, der auf verblüffende Art und Weise bereits moderne Gedanken der Forschung über Gefühle und gedankliche Prozesse sowie zum Verhältnis von Körper und Geist in diesen Prozessen vorwegnimmt.[91]

2.3.2 Das stoische Bild der menschlichen Gefühle

Kommen wir jetzt aber zu der stoischen Theorie der menschlichen Gefühle*. Diese Theorie hatte im Gedankengebäude der Stoiker eine prominente Position und wurde in der Antike zugleich bewundert und auch scharf kritisiert. Sie war aber selbst in der Stoa Gegenstand vieler Diskussionen und veränderte sich über die Zeit immer wieder in einzelnen Fragen. Insbesondere zwischen der frühen und der mittleren Stoa gab es

* Ich verwende an dieser Stelle den Begriff Gefühle für die sprachliche Beschreibung von Körperzuständen. Die mit diesen Gefühlen verbundenen Körperzustände werden im Folgenden als Emotionen, Affekte oder auch emotionale Zustände bezeichnet.

hierbei größere Unterschiede. Die späte Stoa schloss sich in ihrem Bild dann aber wieder der frühen Stoa an. Die Gefühlstheorie der Stoiker ist für das richtige Verständnis einer mit dem Zustand des Weisen verbundenen Erlebnisqualität von zentraler Bedeutung. Die Stoiker gingen davon aus, dass der stoische Weise neben der *eudaimonia* (Glückseligkeit), der *ataraxia* (Seelenruhe) auch die *apátheia* (Leidenschaftslosigkeit) besaß. Insbesondere für letztere Erlebnisqualität wurden die Stoiker oft als unmenschlich und hart kritisiert. Dies geschah dabei zu Unrecht, da es sich bei einer derartigen Kritik im Kern um ein Missverständnis handelt, welches nur über ein tieferes Verständnis der Gefühlstheorie der Stoiker aufgeklärt werden kann.

Um den Einstieg in diese Theorie zu finden, schließen wir nochmals an unserer vorherigen Beobachtung an, dass die den psychischen Vorstellungen zugrunde liegenden Wahrnehmungen, seien sie Selbst- oder Fremdwahrnehmungen, zwei Aspekte aufwiesen. Den inhaltlichen Aspekt dessen, was wahrgenommen wurde, wie zum Beispiel im Fall einer Fremdwahrnehmung der visuelle Eindruck eines roten Autos, welcher dann versprachlicht in der Vorstellung, dass ein rotes Auto vor mir steht, in der Psyche erscheint. Gleichzeitig gibt es aber auch eine mit dieser äußeren Wahrnehmung verbundene Wahrnehmung des körperlichen Zustands, welcher die äußere Wahrnehmung begleitet. Die Fremdwahrnehmung ist also immer mit einer Wahrnehmung des affektiven Hintergrunds dieser Wahrnehmung verbunden. Eine Einsicht, welche Jean Piaget im 20. Jahrhundert fast identisch formulierte[92], indem er darauf hinwies, dass in unserer Wahrnehmung Kognition und Affekt immer miteinander verbunden sind.

Diese doppelte Wahrnehmung kann nun auch in Form einer versprachlichten Vorstellung in der Psyche erscheinen, zum Beispiel in der Form, dass dieses rote Auto mit einem Gefühl des Begehrens einhergeht. Die hinter diesem Begehren liegenden körperlichen Empfindungen werden in diesem Prozess über den Begriff des Begehrens offensichtlich interpretiert und dann in propositionaler Form in der entsprechenden zugehörigen Vorstellung abgebildet. Wichtig ist bei dieser Vorstellung festzuhalten, dass der Ausgangspunkt für diesen Vorgang in einer körperlichen Veränderung liegt, welche sich der Psyche über die Wahrnehmung aufdrängt (von den Stoikern *propatheiai* genannt). Die Übersetzung dieses körperlichen Affektes in eine Vorstellung bringt die Frage mit sich, wie die Psyche auf diese

Vorstellung reagiert. Die Stoiker gingen davon aus, dass an dieser Stelle ein Mensch grundsätzlich die Möglichkeit besitzt, diesem Gefühlsimpuls zuzustimmen oder aber ihn in seiner propositionalen Form abzulehnen. Hierbei entsteht aus Sicht der Stoiker ein echtes Gefühl erst, wenn dem Gefühlsimpuls zugestimmt wird. Hierdurch kann dieser Impuls in der Seele des betrachteten Menschen dann wirksam werden und sich in voller Form weiterentwickeln und ausbreiten.

Interessanterweise wirkt diese innere Entscheidung auch auf den Körper zurück, da durch die Ausbreitung des Gefühlsimpulses in der Psyche auch der Körper die Veränderung im *pneuma* der Seele spüren kann. So kann aus einem leichten Gefühl der körperlichen Irritation, wenn dieses in der Seele als Zorn verstanden und dieser Vorstellung innerlich zugestimmt wird, ein zorniger Zustand der Seele folgen, welcher sich im Zeitlauf zu einem auch körperlich erkennbaren Zorneszustand ausweitet. Die Stoiker gingen davon aus, dass in einem solchen Zustand, welchen sie durch das Wirken eines exzessiven Impulses beschrieben, kein vernünftiges Denken mehr möglich ist. Dies auch aus dem Grund, dass der zum Beispiel mit dem Zorn einhergehende Zustand der Seele auch die weiteren Wahrnehmungen und Vorstellungsbildungen verändert, und zwar so, dass die Wahrscheinlichkeit eines Vernunftdenkens immer geringer wird. Aus stoischer Sicht kann in einem derartigen Zustand nur noch auf das Abklingen des Zorns gewartet werden, sodass vernünftiges Denken wieder möglich ist.

Die mit einem solchen übermäßigen Impuls verbundenen Gefühle nannten die Stoiker Leidenschaften (griechisch: *pathē*). Hierbei wurden von ihnen vier *páthē* mit jeweiligen Untergefühlen unterschieden:

- Übermäßige Impulse im Jetzt: Genuss und Leiden (Überschreitung des echten Vorteils beziehungsweise Nachteils eines Dings oder Ereignisses)
- Übermäßige Impulse bezüglich erwarteter Dinge: Begehren und Furcht (übermäßige Erwartung des Wertes eines Vorteils oder eines Nachteils)

Die hiermit einhergehenden Leidenschaften sind in Tabelle 4 dargestellt.

Leidenschaften (*pathē*)	**Gegenwart**	**Zukunft**
Vorteilhaft	Genuss • Boshaftigkeit • Gehässigkeit • Unbändige Freude • Betörung	Begehren • Ärger • Erhitztheit • Galligkeit • Hass • Groll, Verbitterung • Verzweiflung • Erotische Liebe • Sehnsucht • Verlangen
Nachteilig	Leiden • Neid • Rivalität • Eifersucht • Mitleid • Trauer • Angst • Elend • Sorge • Pein • Agonie	Furcht • Abneigung • Beklemmung • Fassungslosigkeit • Scham • Alarmiertheit • Aberglaube • Schrecken • Panik

Tabelle 4: Auflistung der stoischen Leidenschaften (*pathē*) (nach Graver, 2007).[93]

Bei der Analyse solcher Leidenschaften gingen die Stoiker jetzt so vor, dass sie zunächst zwischen einem sogenannten Gefühlsimpuls und dann dem vorher schon angesprochenen Gefühlsurteil unterschieden. Am Beispiel der Beobachtung einer Spinne kann man diesen Prozess wie folgt beschreiben. Ich sehe zunächst eine Spinne und spüre dabei eine körperliche Irritation, welche ich als unangenehm empfinde. Diese Irritation wird zusammen mit dem Eindruck der Spinne in meiner Psyche als die Vorstellung abgebildet, dass die Spinne etwas Bedrohliches darstellt und ein Gefühl der Panik angebracht ist. Stimme ich dieser Vorstellung zu, so entwickelt sich in mir ein Gefühl der Panik, welches sich im Kern aus dem überschießenden vorherigen Gefühlsimpuls speist. Ab diesem Moment fühle ich echte Panik, und ein vernünftiges Denken ist für mich nicht mehr möglich, bis meine Panik abklingt. Die Stoiker analysierten diesen Ablauf jetzt dahingehend, dass sie annahmen, dass das in dem zuvor geschilderten Prozess gefällte Gefühlsurteil (Zustimmung zu der Vorstellung, dass die Spinne eine Gefahr darstellt) über eine logische Struktur der folgenden Form abgebildet werden kann:

1. **Prämisse:** Eine Spinne ist etwas Schlechtes und stellt eine zukünftige Gefahr dar, was sich auch in einer negativen körperlichen Irritation (Mitwahrnehmung) zeigt.
2. **Prämisse:** Wenn etwas Schlechtes in mein direktes Umfeld tritt und ich körperlich negativ irritiert bin, dann ist Panik eine angemessene Reaktion.
3. **Gefühlstrigger:** Eine Spinne ist in meinem Umfeld erschienen, und ich bin körperlich negativ irritiert.
4. **Konklusion:** Aufgrund von 3. ist es jetzt angemessen, Panik zu fühlen.

Die Stoiker bezeichneten diese logische Darstellungsform des im vorher dargestellten Prozess enthaltenen Gefühlsurteils als pathetischen Syllogismus.[94] Sie verwiesen bei der Betrachtung dieser logischen Figur darauf, dass typischerweise der Gefühlstrigger dafür verantwortlich gemacht wird, dass ein Gefühl bei einer Person entstanden ist. Dies sei aber nicht richtig, da im eigentlichen Sinne die beiden Prämissensetzungen – welche explizite oder implizite Glaubenssätze der Person darstellen, die in der gegebenen Situation das Gefühl Panik gefühlt hat – die wirklichen Auslöser des Gefühls darstellen (natürlich in Kombination mit dem körperlichen Gefühlsimpuls). So glaubten die Stoiker, dass bei Änderung des ersten Glaubenssatzes zu einem Satz der Form »Spinnen sind nicht gefährlich, da sie nur nicht präferierte Indifferenzien sind« das resultierende Gefühl der betrachteten Person keine Panik mehr wäre beziehungsweise kein Gefühl im Sinne einer Leidenschaft mehr entstehen würde. Die Änderung des entsprechenden Glaubenssatzes setzt natürlich einen längeren Prozess der Verinnerlichung dieses Glaubenssatzes voraus. Die reine Ad-hoc-Änderung eines Glaubenssatzes ohne inneren Nachvollzug dieser Änderung wird keine Wirkung zeigen. Seneca empfahl daher ein tägliches Training in der Form eines Tagebuches, in dem man entsprechende Überlegungen eintragen kann.[95] Die Stoiker waren grundsätzlich davon überzeugt, dass Leidenschaften, wie Panik, immer durch fehlerhafte Glaubenssätze ausgelöst würden. Es sind diese intensiven Gefühle, welche die Stoiker negativ betrachteten und welche sie daher als Leidenschaften bezeichneten. Die negative Sichtweise auf diese Gefühle stammt daher, dass aufgrund der Intensität dieser Gefühle ein vernünftiges Handeln nicht mehr möglich schien. Hierbei hatten die Stoiker nicht die Vorstellung, dass dieser Gefühlsimpuls wider besseres Wissen dazu führt, dass ein Mensch irrational handelt, sie glaubten vielmehr, dass die hinter diesen Leidenschaften stehenden Fehlurteile ein Ausdruck seelischer Irrationalität waren. Die stoische Seele besitzt daher im Gegensatz zu Platons Vorstellung von der Psyche keinen irrationalen Teil, welcher im Widerstreit mit der Vernunft steht. Sie betrachteten Irrationalität eher als einen Zustand der Seele beziehungsweise Psyche, welcher durch den Erwerb von Wissen und Erkenntnis in einen rationalen Zustand (stoischer Weise) überführt werden kann. Aufgrund der Tatsache, dass wir alle keine stoischen Weisen sind, folgt aus dieser Betrachtung auch, dass wir uns alle, im Bild der Stoiker, im Zustand der Irrationalität befinden.

Wenn die Stoiker jetzt also davon sprachen, dass sie den Zustand der *apátheia* anstrebten, so war damit gemeint, dass sie die negativen Gefühle, welche durch innere Fehlurteile ausgelöst werden, vermeiden wollten. Hieraus folgte für die Stoiker nicht, dass der stoische Weise keine Gefühle mehr empfindet. Sie postulierten vielmehr, dass der stoische Weise, dessen innere Weisheit dazu führt, dass er keine inneren Fehlurteile mehr trifft, eine andere Art von Gefühlen empfindet, und zwar positive Gefühle (griechisch: *eupatheiai*). Diese Gefühle erklärten sich die Stoiker so, dass der Fokus dieser Gefühle nicht mehr im Außen auf externen Dingen liegt, sondern sich dieser vielmehr nach innen auf die eigene innere Reaktion verlagert. Der stoische Weise würde in diesem Bild bei der Beobachtung einer Spinne im Äußeren seine Aufmerksamkeit darauf verlagern, dass seine innere Vorstellung, welche aus dieser Situation resultiert, in einer vernünftigen Form erfolgt. Das Erkennen seiner inneren Vernunft würde dann, im Bild der Stoiker, dazu führen, dass der stoische Weise anstatt Panik ein Gefühl von neutraler achtsamer Vorsicht fühlt. Die aus dieser Sichtweise folgende analoge Liste der positiven Gefühle des stoischen Weisen ist in Tabelle 5 dargestellt.

Gute Gefühle – *eupatheiai*	**Gegenwart**	**Zukunft**
Vorteilhaft	Freude • Vergnügen • Heiterkeit • Gute Laune	Wunsch • Gute Absicht • Guter Wille • Einladend • Wertschätzend • Zugeneigte Freundesliebe
Nachteilig		Vorsicht • Sittsamkeit • Ehrfurcht

Tabelle 5: Auflistung der positiven Gefühle des stoischen Weisen (*eupatheiai*) (nach Graver, 2007).

Die Tatsache, dass der stoische Weise kein Gefühl für ein gegenwärtiges Schlechtes fühlt, ist dadurch zu erklären, dass dies bedeuten würde, dass der stoische Weise in einem gegebenen Moment ein eigenes Fehlurteil erkennen müsste, da nur ein solches für ihn etwas Nachteiliges wäre. Dies wiederum stünde aber im Widerspruch zu der Grunddefinition des stoischen Weisen.

Die in Tabelle 5 aufgelisteten Gefühle stehen nachhaltig und stabil nur dem stoischen Weisen zu. Eine Person, die den Zustand des Weisen noch nicht erreicht hat, kann diese Gefühle aber trotzdem anstreben und hierfür an den eigenen Glaubenssätzen hinter ihren Leidenschaften arbeiten. Zusätzlich kann eine solche Person aber zum Beispiel auch damit experimentieren, welchen gefühlten Unterschied es für sie machen würde, wenn sie ihre eigenen Vorstellungen zu beeinflussen versucht. So kann die Frage, wie würde sich eine Situation anfühlen, wenn ich von ihr nicht Vorstellung A, sondern Vorstellung B hätte, meine Gefühle verändern. Gleichzeitig kann auch eine andere Betrachtung unserer körperlichen Zustände einen ähnlichen Effekt zeigen. In diesem Fall würde das Experiment darin bestehen, dass ich einen körperlichen Zustand nicht als Angst beobachte, sondern zunächst nur als negativ erregt und schwankend. Diese Form der Beobachtung hatten wir vorher schon unter dem Begriff der Naturalisierung kennengelernt.

Zum Abschluss unserer Betrachtung der stoischen Vorstellung von den menschlichen Gefühlen wollen wir noch einen Aspekt dieser Theorie erwähnen, welcher mit unwillkürlichen körperlichen Reaktionen einhergeht. Diese zeigen sich zum Beispiel, wenn wir einen lauten Knall hören und daraufhin zusammenzucken oder wenn wir am Rande eines Abgrundes stehen und uns Schwindel überkommt. Die Stoiker nannten dieses Phänomen *propatheiai*, was wir als eine Art Vorgefühle übersetzen können und vorher bereits kurz erwähnt hatten. Diese Vorgefühle wurden von den Stoikern zwar als real anerkannt, auf der anderen Seite aber nicht als echte Gefühle verstanden, da sie vollkommen unwillkürlich ablaufen und keine Involvierung des Bewusstseins beinhalten. Diese *propatheiai* können daher auch von Tieren und kleinen Kindern empfunden werden, denen ansonsten aus stoischer Sicht der Zugang zu vollwertigen Gefühlen aufgrund des Fehlens einer Vernunftinstanz in ihrer Psyche verwehrt ist.

Fassen wir die dargestellten Einsichten zur stoischen Gefühlstheorie zusammen, so zeigt diese Theorie eine umfassende Sicht auf menschliche Gefühle. Dieser Aspekt war es sicherlich auch, der die Begründer der kognitiven Verhaltenstherapie so fasziniert hat, dass sie ihre Therapieschule auf dem Fundament dieser Theorie errichteten.[96] Es ist weiterhin aus praktischer Perspektive interessant zu sehen, dass die stoische Theorie der Gefühle auch alle wichtigen Aspekte dessen berührt, was heute unter dem Begriff der emotionalen Intelligenz (EQ) verhandelt wird. Betrachtet man zum Beispiel die fünf Aspekte emotionaler Intelligenz, wie sie im Yale Center for Emotional Intelligence (YCEI) in dessen Kompetenzkonzept RULER formuliert wurden[97], so besteht diese Intelligenz darin, Gefühle erkennen, benennen, verstehen, ausdrücken und regulieren zu können. Die stoische Theorie der menschlichen Gefühle scheint diese Aspekte alle adressieren zu können.

2.3.3 Die stoische Theorie der *Oikeiosis*

Nachdem wir uns in den letzten beiden Kapiteln einen Überblick über das stoische Bild der Psyche und der in ihr angesiedelten Gefühle verschafft haben, wollen wir uns jetzt mit der stoischen Theorie der personalen Identitätsentwicklung[98] beschäftigen. Diese Theorie wird uns zusammen mit dem nachfolgenden Kapitel zur Theorie der »vier Personen« den Schlüssel zum Verstehen des stoischen Verständnisses einer Person liefern. Maximilian Forschner verwendet in diesem Zusammenhang den Begriff der personalen Identität, da die aus diesem Prozess folgende Entwicklung den Menschen zu einer inneren Einheit werden lässt, welche seine Individualität ausdrückt, ihm Autonomie über das Setzen und Verfolgen eigener Ziele ermöglicht und ihn zuletzt auch in eine selbst gewählte Übereinstimmung mit sich selbst sowie der ihn umgebenden Allnatur bringt. Dieser Prozess, den die Stoiker *oikeiosis* (zu Deutsch: Aneignung*) nennen, beschreibt damit den Weg zur Erreichung des stoischen Telos, sprich des Lebens in Übereinstimmung mit der Natur, über die Entwicklung einer personalen Identität im Menschen. Forschner beschreibt diesen Zusammenhang mit der Formulierung »Glück als personale Identität«. Die Stoa hatte mit diesem Gedanken in der Antike eine Sonderstellung im Hinblick auf unser modernes Denken, da sie als einzige antike Schule einen solchen Gedanken einer personalen Identität formuliert hat, welcher im heutigen Nachdenken so prominent zu sein scheint.

Bei dem Begriff *oikeiosis* handelt es sich um einen sehr umfassenden Entwicklungsbegriff, da er in den Prozess der Entwicklung personaler Identität auch den Prozess der moralischen Entwicklung eines Menschen integriert. Dies gelingt dadurch, dass im Prozess der *oikeiosis* sich ein menschliches Wesen schrittweise seiner eigenen Natur versichert und diese im Zusammenspiel mit der Umwelt bis zum Zustand der vollständigen Vernunft selbstständig weiterentwickelt. Leider sind kaum Originalquellen der Stoa zu diesem Thema überliefert worden. Wir finden aber in den Arbeiten anderer antiker Philosophen und philosophischer Geschichtsschreiber einzelne Passagen zur *oikeiosis*, welche uns einen guten Eindruck von dieser Theorie geben können. Insbesondere Cicero[99], der schon mehrfach erwähnte Diogenes Laertius[100] sowie der Stoiker Hierokles[101] haben sich mit der *oikeiosis* intensiver auseinandergesetzt.

Was sagt die *Oikeiosis*-Theorie aber aus? Die Stoiker gehen davon aus, dass jedes Lebewesen bereits nach seiner Geburt in der Lage ist, nicht nur seine Umwelt, sondern auch sich selbst wahrzunehmen. Sie sprechen davon, dass das Lebewesen sich seiner eigenen Konstitution sowie deren Bedürfnisse bewusst wird und diese auch empfindet. Wir hatten diese Selbstwahr-

* Der Begriff der Aneignung darf hier nicht im Sinne von »in Besitz nehmen« verstanden werden. In diesem Kontext ist mit diesem Begriff vielmehr der Prozess des Sich-vertraut-Machens mit sich selbst oder mit anderen gemeint.

nehmungsfähigkeit bereits im Abschnitt über die Psyche des Menschen kennengelernt. Gleichzeitig ist jedes Lebewesen, nach Ansicht der Stoiker, mit einer Art intuitiver fundamentaler Selbstliebe beziehungsweise Selbstfürsorge ausgestattet, welche es dazu bringt, zu versuchen, sich selbst zu erhalten. Die Stoiker nennen dies den »primären Impuls« eines Lebewesens und unterscheiden sich hier fundamental von den Epikureern, welche den »primären Impuls« in der Suche nach Lustempfinden sehen. Die Stoiker begründen diesen Impuls mit dem Argument, dass es nicht logisch wäre, dass die Natur ein Lebewesen sich selbst fremd gegenüber erschaffen hätte. Aufgrund dieses ersten Impulses formuliert die Stoa als Lebensprinzip für ein Lebewesen, dass es auf die Erhaltung seines artspezifischen und individuellen Daseins sowie das Erleben dieses Daseins aus sei.[102]

Folge dieser ersten Phase der *oikeiosis* ist es, dass es für das Lebewesen Dinge gibt, welche es als sich selbst zugehörig und als sich selbst fremd erlebt. Gleichzeitig unterteilt sich die Welt der dem Lebewesen nicht zugehörigen Dinge in Dinge, die es für sich selbst sucht (zum Beispiel Wärme, Nahrung), oder Dinge, welche es für sich selbst meidet (zum Beispiel Kälte, Hitze). Wir dürfen uns diesen Prozess hierbei nicht als sprachlich bewussten Prozess vorstellen, da sowohl Tiere als auch Babys, die über kein Sprachvermögen verfügen, diese Phase der *oikeiosis* durchlaufen. Er setzt aber ein gewisses Maß an einem vorsprachlichen Empfindungsbewusstsein von sich selbst voraus.

Der sich in dieser Phase zeigende innere Impuls der Selbstsorge beziehungsweise -erhaltung wurde durch die Stoiker so interpretiert, dass sich in diesem Impuls die Vernunft des Kosmos, also die Allvernunft, zeigt. Dieser Impuls basiert dabei auf der intuitiven Kenntnis des eigenen Körpers, seiner Bedarfe und der körperlichen Möglichkeiten, diese zu befriedigen. Gleichzeitig entsteht in diesem Prozess auch eine intuitive Kenntnis über die Abhängigkeit von anderen im Hinblick auf die Befriedigung dieser Bedürfnisse, welche als Ausgangspunkt der sozialen *oikeiosis* betrachtet werden kann, welche sich später auch in der Fürsorge für andere im Rahmen elterlicher Liebe, Freundschaft oder aber Gemeinschaft zeigt.*

* Diese Deutung der sozialen *oikeiosis* ist in der Literatur nicht eindeutig zu finden. Hier finden sich zum Beispiel eher Aussagen, dass die Elternliebe der Ausgangspunkt für diese *oikeiosis* sei oder aber eine andere, abstrakte Quelle der Fürsorge für andere existiere (siehe Christopher Gill, *Learning to Live Naturally. Stoic Ethics and Its Modern Significance*, Oxford University Press, 2023). Mir erscheint die hier gegebe-

In allgemeinster Form entspricht diese Haltung dem stoischen Prinzip der *sympatheia*, welche das grundlegende Phänomen der kausalen Vernetzung und inneren Verbindung aller Dinge im Kosmos beschreibt. Sie bewirkt, dass alle Dinge miteinander in Kontakt stehen und aufeinander einwirken und im Kern durch Passung füreinander gekennzeichnet, das heißt aufeinander abgestimmt sind. So hat die Natur Tiere und Menschen so eingerichtet, dass sie sich um sich selbst sorgen können und die Natur hierfür auch alles Notwendige bereitstellt.

Fasst man die Funktion dieser Phase der *oikeiosis* zusammen, so ergeben sich folgende Funktionsziele für einen betrachteten Organismus*:

Erste Aneignung (griechisch: *proton oikeion*) oder auch **individuelle *oikeiosis***:

1. sich selbst als das erste An- und Zueigene zu erkennen und zu lieben
2. sich als solches durch die Wahl und Abwahl äußerer Dinge zu erhalten

Zweite Aneignung (griechisch: *deuteron oikeion*) oder auch **soziale *oikeiosis***:

3. sich mittels äußerer Personen zu beschützen und zu bewahren und diese in einem sekundären Sinne als sich selbst zugehörig zu erkennen

Ist diese Phase der Aneignung abgeschlossen und erreicht der Mensch das Alter, in dem er aus stoischer Sicht vernunftfähig wird (circa 14 Jahre), so beginnt eine zweite Phase der *oikeiosis*. In dieser Phase zeigt der Prozess der *oikeiosis* einem Menschen den Weg der natürlichen Entwicklung der rationalen und sozialen Natur des Menschen. Dies geschieht vor dem Hintergrund des menschlichen und tierischen Basismotivs der Selbst- und Fremdfürsorge oder -liebe aus der ersten Phase der *oikeiosis*. Diese zweite

ne Deutung überzeugender, dass andere in ihrer Funktion für unsere Selbsterhaltung als ähnlich erhaltenswert angesehen werden wie unsere eigenen körperlichen Funktionen, welche wir zur Selbsterhaltung benötigen. Ausgehend von dieser frühen Erfahrung kann die spätere Form der sozialen *oikeiosis* als Weiterentwicklung dieser ursprünglichen Form angesehen werden. Ein Hinweis, welcher in eine ähnliche Richtung argumentiert, findet sich in Hierokles' Schrift *Elemente der Ethik* sowie in der Darstellung in Chang-Uh Lees Oikeiosis (siehe Endnote 90).

* Die beiden Arten der *oikeiosis* werden in der Literatur in Teilen als getrennte Prozesse, in Teilen aber auch als integraler Prozess, das heißt als Prozess mit zwei Aspekten betrachtet. Wir wollen im Folgenden letzterer Sichtweise folgen.

Prozessphase beinhaltet ebenfalls beide Aspekte der *oikeiosis*, also sowohl den individuellen als auch den sozialen Anteil des Prozesses der ersten Phase. Die zweite Phase baut auch auf den in der ersten Phase erlernten Dingen auf, das heißt, dass das in dieser Phase erworbene Wissen und Können in der zweiten Phase nicht verloren geht, sondern nur in eine neue Form überführt wird. Die Zielsetzungen der beiden Dimensionen der zweiten Phase der *oikeiosis* lassen sich wie folgt beschreiben:

- **Individuelle *oikeiosis*:** Herausbildung einer personalen Rationalität sowie eines moralischen Charakters, welcher als tugendhaft bezeichnet werden kann. Diese Dimension des Prozesses hat dabei den Charakter der Fokussierung auf die im eigentlichen Sinne dem Menschen alleine zugehörige Fähigkeit der *prohairesis*, welche er in Übereinstimmung mit der Allvernunft bringen will.
- **Soziale *oikeiosis*:** Herausbildung einer personalen Verbundenheit mit den Menschen, welche eine Person umgeben, bis hin zur Einsicht der Verbindung mit dem Kosmos. Diese Dimension des Prozesses hat dabei den Charakter einer Weitung der eigenen Wahrnehmung hin zu einem kosmischen Verständnis des eigenen Selbst, welches sich zum Beispiel in den Kreisen des Hierokles bildlich wunderbar widerspiegelt. In diesem Prozess wird die Selbstliebe zu einer Art Weltliebe.

Der Prozess vollzieht sich dabei in diesen beiden Dimensionen gleichzeitig. Im Verständnis der Stoiker läuft diese zweite Phase dabei nicht kontinuierlich ab. Sie vollzieht sich vielmehr in der Form eines Stufenmodells, dessen klarste Darstellung von Cicero in seinem Buch *Über das höchste Gut und das größte Übel* gegeben wurde (III.20-21). Cicero unterscheidet hierbei folgende Phasen des Prozesses[103]:

- Die Umstellung der intuitiven Sorge um sich selbst und um die Dinge, die wir als uns an- und zugehörig ansehen, auf eine bewusste (sprachlich gebundene) rationale Sorge um sich selbst und das uns An- und Zugehörige. Diese Phase scheint dabei durch bewusst gewordene **Antriebe** dominiert zu sein, und wir richten unsere innere Wahl und Abwahl von Dingen nach diesen **naturgemäßen Antrieben** aus.
- Die Veränderung dieser inneren Wahl und Abwahl hin zu einer verantwortlichen Wahl und Abwahl (im Lateinischen *cum officio selectio*).

Die Interpretation dieser Beschreibungsänderung kann, nach Maximilian Forschner, so gedacht werden, dass hiermit die Auswahl auf der Basis von **Rollen** und ihren Anforderungen (wie zum Beispiel ein Amt oder aber auch persönliche Rollen wie Mutter- oder Vaterschaft) sowie damit verbundenen Regeln und Strukturen gemeint ist.

- Die weitere Veränderung der Auswahl hin zu einer beständig verantwortlichen Wahl (im Lateinischen *ea perpetua*). Dieser Passus kann, wiederum nach Forschner, so interpretiert werden, dass das dauerhafte Ausfüllen einer Rolle bei sich ändernden Umständen dazu führt, dass die Person, die diese Rolle bekleidet, bestimmte **Eigenschaften** (Resilienz, Wandelbarkeit et cetera) sowie **Kompetenzen** (Fachkompetenzen, sprachliche Fähigkeiten et cetera) besitzen muss, da es ihr sonst nicht gelingen würde, diesen Anforderungen über längere Zeit gerecht zu werden.
- Nachfolgend verändert sich die Auswahl hin zu einer Höchstform an Konstanz (im Lateinischen *ad extremum constans*). Diese Stufe wird von Forschner nicht explizit behandelt. Wir werden sie hier aber als eine Stufe interpretieren, in welcher die Höchstform an Konstanz dadurch erreicht wird, dass sich die Person, welche sich in dieser Phase befindet, mit einer nachhaltigen Balancierung zwischen einerseits Rollen und andererseits Eigenschaften und Kompetenzen in ihrer Auswahl beschäftigt. Als Mittel dieser Balancierung treten hierbei (Strebungs-) **Ziele** in den Vordergrund, dank welcher diese Balancierung und damit die nachhaltige höchste Konstanz in der Auswahl erreicht werden kann.
- In der sich anschließenden Phase tritt jetzt der zentrale Gedanke der Stoiker in diesem Entwicklungsprozess zu der Auswahl hinzu, nämlich der Gedanke, die Auswahl im Einklang mit der Natur (im Lateinischen *consentaneaque naturae*) zu treffen. Hierbei zerfällt diese Phase noch einmal in zwei Stufen, und zwar in die Stufe, in der die Übereinstimmung mit der individuellen Natur gesucht wird, die Person also ihre **innere Übereinstimmung** (innere *homologia*) zum Beispiel zwischen ihren unterschiedlichen Rollen, ihren Eigenschaften und Kompetenzen und ihren Zielen sucht. Erst nachdem diese innere Übereinstimmung gefunden ist, kann dann auch die **Übereinstimmung mit dem Kosmos** *(homologia)* in den Blick treten und den Prozess der *oikeiosis* abschließen. Im Rahmen dieser Anpassung lassen sich nochmals zwei Perspektivrichtungen beziehungsweise Substufen unterscheiden. Einer-

seits eine Stufe, die vom Zustand der inneren *homologia* ausgehend nach einer Anbindung an den Kosmos sucht, sowie andererseits eine nachfolgende Substufe, in welcher aus einer kosmischen Perspektive die Veränderung der inneren *homologia* zur Anbindung des Menschen an die Allnatur geschieht. Mit dieser letzten Stufe ist dann auch die Stufe des stoischen Weisen erreicht.

Betrachten wir diesen Prozess in Gänze, so fällt auf, dass sich in den einzelnen Stufen der personalen Entwicklung die Gründe der Wahl beziehungsweise Abwahl von Dingen im Leben einer Person strukturell verändern. Man könnte diese Veränderung dabei so verstehen, dass in jeder Phase neue Strukturelemente in den Fokus der Entscheidungsfindung treten. Hierbei ist es aber wichtig zu betonen, dass die jeweils vorherigen Elemente nicht an Bedeutung verlieren, sie aber in den nachfolgenden Phasen eine Bedeutungsveränderung erfahren. So sind Antriebe auch in der nächsten Phase, in der Rollen an Bedeutung gewinnen, noch relevant, ihr Stellenwert wird dabei aber vor dem Hintergrund von Rollen bewertet, sodass sie bei wichtigen Entscheidungen zum Beispiel nicht mehr entscheidend wirksam sind. In solchen Fällen wird eine Triebbefriedigung zugunsten eines rollengemäßen Verhaltens von der betrachteten Person priorisiert. Betrachten wir die zuvor genannten Strukturelemente im Prozess der *oikeiosis* jetzt in ihrer Ganzheit, so finden wir folgende Elemente in der Reihenfolge, in der sie in die Aufmerksamkeit der *oikeiosis* treten:

- Antriebe
- Rollen und Strukturen
- Eigenschaften und Kompetenzen
- Ziele
- Innere Übereinstimmung
- Äußere Übereinstimmung

Wenn wir diese Liste betrachten, so fällt eine frappierende Ähnlichkeit zu den syntaktischen Elementen einer Organisation auf, wie wir sie im ersten Teil bereits kennengelernt haben (siehe Kap. 1.2.2). Wir werden dieser Ähnlichkeit daher im nächsten und übernächsten Kapitel (siehe Kap. 2.3.4 und 2.3.5) noch mehr Aufmerksamkeit widmen und diese Übereinstimmung nutzen, um diese Gedanken in einem systemisch-syntaktischen Bild einer

Person zu integrieren, und hierbei auch ein völlig neues strukturelles Verständnis des Selbst einer Person gewinnen. Bevor wir aber diese Schritte gehen können, müssen wir an dieser Stelle noch auf die Frage zu sprechen kommen, welche Bedeutung Gefühle im Prozess der *oikeiosis* spielen.

Blicken wir hierzu noch einmal zurück auf die im letzten Abschnitt formulierte stoische Theorie der menschlichen Gefühle, so lässt sich aus dieser eine klare Rolle der Gefühle für den Prozess der *oikeiosis* ableiten. Der Kerngedanke bei dieser Überlegung geht auf die Tatsache zurück, dass wir die menschlichen Leidenschaften in dieser Theorie als Ausdruck von Fehlurteilen interpretiert haben, das heißt, dass wir anhand des Auftretens von Leidenschaften darauf schließen konnten, dass die Person, welche diese Leidenschaften »erleidet«, sich offensichtlich in einem wichtigen Punkt über sich und/oder die Welt im Irrtum befindet. Übertragen wir diesen Gedanken jetzt auf den Prozess der *oikeiosis*, so liegt der Gedanke nahe, den Gefühlen, insbesondere in ihrer negativen Form der Leidenschaften, eine wichtige Funktion als Hinweisgeber auf innere Widersprüche beziehungsweise falsche Ansichten beizumessen. Man könnte aus dieser Sicht heraus sagen, dass Gefühle Erfolge und Misserfolge auf dem Weg der *oikeiosis* über gute und schlechte Gefühle nachzeichnen und erklären. Letztere sind aus stoischer Sicht hierbei das Ergebnis unethischen (im Sinne von nicht naturgemäßem) Handelns, wohingegen die positiven Emotionen das Resultat ethischen (im Sinne von naturgemäßem) Handelns sind. Die stoische Theorie der Emotionen kann damit in Verbindung mit dem Prozess der *oikeiosis* als eine Theorie gelingenden oder misslingenden menschlichen Verhaltens verstanden werden. Unser Gefühlshaushalt spiegelt aus Sicht der Stoiker also unseren ethischen Zustand wider. Wichtig ist hierbei zu verstehen, dass diese Emotionen immer im Kontext sozialer Bindungen zu betrachten sind und nicht, wie in manchen Darstellungen verzerrt wiedergegeben, ein Programm des individuellen emotionalen Rückzugs darstellen.

2.3.4 Von der »Theorie der vier Personen« zum systemisch-syntaktischen Bild der Person

Wir haben im letzten Kapitel erkannt, dass die sich im Prozess der *oikeiosis* zeigenden Strukturen im Entscheidungsprozess der Wahl und Abwahl von Dingen im menschlichen Leben eine starke Ähnlichkeit zu der im ersten Teil (siehe vor allem Kap. 1.2.2) vorgestellten systemisch-syntaktischen Sichtweise auf Organisationen zeigen. Wir wollen diesen Aspekt daher hier noch einmal in den Blick nehmen. Hierzu lohnt es sich, eine bereits mehrfach erwähnte weitere Theoriefigur der Stoiker zu betrachten. Es handelt sich hierbei um die »Theorie der vier Personen«, welche nach Cicero auf Panaitios von Rhodos zurückgeht. Von dieser Theorie sind uns leider keine Originalquellen überliefert. Cicero gibt in seinem Buch *Vom pflichtgemäßen Handeln* (siehe 1.107-121) aber einen guten Überblick über die Kerngedanken dieser theoretischen Figur. Cicero berichtet dort, dass im Fokus dieser Theorie die Frage steht, welche Gesichtspunkte wir über uns selbst im Blick haben müssen, wenn wir eine gute innere Entscheidung darüber treffen wollen, was in einer Situation zu tun ist.[104] Cicero nennt diese Gesichtspunkte dabei *personae* (zu Deutsch: Personen oder auch Rollen) und unterscheidet folgende vier Personen:

1. die Teilhabe an der rationalen Natur des Menschen, das heißt die Fähigkeit, rational zu denken und zu entscheiden
2. die individuelle Natur jeder Person, wie sie sich in den Eigenschaften und Kompetenzen dieser Person widerspiegelt
3. die uns aufgrund von Zufällen oder zeitlichen Rahmenbedingungen zufallenden Strukturaspekte in unserem Leben, wie zum Beispiel, dass wir die Tochter eines Königs sind oder dass wir drei Kinder haben und uns somit eine Vaterrolle zukommt
4. die von uns selbst gewählten Strukturaspekte in unserem Leben, wie zum Beispiel die Wahl eines Berufs oder die Wahl unserer Freunde und die damit einhergehenden rollenspezifischen Verpflichtungen

Betrachten wir diese Personen, so fällt sofort die Ähnlichkeit zu der vorher im Prozess der *oikeiosis* identifizierten Strukturelemente auf, welche im Rahmen des inneren Entscheidungsprozesses in der *oikeiosis* für unsere Entscheidungen Verwendung finden. Es spricht aufgrund dieser Beobachtung vieles dafür, dass die »Vier-Personen-Theorie« des Panaitios als strukturelles Extrakt der *Oikeiosis*-Theorie der Stoiker verstanden werden kann. Hierbei treten allerdings auf den ersten Blick auch interessante Unterschiede auf. So fehlen in der Darstellung der vier Personen drei Aspekte, welche wir im Rahmen der *Oikeiosis*-Theorie identifiziert hatten. Dies ist zum einen das Element der Ziele, welches wir in der *Oikeiosis*-Theorie als einen eigenständigen Aspekt ergänzt hatten. Dieser Aspekt unseres gedanklichen Innenlebens ist in der Personentheorie nicht explizit erwähnt. Maximilian Forschner spricht in seiner Erläuterung der vierten Person aber davon, dass mit der Wahl einer Rolle in unserem Leben auch immer eine Art Wahl unseres Lebenswegs impliziert ist, welche neben der Frage der Anforderungen der dritten und vierten Person auch die Begrenzungen und Möglichkeiten der zweiten Person mit betrachten muss. Es scheint in dieser Hinsicht nicht abwegig, dass die vier Personen im eigentlichen Sinne noch um ein fünftes Element in Form von Zielen ergänzt werden müssten. Hierdurch kann dann über Ziele die Balance zwischen einerseits der zweiten und andererseits der dritten und vierten Person im Handlungsvollzug hergestellt werden.

Die beiden weiteren Aspekte der *Oikeiosis*-Theorie, welche bisher noch keinen Widerhall in der Personentheorie gefunden haben, sind die beiden letzten Aspekte der *Oikeiosis*-Theorie, welche sich auf die innere und äußere Übereinstimmung des *Menschen* mit sich und dem Kosmos bezogen. Hier finden wir in der Personentheorie bei Cicero einen Begriff, den wir schon aus unseren Betrachtungen zur Tugend in der Stoa her kennen. Es handelt sich um den ästhetischen Begriff des *decorums* (im Griechischen wird hier von *prépon* gesprochen). Dieser Begriff spiegelt die Existenz der inneren und äußeren Übereinstimmung über den ästhetischen Eindruck wider, welcher von dieser Übereinstimmung nach außen sichtbar erzeugt wird. Cicero spricht hier von der für andere sichtbaren sittlichen beziehungsweise moralischen Schönheit einer Person, welche diese Art der Übereinstimmung in sich besitzt.

Fassen wir diese Betrachtungen zusammen, so können wir zu dem Schluss kommen, dass sich unsere Hypothese, dass die im personalen Entwicklungsprozess eines Menschen sich in seiner Psyche bildenden Strukturelemente bezüglich der Wahl und Abwahl von Dingen im menschlichen

Leben nicht nur in der Theorie der *oikeiosis*, sondern in gleicher Form auch in der Theorie der »vier Personen« des Panaitios von Rhodos zeigen.

Wir kommen damit zu einem Bild der menschlichen Identität beziehungsweise des menschlichen ICH (EGOs), welches in Abbildung 8 dargestellt ist und in seiner Struktur dem syntaktischen Bild einer Organisation auf verblüffende Weise ähnelt. In diesem Bild finden sich in Ergänzung zu den bisher diskutierten Strukturelementen noch weitere, bisher noch nicht diskutierte Elemente. Hierbei handelt es sich zunächst um die im Rahmen der Darstellung der *Oikeiosis*-Theorie bereits angesprochenen Antriebe, welche aus der ersten Phase der *oikeiosis* stammen und die an dieser Stelle als bewusste Antriebe, also sprachlich vermittelte Aspekte, in unseren Vorstellungen vorkommen und wichtige Aspekte unserer körperlichen Bedürfnisse abbilden. Sie tauchen in diesem Bild auf, da sie im Rahmen innerer Überlegungen Einfluss auf die Auswahl einer Person besitzen können. Konzeptionell können wir diesen Aspekt des ICH über den Begriff der kognitiven Routine aus der schematischen Analyse einer Organisation greifen, da über diesen Begriff analog zu unserer vorherigen Diskussion von Organisationen ein Aspekt der körperlichen Umwelt der menschlichen Psyche gegriffen werden kann. Gleiches gilt für die im Bild dargestellten Gefühle und Stimmungen. Diese sind hier abgebildet, da sie, wie schon im letzten Abschnitt zur Theorie der *oikeiosis* erläutert, zum einen Einfluss auf eine innere Auswahl externer Dinge besitzen und zum anderen bei negativen Gefühlen einen diagnostischen Hinweis darauf geben können, dass im Umfeld dieser Wahl ein inneres Fehlurteil vorzuliegen scheint.

Ich habe weiterhin im Bild auch noch den Begriff des Habitus ergänzt, welcher in diesem Kontext darauf verweist, dass es auch auf individueller Ebene (in Analogie zur Kultur einer Organisation) ein Auswahlverhalten beziehungsweise auch nachfolgendes Verhalten der Person geben kann, welches von dieser selbst als solches nicht mehr wahrgenommen wird. Wir können uns derartige Phänomene als Folge einer formenden Sozialisation vorstellen, welche uns Menschen, je nach Prägung, stark in unserer inneren Bewertung und Wahl von Dingen beeinflussen kann.

Weiterhin findet sich im Zentrum der Darstellung auch noch der Begriff der Aufgabe des ICH. Der Gedanke hinter diesem Strukturelement ergibt sich aus der Frage, warum eine Person ein ICH überhaupt besitzt, also der Frage, welche Funktion das ICH für eine Person erfüllt. Im Hinblick auf diese Frage hat Gretchen Reydams-Schils einen sehr spannenden Vorschlag in ihrem Buch *The Roman Stoics* formuliert.[105] Reydams-Schils weist dem ICH (sie nennt es das »Self«) die Funktion der inneren Moderation zwischen den unterschiedlichen syntaktischen Elementen einer Person zu. In dieser Vorstellung moderiert das ICH zwischen den Anforderungen seiner Körperlichkeit und Verbundenheit mit der Natur sowie seiner sozialen gesellschaftlichen Verankerung (siehe die Kreise des Hierokles). Beide Aspekte treten im ICH-System auch explizit in der Form der Strukturelemente Persönlichkeit und Rollen sowie indirekt über die kognitiven Routinen auf, welche die Umwelt sowie die Antriebe, die Gefühle und die Stimmungen im Dialog des ICH abbilden. Wir werden im Laufe der weiteren Analyse dieses Gedankens feststellen, dass diese Moderation im weiteren Sinne nicht vom ICH alleine übernommen wird, sondern dass es dabei Hilfe durch das Selbst erhält, welches wir im weiteren Verlauf unseres Gedankengangs noch vom ICH trennen werden. Das ICH-Selbst-Verhältnis wird sich dabei als eine Art Supervisionsverhältnis erweisen, in dem das Selbst die Moderationsfunktion des ICH überwacht und dafür sorgt, dass aus dieser Moderation im weiteren Lebensvollzug ein gelingendes Leben folgt.

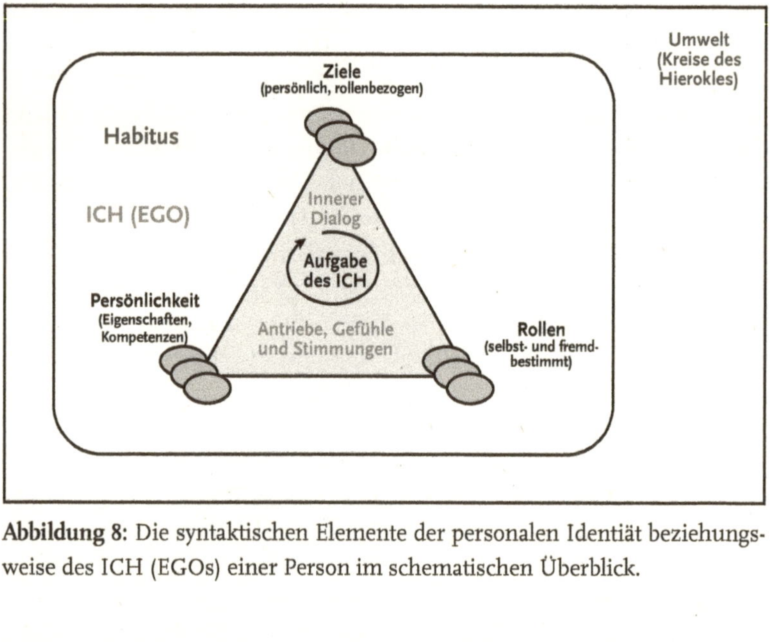

Abbildung 8: Die syntaktischen Elemente der personalen Identiät beziehungsweise des ICH (EGOs) einer Person im schematischen Überblick.

In Verbindung mit dem Begriff der Aufgabe des ICH können wir auch noch auf einen weiteren Aspekt der Syntax von Organisationen zu sprechen kommen, welchen wir als **Selbstbeschreibung** bezeichnet haben. Dieser ist allerdings in Abbildung 8 nicht dargestellt (analog zu dem Strukturbild einer Organisation, in dem dieser Aspekt auch nicht abgebildet war). Der Grund, warum dieser Aspekt nicht abgebildet ist, liegt darin, dass es sich im engeren Sinne nicht um ein Syntaxelement der Organisation wie die anderen handelt, sondern vielmehr um ein Syntaxelement auf der semantischen Ebene des organisationalen Dialogs. Wir haben es aber in die Liste der wirksamen Strukturelemente aufgenommen, da die Stabilität von Entscheidungen über eine passende Selbstbeschreibung erhöht werden kann. Auf der Ebene eine Person erscheint eine ähnliche Wirksamkeit plausibel, da auch in individuellen Prozessen eine personale Selbstbeschreibung von großer Bedeutung für die Wahl oder Abwahl von Dingen des menschlichen Lebens zu sein scheint. Abschließend sollten wir auch noch erwähnen, dass die Umwelt in dem Sinne als inneres Strukturelement im ICH verstanden werden kann, da sie analog zu den Antrieben und Gefühlen nur in Form eines inneren Abbilds (**kognitive Routine**) der realen Umwelt behandelt wird. Epiktet hat diesen Sachverhalt in seinem Handbuch (En. 5)[106] in der berühmten Formel

> »Nicht die Dinge selbst beunruhigen die Menschen, sondern die Meinungen von den Dingen.«

zusammengefasst.

Kommen wir jetzt aber noch zu einer sehr grundsätzlichen Frage, nämlich der Frage, ob wir das in Abbildung 8 dargestellte Bild des ICH einer Person als rein syntaktisches Schema interpretieren müssen oder ob wir hierin auch, analog zu unserer Betrachtung von Organisationen, ein systemisch-syntaktisches Bild sehen können. Diese Frage läuft im Kern also darauf hinaus, ob wir das dargestellte Bild als Abbild der Struktur eines Systems betrachten und, wenn ja, wie wir dieses Bild konzeptionell verstehen können. An dieser Stelle zeigt sich wiederum eine unerwartete Parallelität zwischen den Gedanken der Stoa und theoretischen Überlegungen in der modernen Systemtheorie Peter Fuchs', einem Schüler Niklas Luhmanns. Fuchs hat in seiner Arbeit ein systemisches Konzept der menschlichen Psyche und des menschlichen Bewusstseins erarbeitet[107], welches ebenfalls eine Theorie der menschlichen Gefühle beinhaltet. Eine genaue Darstellung dieser Arbeiten übersteigt den Rahmen dieses Buches, sodass wir uns im Folgenden nur auf ein paar Kernaspekte dieser Theorie konzentrieren wollen.

Peter Fuchs konzipiert die Grundoperation der Psyche als Wahrnehmung und unterscheidet an dieser zwei Aspekte. Dies ist zum einen der Aspekt des Fremdreferenziellen einer Wahrnehmung, also des Inhalts der Wahrnehmung beziehungsweise der Information, welche durch diese Wahrnehmung vermittelt wird. Zum anderen spricht er von der selbstreferenziellen Seite der Wahrnehmung und nennt diese Gestimmtheit. Vergleichen wir diese Grundoperation mit den in der Stoa beschriebenen zwei Aspekten der Wahrnehmung, nämlich dem Gegenstand der Wahrnehmung und der emotionalen Mitwahrnehmung bei dieser Wahrnehmung, so finden wir hier eine identische Struktur. Gleiches finden wir in Peter Fuchs' Unterscheidung zwischen dem System der Psyche und dem des Bewusstseins, welches er als Teilsystem der Psyche konzipiert, das auf sprachlich codierten Wahrnehmungen (Gedanken) beruht. Auch hier scheint die Stoa mit ihrer Trennung zwischen Wahrnehmung und Vorstellung (als versprachlichte Wahrnehmung) bereits einen ähnlichen Weg gegangen zu sein. Es scheint daher wiederum sehr plausibel, dass wir die Psyche als System der Wahrnehmungen und den *nous* des Menschen als das System der Vorstellungen (Gedanken) konzipieren und somit beiden eine systemische Natur zuschreiben. Im Bild von Peter Fuchs würden beide Systeme analog zu den sozialen Systemen als autopoietische System konzipiert und dadurch auch die Fähigkeit zur Selbstorganisation, Selbsterzeugung und strukturellen Autonomie erhalten. Alles Aspekte, welche wir in der Stoa als Zuschreibungen für Personen und damit für ihre Psyche und ihr Bewusstsein bereits finden. Mithilfe dieser Überlegungen sind wir somit in der Lage, der Psyche und dem *nous* einer Person einen systemischen Charakter zuzuschreiben. Zum anderen eröffnet uns dieses Bild die Möglichkeit, die in der Stoa gegebenen Beschreibungen zu systematisieren und so zum Beispiel das menschliche *hegemonikon*, im heutigen Sinne, als Träger des menschlichen Bewusstseins zu interpretieren.

2.3.5 Das stoische Selbst, die ICH-Führung und die Kohärenz des ICH

Nun wollen wir uns den systemisch-syntaktischen Charakter des ICH einer Person genauer anschauen. Hierzu nutzen wir die im Rahmen der schematischen Betrachtung von Organisationen gewonnenen Struktureinsichten als Wegweiser auf der Ebene der Person. Als Erstes lässt sich dann die Frage aufwerfen, ob wir analog zu der Betrachtung von Organisationen auch auf der Ebene der Person den Gedanken eines **personalen Spannungsmanagements** sowie damit zusammenhängender weiterer Funktionen einführen können. Dieser Gedanke bringt uns dann zu einem Konzept der **ICH-Führung** (im Sinne einer Führung durch ein Selbst) in der Form eines inneren personalen Führungssystems, welches wir als **Selbst** bezeichnen wollen.

Ergänzen wir hierzu das über Abbildung 8 gewonnene systemisch-syntaktische Bild des ICH einer Person um potenzielle syntaktische Spannungsfelder, welche sich in einem solch strukturierten System zeigen können, so kommen wir zu dem in Abbildung 9 dargestellten Bild. In diesem zeigen sich, analog zu unseren Überlegungen aus Teil 1 dieses Buches (siehe vor allem Kap. 1.2.2 und 1.2.4 sowie 1.2.5), eine Vielzahl von Spannungsfeldern zwischen den Strukturelementen des ICH, welche sich beim Treffen von inneren Entscheidungen bei der Wahl oder Abwahl von Dingen im Lebensvollzug als herausfordernd erweisen können. Beispiele für diese Spannungsfelder sind (ohne Anspruch auf Vollständigkeit):

- Spannungen zwischen einzelnen meiner Antriebe (zum Beispiel zwischen dem Wunsch nach Bewegung und dem Bedürfnis nach Ruhe)
- Spannungen zwischen meinen Rollen (zum Beispiel die zeitlichen Anforderungen meiner beruflichen Rolle versus meiner Vaterrolle)
- Spannungen zwischen meinen Eigenschaften und/oder Kompetenzen (zum Beispiel Extraversion versus eine sprachliche Beschränkung wie ein ausgeprägtes Stottern)
- Spannungen in meinen Zielen (zum Beispiel das kurzfristige Ziel, Karriere zu machen, versus das langfristige Ziel, eine Familie zu gründen)

- Spannungen zwischen einer meiner Rollen und meiner Persönlichkeit (zum Beispiel die Anforderung, Reden vor Menschenmengen zu halten, versus die fehlende Fähigkeit, eine Rede zu strukturieren)
- Spannungen zwischen meinen Rollen und meinen Zielen (zum Beispiel fehlende Ziele bezüglich einer Rolle können dazu führen, dass diese Rolle verkümmert oder aber sich grenzenlos in meinem Leben ausbreitet [»Workaholic«])
- Spannungen zwischen meiner Persönlichkeit und meinen Zielen (zum Beispiel fehlende Ziele für den Wunsch, eine Kompetenz aufzubauen, wie zum Beispiel eine Fremdsprache zu erlernen, können dazu führen, dass dieser Wunsch nie erfüllt wird)
- Spannungen zwischen der Umwelt und dem ICH (zum Beispiel der Bankrott einer Firma kann dazu führen, dass meine berufliche Rolle wegfällt)
- Spannungen zwischen der Umwelt und meinen Selbsterzählungen (zum Beispiel die geringe gesellschaftliche Reputation einer beruflichen Rolle kann zu Problemen im Aufrechterhalten einer sinnstiftenden Selbsterzählung führen)
- Spannungen zwischen Habitus und Rollen (zum Beispiel ein in der sozialen Unterschicht erworbener Habitus kann dazu führen, dass die Übernahme einer sehr reputierten beruflichen Stelle zu inneren Spannungen führt)
- Spannungen zwischen der Aufgabe des ICH und der Umwelt (zum Beispiel die Unmöglichkeit, eine berufliche Rolle aufgrund von gesellschaftlichen Beschränkungen auszuüben, da man nicht die passende Körpergröße oder das passende Gender besitzt, kann zu starken inneren Spannungen führen, welche nur schwer innerlich ausmoderiert werden können)

Wir sehen an dieser Auflistung, dass die syntaktischen Spannungen in einer Person sehr vielfältig sein können und mit hoher Wahrscheinlichkeit oft auch von negativen Gefühlen begleitet werden. Aus Sicht der Stoiker sehen wir an dieser Stelle wiederum, dass das Auftreten negativer Gefühle in gewisser Hinsicht diagnostisch für das Vorhandensein von inneren Spannungen im ICH einer Person ist. Wir interpretieren eine Spannung hierbei als innere Unfähigkeit, eine Entscheidung zu treffen, als Treffen einer Entscheidung, welche auf einem Fehlurteil beruht, oder aber als Oszillation zwischen zwei oder mehreren Möglichkeiten im Prozess des Treffens einer Entscheidung, was in seinen Auswirkungen den gleichen Effekt hat wie ein Fehlurteil, da der stoische Weise dieses innere Verhalten als Fehlurteil (im Sinne von fehlendem stabilem Wissen) interpretieren würde. Welche Spannung genau hinter einem negativen Gefühl steht, ist allerdings nicht klar zu erkennen. Negative Gefühle fordern daher eher dazu auf, nach einem ursächlichen Spannungsfeld im ICH zu suchen.

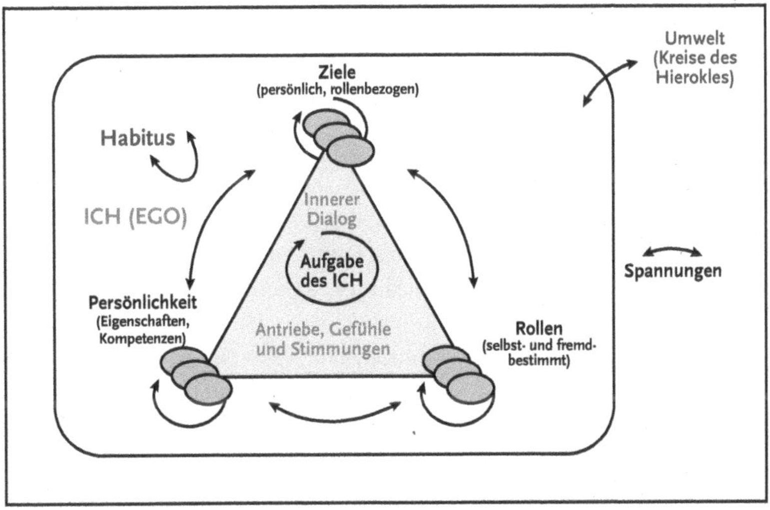

Abbildung 9: Die syntaktischen Elemente und Spannungsverhältnisse im ICH (EGO) einer Person im schematischen Überblick (individuelle Kohärenzdynamik [IKD]).

Die Frage, wie Spannungsfelder aufgelöst werden können, führt im nächsten Schritt zu der Hypothese, dass wir analog zu den Überlegungen im Umfeld von Organisationen ein System annehmen sollten, welches zum ICH in der funktionalen Beziehung steht, dass es die syntaktischen Spannungen im betrachteten ICH adressiert, moderiert und balanciert. Wir wollen dieses System, wie vorher bereits vorgeschlagen, das **Selbst** nennen und ihm analog zu dem System der Führung bei Organisationen die Aufgabe der **ICH-Führung** zuschreiben. Bevor wir aber die Betrachtung der Aufgaben der ICH-Führung vertiefen, wollen wir noch darauf hinweisen, dass auch hier, analog zu unseren Überlegungen zu Organisationen, ein höheres Maß an Selbst-Steuerungsfähigkeit des ICH bezüglich seiner Spannungszustände erreicht werden könnte, wenn wir die Selbstbeschreibungen des ICH einer Person, zum Beispiel durch die explizite Nutzung von Abbildung 9, syntaktisieren würden. Hierdurch würde, analog zu unseren vorherigen Überlegungen, die Sensitivität und das Verständnis des ICH seinen Spannungsquellen gegenüber erhöht, was sich nachfolgend in einer durch ICH-Steuerung erreichten, erhöhten inneren Kohärenz zeigen könnte.

Kommen wir aber zu unseren Überlegungen zur Aufgabe der ICH-Führung zurück. Diese besteht, wenn wir uns die obige Liste der Spannungen vor Augen halten und diese mit dem Aufgabenspektrum der Führung in Organisationen vergleichen, aus folgenden Anforderungen:

- **Entscheidungsqualitätssicherung:** Hier steht die Frage im Vordergrund, ob eine im ICH getroffene Entscheidung, wenn man ihre Bestandteile betrachtet, wirklich so hätte getroffen werden sollen (ICH-Reflexion).
- **»ICH-Balancierung und -Entwicklung«:** An dieser Stelle geht es darum, ob in der inneren Entscheidungspraxis des ICH bestimmte Aspekte unter- oder überrepräsentiert sind. So kann einer Person zum Beispiel in ihrem Selbst bewusst werden, dass sie meist nach Rollenanforderungen entscheidet oder aber in Entscheidungen kaum persönliche Ziele vorkommen. Zusätzlich fallen in diese Kategorie der ICH-Führung auch alle inneren Spannungszustände, da diese auf Spannungen zwischen den ICH-Anteilen hinweisen. Die Funktion dieser ICH-Führungsaufgabe besteht dann darin, das Entscheidungsverhalten so zu verändern, dass die Person hier ausgewogener entscheidet oder aber durch die Anpassung der Strukturelemente des ICH andere Entscheidungen getroffen werden können. Viele der im Rahmen der existenziellen Dimension von Führung angesprochenen Spannungsfelder fallen in diesen Bereich der ICH-Führung.
- **Arbeit an den ICH-Erzählungen:** In dieser Selbst-Aufgabe geht es darum, dass die Selbstbeschreibung einer Person über für sie sinnstiftende Erzählungen bereichert und mithin dafür gesorgt wird, dass die Aufgabe und die anderen Strukturelemente des ICH auf gute und konsistente Art und Weise in der Erzählung ihres Lebensvollzugs vorkommen.
- **Organisation des ICH-Dialogs:** Hier geht es darum, dass eine Person über ihre ICH-Führung für sich selbst innere Dialogräume definiert

oder findet, in denen sie in der Lage ist, ihre eigenen Lebensentscheidungen in ihrem inneren ICH-Dialog zu reflektieren und gegebenenfalls zu verändern. Die Stoa hat in diesem Kontext zum Beispiel das Führen eines Tagebuches empfohlen, welches auf transparente Art und Weise den inneren Dialog zeitlich (zum Beispiel jeden Tag) und inhaltlich (zum Beispiel Leitfragen) strukturieren kann.

Betrachten wir diese Funktionen der ICH-Führung, so fällt auf, dass diese in zwei Kategorien gegliedert werden können. Dies sind zum einen die ersten beiden Funktionen, welche eher auf syntaktischer (struktureller) Ebene wirksam sind, und zum anderen die letzten beiden Funktionen, welche auf der semantischen (inhaltlichen) Ebene wirken (auch wenn sie dort im engeren Sinne wieder syntaktisch wirksam sind). Diese beiden Funktionen bedienen dabei zwei wichtige Ziele bei der Herstellung der inneren *homologia,* und zwar sind diese:

- Die Sicherung syntaktischer Stimmigkeit zwischen den syntaktischen Elementen des ICH. Wir wollen dieses Ziel die Herstellung und Erhaltung von **Kohärenz** nennen.
- Die Sicherung der semantischen Stimmigkeit zwischen den semantischen Elementen des ICH-Dialogs. Wir wollen dieses Ziel die Herstellung von **Harmonie** nennen.

Mithilfe dieser Unterscheidung können wir den in der Stoa verwendeten Begriff der *homologia* also über die beiden Begriffe Kohärenz (syntaktisch) und Harmonie (semantisch) in unserem erweiterten Bild des ICH abbilden. Da es sich bei der semantischen Harmonie im Kern aber auch um eine syntaktische Aufgabe handelt und wir sie auch als Funktionsäquivalent für syntaktische Arbeit angesehen haben, werden wir im weiteren Verlauf stellvertretend für beide Aspekte der *homologia* zur Vereinfachung den Begriff der Kohärenz verwenden, welcher im Kern auf syntaktische Stimmigkeit abzielt. Wir werden deshalb auch bei der Betrachtung einer Person (das heißt im engeren Sinne zunächst ihres ICH-Systems) von **der individuellen Kohärenzdynamik (IKD)** in dieser Person sprechen.

Diese Überlegungen gelten hierbei nicht nur für das Erreichen der inneren *homologia,* sondern auch der äußeren *homologia,* da wir auch die Außenwelt in unserem Bild des ICH als inneres Strukturelement (kognitive Routine) konzipiert haben. Die stoische Unterscheidung zwischen äußerer und innerer *homologia* bildet sich in unserem Syntax-Bild des ICH, dabei also durch die Unterscheidung zwischen der Kohärenz im ICH mit der äußeren Umwelt einerseits und der Kohärenz der restlichen Syntaxelemente untereinander im ICH andererseits, ab.

Fassen wir diese Überlegungen zusammen, so können wir sagen, dass die Aufgabe der ICH-Führung die Herstellung beziehungsweise die Erhalt der *homologia* des ICH ist. Sie leistet dies dadurch, dass die im ICH angesiedelten Entscheidungen zur Wahl oder Abwahl von Dingen in der menschlichen Umwelt über die Meta-Entscheidungen des Selbst in ihrer Art und Weise überprüft, verändert oder auch nur balanciert werden. Das Selbst übt in diesem Bild damit die Funktion der *prohairesis* im stoischen Bild der Psyche aus und ist damit gleichzeitig der Sitz des moralischen Charakters einer Person. Mit dem Herstellen der *homologia* im ICH erreicht das Selbst damit also auch das, was Cicero mit dem Begriff des *decorums* beschrieben hat, nämlich die von außen wahrnehmbare moralische Schönheit des ICH. Das Selbst besitzt abschließend damit auch implizit die Aufgabe, auf der Gefühlsebene dafür zu sorgen, dass das ICH sich dauerhaft im Zustand der *eupatheiai* befindet. Dies wird aus stoischer Sicht durch das Erreichen der inneren Weisheit beziehungsweise Tugendhaftigkeit sichergestellt, welche im Kern in der richtigen Wahl und Abwahl der Indifferenzien im Leben besteht.

2.3.6 Vom Selbst und der Führung des Selbst zum Weg eines gelingenden Lebens

Wie müssen wir uns das Selbst, welches wir funktional im letzten Abschnitt eingeführt haben, jetzt aber strukturell genau vorstellen? Woraus besteht es und welche Folgen hat diese Struktur für unsere weitere Betrachtung? Hinzu kommt auch die Frage, ob auch das Selbst wiederum geführt werden muss, damit es seine Funktion der *prohairesis* so ausüben kann, dass das ICH innerlich kohärent bleibt. Es sind genau diese Fragen, welche wir jetzt in den Blick nehmen wollen. Beginnen wir mit der Frage der Struktur des Selbst. Hier können wir, ausgehend von unserer bereits mehrfach verwendeten systemisch-syntaktischen Perspektive, zu einer hypothetischen Darstellung der Struktur des Selbst in der Form kommen, wie sie in Abbildung 10 dargestellt ist. Hier zeigen sich die uns bereits bekannten Strukturelemente des Selbst sowie die mit diesen erwartbaren Spannungszustände im Selbst.

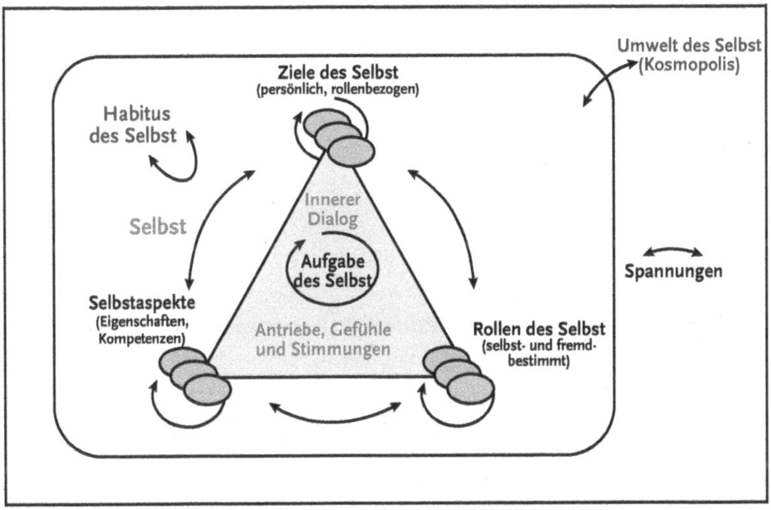

Abbildung 10: Die syntaktischen Elemente und Spannungsverhältnisse im Selbst einer Person im schematischen Überblick (Selbst-Kohärenz-Dynamik [SBKD]).

Wir werden im Folgenden auf diese Strukturen schauen und uns vergegenwärtigen, in welcher Form diese in einer Person realisiert sind. Hierbei wird sich zeigen, dass es eine enge Verknüpfung zwischen der Ausformung dieser Strukturelemente im Selbst und dem Weg der Stoa gibt, so wie er in den stoischen Texten dargestellt ist. Der stoische Weg besteht in dieser Sichtweise aus einer Mehrzahl von Handlungsanweisungen, welche im Kern darauf abzielen, ein Selbst in einer Person zu etablieren, welches in der Lage ist, das ICH einer Person zur *homologia* zu führen. Wir werden daher in der folgenden Beschreibung der Selbst-Strukturelemente gleichzeitig auch den Bezug zu wichtigen Elementen des stoischen Wegs für eine gelingende Lebenspraxis aufzeigen. Mithilfe dieser Vorgehensweise erhalten wir so eine kompakte Darstellung der wesentlichen Handlungsfelder auf dem stoischen Weg zu einer gelingenden Lebenspraxis, welche wir im dritten Teil dieses Buches nutzen werden, um daraus einen Weg zu einer stoisch inspirierten gelingenden Führungspraxis abzuleiten. Aber kommen wir zunächst zurück zu der Struktur des Selbst.

Hier lassen sich folgende Handlungsfelder im Selbst unterscheiden, die auf dem Weg der Stoa Aufmerksamkeit erhalten müssen und zusammen den stoischen Weg eines gelingenden Lebens darstellen:

- Die **stoische Aufgabe des Selbst als *homologia***: Die Stoa hatte eine klare Vorstellung davon, was die Aufgabe des Selbst einer Person ist. Diese besteht darin, dass das Selbst, verstanden als moralischer Charakter einer Person, in der Ausübung seiner Steuerungsfunktion des ICH (seiner *prohairesis*) zu jedem Zeitpunkt dafür sorgt, dass das ICH sich in einem Zustand der *homologia* befindet. Ein Zustand, der im ICH auch durch das Erscheinen des *decorums* sichtbar wird.
- Die **Ausgestaltung der Rollen des Selbst**: Dieser Aspekt des Wegs der Stoa findet sich prominent in der verfügbaren Literatur und verweist darauf, dass es von Vorteil ist, sich zu Beginn des Wegs der Stoa für das eigene Selbst (im engeren Sinne für den Rollenteil des Selbst-Systems) ein **stoisches Rollenvorbild** zu suchen. In den Texten werden hierfür zum Beispiel Zenon oder aber Cato der Jüngere vorgeschlagen, welche schon im Altertum als Vorbilder der stoischen Lebenspraxis angesehen wurden. Die Praxis dieser Anforderungen läuft im Kern darauf hinaus, dass sich das Selbst einer Person zu jeder Zeit mit der Frage beschäftigen sollte, wie das gewählte stoische Rollenvorbild in einer gegebenen Situation die Entscheidungen des ICH beeinflussen würde. Ist man auf dem Weg der Stoa schon weiter fortgeschritten und hat durch eigene Praxis eine Vorstellung davon aufgebaut, welche Aufgaben dem Selbst zukommen, dann kann die Verwendung eines Rollenvorbilds zugunsten einer eigenen Rollendefinition im Selbst verändert werden. Hierbei wird aber sicherlich eine Nähe zu dem ursprünglichen Vorbild erhalten bleiben.
- Die **Ausbildung der Selbstaspekte des Selbst**: Dabei geht es darum, dass im Selbst wichtige Eigenschaften und Kompetenzen aufgebaut werden, welche es dem Selbst ermöglichen, seiner Aufgabe nachzukommen. Dies kann zum Beispiel durch die Verinnerlichung **stoischer Leitsätze** oder das **Konzept der praktischen Disziplinen in der Stoa** (zum Beispiel das Konzept der drei Disziplinen von Epiktet) geschehen. Das Konzept

der Disziplinen wurde am deutlichsten von dem Stoiker Epiktet für den Weg der Stoa formuliert und stellt im Kern eine Kompetenzanforderung an das Selbst dar (im engeren Sinne an den Aspekt der Selbstaspekte im Selbst-System). Diese Disziplinen zielen dabei auf drei Aspekte der ICH-Steuerung ab: den Umgang mit dem Begehren im ICH (hierunter fällt der Umgang mit den Antrieben, Gefühlen und Stimmungen sowie der Umwelt), das Bilden eines angemessenen Handlungsimpulses im ICH sowie die Urteilsbildung bei der Zustimmung im ICH. Wir werden dieses Konzept im dritten Teil noch vertiefter kennenlernen (siehe Kap. 3.2.5 – 3.2.7). An dieser Stelle sei aber darauf verwiesen, dass es sich bei der Praxis der Disziplinen im Kern um Selbst-Kompetenzen und nicht im engeren Sinne um ICH-Kompetenzen handelt. Die Verinnerlichung stoischer Leitsätze kann in diesem Kontext eher als eine begleitende Übung angesehen werden, welche zu Beginn des Lernprozesses im Selbst hilfreich sein kann. Sobald die stoischen Disziplinen beherrscht werden, tritt die Bedeutung von Leitsätzen in der stoischen Praxis in den Hintergrund.

- Die Definition der **Ziele des Selbst**: Das Selbst besitzt im Hinblick auf das ICH klar definierte Aufgaben, welche wir vorher schon kennengelernt haben. Im Strukturelement der Ziele im Selbst geht es jetzt darum, dass diese Aufgaben in eine zeitlich konkrete Planung gebracht werden. Dieser Aspekt ist von den tagesaktuellen Interventionen des Selbst im ICH zu unterscheiden und bezieht sich eher auf den Entwicklungsweg des ICH, wie er vom Selbst begleitet wird. Die Ziele des Selbst orientieren sich hierbei an den jeweiligen Entwicklungsbedarfen des ICH und folgen hierbei der **Entwicklungssequenz des ICH-Systems**, wie diese im **Prozess der *oikeiosis*** beschrieben wurde. Wir werden diesen Punkt im nachfolgenden Exkurs zur Entwicklung des ICH-Systems noch genauer betrachten. Es sei aber vermerkt, dass auf dem Weg der Stoa dieser Entwicklungspfad zur Tugendhaftigkeit in seiner zeitlichen Stufenform über passende Ziele nachgezeichnet wird.
- Die Ausbildung eines **stoischen Habitus des Selbst**: Auch das Selbst wird analog zum ICH in gewisser Hinsicht einen »Autopiloten« ausbilden, welcher auch ohne bewusste Steuerung das ICH auf dem Pfad der Tugendhaftigkeit hält. In der stoischen Literatur scheint hier das Konzept der **Kosmopolis** von Interesse zu sein, da der stoische Weise sich idealerweise in dieser weltweiten Gemeinschaft der Weisen so-

zialisieren sollte. Dies kann in der Praxis durch den nochmaligen Rückgriff auf das Rollenvorbild eines stoischen Weisen geschehen, da die angenommene innere Gemeinschaft mit einem solchen eine Annäherung an diesen Prozess darstellen kann. Die vorgestellte innere Gemeinschaft mit dem stoischen Weisen wirkt in dieser Hinsicht wie eine Selbst-Habituierung im inneren Dialog des Selbst in Richtung der Kosmopolis. Der resultierende Habitus des Selbst orientiert sich damit im stoischen Sinne an den Regeln und Normen der vorgestellten Kosmopolis, was im Kern bedeutet, dass sich auch im Habitus des Selbst die Tugendhaftigkeit wiederfinden sollte.

- Die **Etablierung einer stoischen Selbstbeschreibung des Selbst**: Die Selbstbeschreibung des Selbst baut nach stoischer Vorstellung auf den beiden Grundpfeilern der **inneren Freiheit beziehungsweise Autonomie** (griechisch: *eleutheria**) bei gleichzeitiger Ein- und Angebundenheit in/an den Kosmos (*homologia* und *sympatheia*) auf. Diese Grundpfeiler des stoischen Denkens sorgen, so sie in die Selbstbeschreibung des Selbst Eingang gefunden haben, im Vollzug der Aktivität des Selbst gegenüber dem ICH dafür, dass die Steuerung des Selbst sich immer wieder in der Ausübung seiner *prohairesis*, das heißt der Überprüfung der ICH-Entscheidungen, dieser Rahmung durch das stoische Weltbild bewusst ist und entsprechend in die Prozesse im ICH interveniert.
- Die **Organisation des Dialogs im Selbst**: Dieser Aspekt der stoischen Lebenspraxis ist zentral für den Weg der Stoa, da sich in ihm die Forderung nach einer ständigen Aufmerksamkeit im Selbst gegenüber den Vorgängen im ICH manifestiert. Diese Anforderung zeigt auf, dass zu einer gelingenden stoischen Lebenspraxis eine ständige enge Begleitung des ICH-Dialogs durch das Selbst mithilfe seines Selbst-Dialogs notwendig ist. Diese Anforderung bedeutet ebenfalls, dass das Selbst, zumindest im Hinblick auf die hier formulierte Anforderung einer guten Synchronisation des Dialogs im ICH mit dem Dialog im Selbst, eine Art Selbstbezüglichkeit aufweist, da das Selbst diese Synchronisation nur leisten kann, wenn es diese Aspekte des ICH-Selbst-Systems im

* Wir werden diesem Begriff im dritten Teil dieses Buches ein eigenes Praxiskapitel widmen (siehe Kap. 3.2.2). An dieser Stelle sei nur noch einmal darauf verwiesen, dass die innere Freiheit eine direkte Folge der Freiheit unseres freien Willens ist, welche wir schon an mehreren Stellen dieses Buches besprochen haben.

Selbst abbilden kann. Das Schlüsselkonzept auf dem stoischen Weg des gelingenden Lebens zur Erreichung dieser Synchronisation ist die **stoische Aufmerksamkeit oder Achtsamkeit** (griechisch: *prosochē*). Sie besteht im Kern darin, dass das Selbst die Prozesse im ICH jederzeit eng verfolgt und so auch direkt intervenieren kann, wenn das ICH einen Entscheidungsweg einschlägt, welcher nicht mit dem moralischen Charakter einer Person in Einklang zu bringen ist.

Betrachten wir diese Aufstellung stoischer Konzepte im Verhältnis zu den Handlungsfeldern in der Etablierung und Erhaltung des Selbst, so fällt ein wichtiger Punkt auf. Im Kern finden wir hinter den stoischen Angeboten in jedem Feld abstrakt gesehen immer eine Antwort, nämlich die Ausrichtung auf die Tugend. Das heißt im übertragenen Sinne, dass die Tugend in ihren unterschiedlichen Aspekten die Antwort auf alle Herausforderungen in der Arbeit am Selbst darstellt. Dieser Befund erklärt auf sehr plastische Art und Weise, warum die Stoiker nur die Tugend als das höchste Gut ansahen. Der Gedanke einer Einheit der Antworten auf die Herausforderungen in der Arbeit am Selbst hat aber auch noch eine wichtige konzeptionelle Konsequenz. Er verhindert, dass das hier verwendete hierarchische Modell von Systemebenen in einen infiniten Regress fällt. Dieser würde dann entstehen, wenn wir auf jeder Systemebene wieder den Bedarf einer neuen Systemebene erkennen würden, welche eine weitere Systemebene erfordern würde, um den Steuerungsbedarf der darunterliegenden Systemebene zu adressieren. Im Fall des Selbst kann dieser infinite Regress gestoppt werden, da die im Selbst potenziell vorkommenden Spannungsfelder sich nach unserer vorherigen Überlegung als Spannungen im Konzept der Tugend erweisen würden. Da in der Vorstellung der Stoa die Tugend auf der inneren Weisheit basiert und diese keine inneren Spannungsfelder aufweisen kann, entfällt aufgrund dieser Überlegung der Bedarf an einem weiteren Steuerungssystem oberhalb des Selbst.

Wir erkennen durch diese Betrachtung auch eine wichtige eigenständige Leistung der Stoa, welche in unserer Betrachtung im ersten Teil im Rahmen unserer syntaktischen Analyse der Systeme Organisation und Führung (siehe Kap. 1.2.2 und 1.2.4) bislang nicht verfügbar war und auf einen konzeptionellen Mangel in diesen Überlegungen hinweist. Wir hatten schon aufgezeigt, dass die fehlende Kohärenz in der Führung von Führung (siehe Kap. 1.2.5) sich in den meisten Organisationen durch ein suboptimales

Funktionieren von Führung zeigt. Dies ließe sich konzeptionell dadurch beseitigen, dass wir in unseren Überlegungen zur Führung von Führung das stoische Konzept der Tugendhaftigkeit als oberste Steuerungsinstanz integrieren würden. Was dies bedeuten kann und welche Auswirkungen diese Umstellung hätte, werden wir im dritten Teil noch einmal betrachten (siehe Kap. 3.2.9).

Zuletzt sei auch noch auf den Punkt hingewiesen, dass wir, mit der Bündelung der Steuerungsanforderungen des Selbst im Begriff der Tugend, einen Aspekt des stoischen Denkens wiedergefunden haben, den wir bereits im Gespräch des Sokrates mit Alkibiades kennengelernt haben. Sokrates äußerte in seinem Dialog mit Alkibiades den Gedanken, dass der Weg zu einem gelingenden Leben im Erlangen der inneren Weisheit und damit der Tugendhaftigkeit besteht. Eine Überlegung, die sich in unserer stoischen Konzeption eines ICH-Selbst-Systems, welches sich in seiner Dynamik und in seinen Strukturen an der Tugendhaftigkeit orientiert, in vollendeter Form abbildet. Wir sehen daher, dass wir in den Überlegungen dieses Buches einen großen Kreislauf durchlaufen haben. In diesem sind wir von den programmatischen Äußerungen des Sokrates über die genauere Analyse des stoischen Denkens zur sokratischen Ausgangsfrage zurückgekommen. Diese konnten wir jetzt aber mithilfe der Stoiker in einer deutlich umfassenderen Form beantworten, als dies Sokrates zu seiner Zeit möglich war.

Wir haben durch die Überlegungen zu den Handlungsbedarfen im Selbst auch zum ersten Mal die wesentlichen konzeptionellen Eckpunkte des Wegs der Stoa vor Augen. Zu diesen Aspekten müssen wir noch die praktische Seite dieses Wegs ergänzen, da erst in dieser Gesamtschau der vollständige Weg vor uns liegen wird. Diesem Aspekt der stoischen Lebensphilosophie waren wir bereits in unserem Exkurs zur modernen Betrachtung einer solchen Lebenskunst begegnet (siehe Abbildung 7). Wir werden daher unsere Betrachtung im dritten Teil, Pierre Hadot folgend, durch die dargestellte Praxis des Wegs der Stoa ergänzen und abrunden.

Zum Abschluss dieses Kapitels wollen wir noch einen kurzen Blick auf die Besonderheiten dieses Wegs werfen.[108] Hierbei wird uns vor allem interessieren, wie sich der Weg der Stoa von anderen antiken Angeboten unterscheidet. Wir streben dabei keine Vollständigkeit der Betrachtung an, sondern wollen nur einige wichtige Punkte herausstellen. Die Stoiker setzten in ihrer Reflexion über die personale ethische Entwicklung von Menschen ihren Fokus auf die Entwicklung einer Selbst-Führungsfähigkeit im erwachsenen Menschen. Diese soll zur Rationalität fähige Menschen (also im Kern erwachsene Menschen) dazu befähigen, dass sie ihre Sichtweisen, Einstellungen und emotionalen Reaktionen so verändern können, dass sie ein Leben im Einklang mit ihrer Natur und der Allnatur leben können. Für die Stoiker war dabei wichtig, dass dieser Prozess unabhängig davon ablaufen kann, wie die Kindheit einer Person aussah, welchen Charakter sie besitzt oder in welchen sozialen Umständen sie aufwuchs. Zusätzlich waren die Stoiker auch davon überzeugt, dass es belanglos ist, wann dieser Prozess im Leben einsetzt. Im Bild der Stoa konnte also prinzipiell jeder Mensch den Weg der Stoa gehen und auf das Erreichen des stoischen Lebensziels hoffen. Die Stoiker waren sich bezüglich dieses Potenzials aber auch im Klaren darüber, dass nur die wenigsten Menschen tatsächlich die innere Reife des stoischen Weisen erreichen werden.

Mit diesen Annahmen setzt die Entwicklungstheorie der Stoiker einen deutlich anderen Akzent als moderne Vorstellungen von personaler Entwicklung oder aber die Vorstellung im platonisch-aristotelischen Entwicklungsbild, welche der kindlichen Entwicklung eine zentrale Rolle in der Entwicklung von Menschen zuschreiben. Die Stoiker stehen in ihren Vorstellungen dabei Sokrates eindeutig näher, auch wenn sie deutlich über ihn hinausgehen.

Die platonisch-aristotelische Vorstellung von Entwicklung[109] wurde, nach Christopher Gill, in der Antike von vielen als die »Standard«-Vorstellung angesehen. Sie bestand im Kern in folgenden Annahmen:

- Die ethische Entwicklungsfähigkeit eines Menschen hängt von einer Kombination von Faktoren ab.
- Wichtigen Einfluss haben angeborene Eigenschaften (Natur – *physis*) und soziale Habituierung (Praktiken – *ethos*) und Glaubenssätze (*logos*).
- Philosophische Bildung (*paideia*) ist ebenfalls von entscheidender Bedeutung zur Erreichung personalen Glücks.

Im platonisch-aristotelischen Entwicklungsbild werden zwei Phasen unterschieden:

1. soziale und emotionale Habituierung (insbesondere in der Kindheit)
2. intellektuelle Erziehung und Ausbildung (insbesondere im Erwachsenenalter)

Sowohl das platonische als auch das aristotelische personale Entwicklungsprogramm für Menschen orientierte sich daher an diesen beiden Phasen. Beide Entwicklungsprogramme gehen aufgrund dieser Grundstruktur von einem starken Einfluss sozio-politischer Rahmenbedingungen auf die menschliche Entwicklung aus, da zum Beispiel eine misslungene Habituierung in der Kindheit in diesem Entwicklungsbild nicht mehr korrigiert werden kann. Wer in diesem Bild während seiner Kindheit nicht die relevanten ethischen Normen und Verhaltensweisen (moralische Tugenden) vorgelebt bekommen und nachfolgend übernommen hat, kann diese im späteren Leben auch durch philosophische Reflexion (intellektuelle Tugenden) nicht mehr vollständig gewinnen. Die Stoiker vertraten in dieser Hinsicht, wie wir bereits vorher ausgeführt haben, eine deutlich andere Sichtweise, auch wenn sie dem Einfluss sozio-politischer Rahmenbedingungen gegenüber nicht blind waren. Sie glaubten aber, dass grundsätzlich jeder Mensch unabhängig davon, wo er im Leben steht, den Weg der Stoa zu einem gelingenden Leben gehen kann.

Die Stoiker glaubten auch nicht, dass man nur als Philosoph glücklich werden kann. Sie gingen vielmehr davon aus, dass man in jeder Situation in seinem Leben seine innere Tugendhaftigkeit praktizieren und somit Fortschritt erreichen kann. Dies steht im Widerspruch zu der aristotelischen Annahme, dass das größte Glück in der philosophischen Reflexion (»*vita contemplativa*«) liegt. Ein Gedanke, der in vielen Menschen Leid verursacht haben dürfte, wenn sie in ihrem Leben zu wenig Zeit für philosophische Reflexion gefunden haben. Die Stoiker erscheinen an dieser Stelle sehr viel lebensnaher und ermutigender in ihrer Vorstellung von Entwicklung. Dies drückte sich auch dadurch aus, dass es die Stoiker in die Mitte der Gesellschaft drängte, da sie auch dort, wie an jedem anderen Ort, moralischen Fortschritt erlangen konnten. Gretchen Reydams-Schils drückt dies in ihrem Buch *The Roman Stoics* über eine stoische Ausnahmeregel aus, welche besagt, dass der Stoiker, falls er nicht valide Gründe besitzt, welche dagegensprechen, wie Krankheit, besondere philosophische Begabung et cetera, sich in die Gesellschaft einmischen sollte.

Es gibt aber auch noch einen weiteren Aspekt der stoischen Entwicklungstheorie, in welchem diese modernen Vorstellungen personaler Entwicklung sehr ähnlich ist. Diesem Aspekt der stoischen Theorie personaler Entwicklung möchten wir uns abschließend im nächsten Kapitel in Form eines Exkurses zuwenden.

2.3.7 Exkurs 3: Individuelle Kohärenz und vertikale Entwicklung

Ausgangspunkt für diesen Exkurs ist die Beobachtung, dass sich das in Kapitel 2.3.3 beschriebene Konzept der stoischen *oikeiosis* als Stufenkonzept gezeigt hat. Diese Beobachtung ist von Interesse, da diese Stufenförmigkeit des Prozesses der personalen Entwicklung eine bemerkenswerte Ähnlichkeit zu dem modernen Konzept der **vertikalen Entwicklung** zeigt, welches auch als **ICH-Entwicklung** bezeichnet wird. Dieses wurde von Autoren wie Jane Loevinger, Susanne Cook-Greuter sowie Robert Kegan seit den 60er-Jahren des letzten Jahrhunderts entwickelt.[110] Im deutschsprachigen Raum wurden diese Gedanken primär von Thomas Binder und Martin Permantier in den vergangenen zehn Jahren aufgegriffen. Der Begriff vertikale Entwicklung wird in dieser Literatur dabei von dem Begriff der horizontalen Entwicklung unterschieden, wobei letztere Entwicklung im Kern normalen Lernprozessen, im Sinne eines Kompetenzaufbaus, entspricht. Der Begriff vertikale Entwicklung wurde eingeführt, um das Phänomen beschreiben zu können, dass Personen neben kontinuierlichen Veränderungen (zum Beispiel in ihren Kompetenzen) in ihrer personalen Entwicklung (zum Beispiel in ihren inneren Haltungen beziehungsweise ihrem Verhalten anderen gegenüber) deutliche qualitative Sprünge aufzeigen können. Diese Beobachtung führte dann zu empirischen Untersuchungen, in denen entweder die sprachliche Ausdrucksfähigkeit in Bezug auf eine Sequenz von Standardfragen (Jane Loevinger und Susanne Cook-Greuter) oder aber die Reflexionsfähigkeit im Bezug auf die Subjekt-Objekt-Unterscheidung* in Standardinterviews bezüglich bestimmter Fragen (Robert Kegan) gemessen wurde.

Mit beiden Ansätzen zeigten sich klare Unterschiede im Antwortverhalten, welche von beiden Forschergruppen dahingehend interpretiert wurden, dass es einen weiteren personalen Freiheitsgrad geben muss, entlang

* Hiermit ist gemeint, dass wir im Laufe unserer Entwicklungsprozesse Dinge zunächst nur erleben (Subjekt-Perspektive) und dann aber auch lernen können, diese begrifflich zu beschreiben (Objekt-Perspektive).

dessen sich Personen auf einer Skala unterscheiden lassen können. Jane Loevinger und Susanne Cook-Greuter bezeichneten diesen Freiheitsgrad als innere Entwicklungsstufe und brachten diese mit der personalen Fähigkeit in Verbindung, sprachliche und kognitive Komplexität ausdrücken und verarbeiten zu können. Eine ausgeprägtere Fähigkeit, dies zu tun, drückt sich dann auch in einem komplexeren Antwortverhalten und damit in einer höheren inneren Entwicklungsstufe aus. Interessanterweise zeigte die Skala dieser Entwicklung keinen kontinuierlichen Verlauf, stattdessen zeigten sich in den empirischen Befunden einzelne Entwicklungsstufen, welche unabhängig von Alter, Geschlecht oder anderen personalen Faktoren durchlaufen werden können. Ein ähnliches Bild fand auch Robert Kegan in seinen Arbeiten. Er identifizierte den gefundenen Freiheitsgrad ebenfalls als inneren Entwicklungsstand und erklärte diesen allerdings über eine zunehmende Reflexionsfähigkeit bezüglich einer Subjekt-Objekt-Unterscheidung.

Im deutschen Sprachraum wurden diese Arbeiten deutlich später aufgegriffen, wobei Thomas Binder und Martin Permantier hier als wesentliche Akteure angesehen werden können. Während Thomas Binder hier den Begriff **ICH-Entwicklung** nutzt, verwendet Martin Permantier neben diesem Begriff auch den Begriff der **Haltungsentwicklung** in seinen Arbeiten. Beide unterscheiden im Anschluss an Jane Loevingers Arbeiten in ihrem Entwicklungsbegriff vier Dimensionen, in denen sich die jeweiligen Entwicklungsstufen unterscheiden. Diese Dimensionen sind: Charakter (Umgang mit eigenen Impulsen und Maßstäben), interpersoneller Stil (Art und Weise, mit anderen umzugehen), Bewusstseinsfokus (Aufmerksamkeitsfokus) und kognitiver Stil (Art und Weise der Denkstrukturen). Eine höhere Stufe der ICH-Entwicklung beziehungsweise eine höhere Haltungsstufe zeigt sich in einem deutlich veränderten Verhalten in diesen vier Dimensionen. Die einzelnen Stufen in dieser Entwicklung zeigen sich aus Sicht beider Autoren dabei sowohl in einem veränderten Sprachgebrauch als auch in einer anderen Reflexionsfähigkeit und integrieren so die Gedanken der vorher betrachteten Untersuchungen in gewisser Hinsicht.

Im Folgenden fokussieren wir uns in der weiteren Betrachtung auf das Haltungsmodell von Martin Permantier, da seine Arbeiten zum einen große Ähnlichkeiten zum Denken Thomas Binders aufweisen und zum anderen für praktische Belange am tiefsten ausgearbeitet sind. Permantier folgt in seiner Konzeption des ICH-Entwicklungsprozesses im Schwerpunkt den

Arbeiten von Jane Loevinger und Susanne Cook-Greuter, dass heißt, dass er ebenfalls einen Schwerpunkt auf die beobachtbare sprachliche syntaktische Komplexität von Personen legt. Der Gedanke der zunehmenden Reflexionsfähigkeit in den ICH-Entwicklungsstufen von Robert Kegan ist in dieser Perspektive als semantischer Aspekt im Sprachgebrauch einer Person (über das Phänomen der Bildung neuer Reflexionsbegriffe) enthalten. Wichtige Aspekte in diesem Stufenbild sind dabei, dass

- das Erreichen einer höheren Stufe das Durchlaufen der vorherigen Stufen benötigt
- dass die auf einer niedrigeren Stufe gemachten Erfahrungen und erlernten Kompetenzen auf den höheren Stufen nicht verloren gehen, sondern integriert und damit auch transformiert werden
- jede Stufe auch mit einer neuen Form der Reflexionsfähigkeit einhergeht – was ich auf der unteren Stufe noch rein erlebt habe (Subjekt-Perspektive, wie zum Beispiel die Ausübung einer Fähigkeit), kann ich aus der Perspektive der nächsthöheren Stufe bezeichnen und damit besitzen (Objekt-Perspektive)
- die jeweiligen Entwicklungsstufen sich immer auf eine rollengebundene Teilpersönlichkeit beziehen (das heißt, ich kann in unterschiedlichen meiner sozialen Rollen auch unterschiedliche Entwicklungsstufen aufweisen)

Das Stufenkonzept von Martin Permantier bildet außerdem auch eine weitere, auf die Arbeiten von Lawrence Kohlberg zur moralischen Entwicklung von Menschen zurückgehende, Dimension ab, welche in der Literatur als **Entwicklungsebene** bezeichnet wird. In dieser Dimension werden drei Ebenen unterschieden, und zwar die **vorkonventionelle**, die **konventionelle** und die **postkonventionelle**. Diese Ebenen weisen auf gewisse Ähnlichkeiten der in ihnen enthaltenen Stufen hin. So findet sich in den vorkonventionellen Stufen noch keine wirklich ausgeprägte Form eines ICH wieder, so wie wir dies im Rahmen dieses Buches verstanden haben, da durch die fehlende sprachliche Distanzierung zu körperlichen Bedürfnissen eine ICH-Instanz noch nicht steuernd eingreifen kann. In der konventionellen Ebene ändert sich dies vollständig, und wir können die langsame Bildung und den Gebrauch der ICH-Struktur(en) beobachten. In der postkonventionellen Phase verschwindet die Bedeutung der ICH-

Struktur(en) langsam wieder, und wir erkennen, dass durch die Aktivitäten unseres Selbst das ICH fluide wird. Dies reicht bis zu dem Punkt, an dem wir auch unserer Selbst-Strukturen und deren Veränderung gewahr werden.

Entwicklungsebene	Haltungsstufe Martin Permantier	Motiv	Fokus der stoischen *oikeiosis*
Vorkonventionell (noch kein ICH)	Vorsozial-instinktive Haltung und körperlich verschmelzende Haltung (vorsprachliche Stufen)	SM	Fokus auf Selbsterhaltung und Aneignung des natürlich Gebrauchten (1. Phase *oikeiosis*)
	Selbstorientiert-impulsiv	BM	Fokus auf inneren Antrieben
Konventionell (ICH im Fokus)	***Gemeinschaftsbestimmt-konformistisch***	AM	Fokus auf dem Umgang mit Rollenanforderungen
	Rationalistisch-funktional	LM	Fokus auf den eigenen Eigenschaften und Kompetenzen
	Eigenbestimmt-souverän	WM	Fokus auf Balancierung mit Zielen
Postkonventionell (ICH wird transzendiert)	***Relativierend-individualistisch***	FM	Fokus auf der inneren *homologia* zwischen den Teilpersönlichkeiten und den Gefühlen
	Systemisch-autonom	KM	Fokus auf dem ICH der Person und dessen Anbindung an den Kosmos
	Integriert-selbstaktualisierend	?	Fokus auf der ICH-Selbst-Interaktion
	Fließend-akzeptierende Haltung	?	Fokus auf der Führung des Selbst

Tabelle 6: Vergleichende Darstellung der Haltungsstufen von Martin Permantier[111] mit den Entwicklungsstufen der stoischen *oikeiosis* sowie einer hypothetischen Zuordnung dominanter Motive zu den Stufen der Entwicklung.

Betrachtet man jetzt die in unseren Überlegungen zum ICH-Selbst-System in der stoischen Philosophie gewonnenen Einsichten zur Struktur des personalen Entwicklungsprozesses der *oikeiosis*, so zeigen sich zwischen dem Bild der vertikalen Entwicklung und dem Strukturbild der *oikeiosis* verblüffende Ähnlichkeiten, wie wir in der Gegenüberstellung dieser beiden Bilder der menschlichen Entwicklung in Tabelle 6 sehen können. Durch diese Gegenüberstellung zeigt sich auch noch einmal deutlich, dass die in der *oikeiosis* bereits beobachtbare Reihenfolge in der Bewusstwerdung der einzelnen Strukturen des ICH sich identisch auch in der Sequenz der vertikalen Entwicklungsstufen abbilden lässt. Diese Reihenfolge legt dabei nahe, dass wir unterschiedliche Entwicklungsstufen einer Person in Bezug auf eine ihrer Teilpersönlichkeiten durch den jeweiligen ICH-Fokus erkennen können. Was dieser an Teilpersönlichkeiten ausgerichtete Entwicklungsgedanke in der Praxis für die Entwicklung in einer Führungsrolle bedeuten kann, werden wir im dritten Teil noch genauer betrachten. An dieser Stelle sei auch noch darauf hingewiesen, dass es sich bei den fettkursiv in Tabelle 6 dargestellten Haltungsstufen von Martin Permantier um die bei ihm im Fokus stehenden Stufen handelt. Die davor liegenden vorsprachlichen Stufen genauso wie die beiden letzten dargestellten postkonventionellen Stufen werden in seinen Büchern nur kurz beschrieben. Wesentlicher Grund hierfür ist einerseits die geringe Relevanz vorsprachlicher Stufen in Unternehmenskontexten sowie andererseits die geringe Datenlage zu den beiden letzten Stufen. Auch ist deren Abstraktionsgrad in vielen praktischen Kontexten zum einen kaum relevant und zum anderen auch wenig anschlussfähig.

Betrachten wir diese Gegenüberstellung noch einmal in der Gesamtschau, so zeigt sich klar, dass es sich bei der stoischen Theorie der *oikeiosis* bereits um eine eindeutig postkonventionelle Theorie personaler Entwicklung handelte. Ein Befund, welcher angesichts eines Alters von über 2000 Jahren beeindruckt und aufzeigt, dass auch ältere Kulturen in ihren Kulturleistungen bereits auf Augenhöhe mit unserer modernen Kultur stehen. Zusätzlich legt die Darstellung der *oikeiosis* in Tabelle 6 auch noch einen zusätzlichen Gedanken nahe, nämlich den Gedanken, dass der in jeder Stufe veränderte Fokus der Aufmerksamkeit als eine Art Motiv-Wechsel verstanden werden kann. Folgen wir dieser Hypothese, so würde sich jede Entwicklungsstufe durch ein Motiv charakterisieren lassen, welches in der entsprechenden Stufe dominant wäre. Wir verstehen Motive hierbei als intelligente Lösungsstrategien, welche mittels eines bestimmten Handlungsfokus versuchen, Bedarfe einer Person zu bedienen. Aus der Psychologie[112] sind vier Basismotive bekannt, und zwar:

- das Anschluss- oder Bindungsmotiv (AM – Fokus Zugehörigkeit)
- das Leistungsmotiv (LM – Fokus Exzellenz)
- das Macht- oder Wirkmotiv (WM – Fokus Wirksamkeit)
- das Freiheitsmotiv (FM – Fokus Integration)

Vergleicht man diese Motive mit den sechs Haltungsstufen von Martin Permantier, so fällt auf, dass sie sich auf sehr passende Art und Weise auf die mittleren vier Haltungen in seinem Schema abbilden lassen (siehe Tabelle 6). Betrachtet man den Fokus der davor und danach liegenden Entwicklungsstufen, so könnte man hierzu folgende hypothetische Motive ergänzen, wobei die ersten beiden vor dem Anschlussmotiv und das dritte nach dem Freiheitsmotiv anzusiedeln wären. Mein Vorschlag hierzu wäre*:

- ein Selbsterhaltungsmotiv (SM – Fokus Schutz und Versorgung)
- ein Binnenmotiv (BM – Fokus auf den Antrieben)
- ein Kohärenzmotiv (KM – Fokus Übereinstimmung und Zusammenhang)

Dem Gedanken des Kohärenzmotivs sind wir bereits im Kapitel über die Führung von Führung (siehe Kap. 1.2.5) begegnet. Ergänzungen für höhere Entwicklungsstufen müssen an dieser Stelle zunächst offenbleiben. In Summe würde man mit einer solchen Zuordnung der Motive noch eine weitere Erklärungsdimension für das beobachtbare Verhalten bekommen, welche sich auch in Praxiskontexten bereits als sehr hilfreich erwiesen hat.

Was gewinnen wir aber in Summe noch durch die in Tabelle 6 dargestellte Gegenüberstellung? Hier kommen vor allem drei weitere interessante Punkte in den Sinn:

---

* Ich möchte an dieser Stelle Christoph Jan Kramer, Martin Permantier und Susanne Zaninelli danken, mit welchen ich diese Gedanken auf sehr hilfreiche Art und Weise diskutieren konnte.

- Der in der Stoa eher abstrakt formulierte Entwicklungsgedanke zeigt sich erst im Vergleich zu der Theorie der vertikalen Entwicklung in seiner vollen Erklärungskraft.
- Das sich in der stoischen *oikeiosis* zeigende und durch die Theorie der »vier Personen« noch expliziter gemachte syntaktische Verständnis des ICH und des Selbst liefert für die Theorie der vertikalen Entwicklung einen Strukturhintergrund, welcher in dieser Klarheit in der Literatur so bislang nicht zu finden ist.
- Mithilfe der aus der stoischen Theorie der personalen Entwicklung gewonnenen systemisch-syntaktischen Bilder des ICH und des Selbst scheint es, aufgrund der Ähnlichkeit dieser Bilder zu den in Teil 1 dieses Buches gefundenen Syntaxbildern der Organisation und der Führung (siehe Kap. 1.2.2 und 1.2.4), möglich, dass wir den Entwicklungsgedanken auf personaler Ebene auch auf die Ebene der Organisation und der Führung übertragen können. Eine weitere, detailliertere Betrachtung der Systemebenen Dyade und Team zeigen ähnliche Syntaxbilder (siehe auch Anhang 2).

Insbesondere der letzte Punkt verweist auf die Möglichkeit, die in der Literatur bereits vorhandenen Ansätze, wie zum Beispiel

- das Organisationsentwicklungsmodell von Friedrich Glasl und Bernard C. J. Lievegoed[113] sowie dessen Erweiterung durch Julia Andersch und Oliver Martin[114],
- das Stufenmodell der Führung von Svenja Hofert[115] sowie
- die Team-Entwicklungsstufenmodelle von Bruce Tuckman[116],

mithilfe des systemisch-syntaktischen Systemverständnisses auf den jeweiligen Systemebenen mit dem entwicklungsorientierten Bild der vertikalen Entwicklung zu einem integrierten dynamischen Verständnis zu verbinden.

In Erweiterung der Betrachtung auf personaler Ebene könnte man auf diesen Ebenen dann auch im Fall von Organisationen von einer **organisationalen Kohärenzdynamik (OKD)**, im Fall eines Führungssystems von einer **Führungskohärenzdynamik (FKD)** und im Fall eines Teams von einer **Teamkohärenzdynamik (TKD)** sprechen. Entsprechende Entwürfe für eine Stufenfolge auf diesen Ebenen, welche im Einklang miteinander stehen und dem Gedanken der syntaktischen Entwicklung analog dem Gedanken der *Oikeiosis*-Stufen auf der Ebene des personalen Systems folgen, sind in Anhang 2 zusammen mit der jeweiligen Syntax-Struktur dieser Systemebenen dargestellt. Wir wollen den Rahmen für diese Form der konsistenten Betrachtung auf allen Systemebenen mit dem Begriff der **systemischen Kohärenzdynamik (SKD)** bezeichnen und die bereits erwähnten Fälle der Organisation, der Führung, des Teams et cetera als Konkretisierungen dieser allgemeinen Sichtweise auf einzelnen Systemebenen verstehen.

Ein analoges Stufenentwicklungsmodell von Dyaden beziehungsweise allgemeineren Interaktionssystemen wie zum Beispiel Gremien liegt in der Literatur bisher nicht vor, kann aber im Fall der Dyade aus dem in Anhang 2 bereits vorliegenden systemisch-syntaktischen Bild für eine Dyade ohne große Anstrengung gewonnen werden. Ähnlich verhält es sich mit Gremien. Die Anwendung der SKD auf Gremien hat sich dabei in mehreren Kontexten, insbesondere bei der Etablierung von Gremien, als sehr hilfreich erwiesen. Gleiches gilt für das aus dem systemisch-syntaktischen Bild eines Teams gewonnene komplexere Stufen-Entwicklungsmodell für Teams.

Wir möchten diesen Exkurs mit einem letzten Gedanken abschließen, welcher noch einmal über die bisherigen Themenkomplexe im Umfeld der Haltungsstufen hinausreicht. Es handelt sich hierbei um den bereits einmal kurz erwähnten Aspekt der moralischen Entwicklung einer Person. Martin Permantier und die anderen Autoren sind sich der Parallelität der Entwicklungsstufen in ihren Modellen mit den Gedanken Lawrence Kohlbergs zur stufenhaften Entwicklung des moralischen Charakters einer Person bewusst. Trotzdem wird der ICH-Entwicklung keine direkte moralische Dimension zugeschrieben. Wenn dies geschieht, so passiert dies eher implizit in der Form, dass man eine Art Korrelation zwischen den Stufen der ICH-Entwicklung und der moralischen Entwicklung konstatiert und auch beobachtet, dass Menschen, deren ICH sich in einer höheren Entwicklungsstufe befindet, sich moralisch auch anders präsentieren. Betrachtet man bezüglich dieser Frage noch einmal die Erkenntnis aus unserer Analyse des stoischen Bilds des ICH-Selbst-Systems einer Person, so kommt einem sofort eine Erklärung für dieses indirekte Bild in den Sinn. Diese besteht darin, dass die moralische Entwicklung in diesem Bild nicht auf der Ebene des ICH, sondern auf der Ebene des Selbst stattfindet. Geht man zusätzlich davon aus, dass eine Entwicklung des ICH sich aber wohl kaum ohne eine parallele Entwicklung des Selbst vollziehen würde, so erhält man genau das Bild eines impliziten Zusammenhangs zwischen ICH-Entwicklung und moralischer Entwicklung, welches in der Literatur der ICH-Entwicklung zu finden ist. Das ICH- und das Selbst-Schema, welche wir aus der Analyse des stoischen Denkens abgeleitet haben, erweisen sich hierdurch als sehr hilfreiche Schemata zur differenzierten Beobachtung des Prozesses der personalen Entwicklung von Personen. Wir beenden an dieser Stelle unseren Exkurs zur vertikalen Entwicklung von Menschen. Gleichzeitig möchte ich aber darauf hinweisen, dass die hier vorgestellten Gedanken und die mit ihnen verbundenen Potenziale im Rahmen dieses Buches leider nur angedeutet werden konnten. Eine genauere Darstellung und weitere Ausarbeitung dieser hier in Teilen nur skizzenhaft angedeuteten Ideen muss einer weiteren, vertieften Arbeit vorbehalten bleiben.

Teil 3:

Der Weg der Stoa in der Führung – Übertragung in die Praxis

3.1 Was bietet eine antike Lebensphilosophie in der Führungsarbeit?

Wir haben in unseren Überlegungen den Punkt erreicht, an dem wir uns der konkreten Frage zuwenden wollen, was die in den vorherigen Teilen dieses Buches erarbeiteten konzeptionellen Überlegungen für die Praxis der Führung, also die Ausübung der Funktionen der Führungssysteme, bedeuten können. Wir werden uns dieser Frage daher in diesen und den nachfolgenden Kapiteln intensiv zuwenden. Strukturell werden wir uns hierbei an den Handlungsschwerpunkten orientieren, welche wir im Abschnitt über das Selbst aus stoischer Sicht erarbeitet haben. Doch bevor wir in diese konkrete Arbeit einsteigen, soll hier zunächst noch einmal geklärt werden, für welche Form der Führung diese Überlegungen relevant sein können. Die Antwort auf diese Frage ist dabei sehr einfach: alle Formen von Führung! Es ist vollkommen belanglos, ob die Führungsrolle, für die ich Verantwortung trage, hierbei:

- in einen hierarchischen Kontext eingebunden ist (zum Beispiel Vorstand, Geschäftsführer, Bereichsleiter, Abteilungsleiter, Teamleiter, fachlicher Team-Head et cetera)
- in einen agilen Kontext eingebunden ist (zum Beispiel Product-Owner, Scrum-Master et cetera)
- in einen partizipativen Kontext eingebunden ist (zum Beispiel People-Lead, Process-Lead, Product-Lead, andere kollegiale Teilführungsrollen aus der kollegialen Führung oder aber Führung als vollpartizipative Teilrolle eines jeden Mitarbeitenden)

- in einen holokratischen oder soziokratischen Kontext eingebunden ist (zum Beispiel Rollen in Steuerungskreisen oder anderen Kreisstrukturen in dieser Organisationsform)
- in einen temporären Kontext gehört (zum Beispiel Programm- oder Projektleitungsrollen et cetera)

In allen diesen Fällen leistet man im Rahmen einer Rolle einen Beitrag dazu, dass Führung funktional ihre Aufgabe in der jeweiligen Organisationsform übernehmen kann und wirksam ist. Wichtig ist, noch einmal in Erinnerung zu rufen, dass die hierbei beobachtbaren funktionalen Anforderungen von Organisationen, Teams oder auch Dyaden in allen Organisationsformen syntaktisch die gleichen sind. Dieser Gedanke eines funktional identischen Führungsportfolios ist daher in Anhang 1 in einer beispielhaften Liste von Führungsfunktionen abgebildet. Was für die Wirksamkeit von Führung in dieser Perspektive wichtig ist, ist die Fähigkeit der hinter den jeweiligen Führungsrollen stehenden Personen, diese so auszugestalten, dass sie für ihren jeweiligen Kontext über ein passendes methodisch-instrumentelles Toolset verfügen, welches es ihnen ermöglicht, die in einer Situation benötigten Führungsfunktionen adäquat umsetzen zu können.

Zusätzlich ist es für die betreffenden Rollenträger auch wichtig, sich der hinter diesen Anforderungen stehenden existenziellen Dimension von Führung jederzeit bewusst zu sein (zum Beispiel der Umgang mit älteren Mitarbeitenden, Umgang mit Suchtproblemen und Krankheit oder Umgang mit sozialen Konflikten). An dieser Stelle zeigt sich bereits die Bedeutung eines lebensphilosophischen Hintergrunds bei der Bekleidung einer Führungsrolle, da dieser eine hinter einer solchen Rolle stehende Person genau für den Umgang mit dieser Dimension vorbereiten kann. Hierbei geht es einerseits darum, für sich als Rollenträger einen inneren Handlungskompass zu entwickeln, und andererseits darum, dass ich aus meiner Rolle heraus auch dazu beitrage, dass in meinem jeweiligen Kontext Strukturen entstehen, welche dieser existenziellen Dimension von Führung Rechnung tragen. Dabei kann es genauso um Fragen der Gerechtigkeit wie um Fragen der Balancierung des organisationalen Entscheidungsdialogs gehen. Eine zentrale Voraussetzung, um diesem Anspruch gerecht werden zu können, ist aus stoischer Sicht in dem folgenden Zitat von Epiktet zusammengefasst (Epiktet, *Gespräche*, 3.15.6-7):

> »So geht es dir auch: Heute bist du ein Athlet, morgen ein Gladiator, dann ein Philosoph, dann ein Redner, aber von ganzer Seele keiner von allen, sondern wie ein Affe machst du alles nach, was du siehst; es gefällt dir andauernd wieder etwas anderes, das Gewohnte missfällt dir. Denn du bist ohne jede Umsicht an eine Sache herangegangen, du beschaust sie nicht von allen Seiten, du stellst keine Untersuchung an, ehe du dich in ein Geschäft einlässt, sondern nimmst dir blindlings und halbherzig dies oder jenes vor.«

Epiktet fordert in diesem Zitat von allen an Führung beteiligten Personen, dass sie die Übernahme einer Führungsrolle gut bedenken und vor allem mit ganzem Herzen übernehmen. Hierbei scheint es egal zu sein, an welcher Stelle diese Rolle in einem gegebenen Führungskontext angesiedelt ist. Es ist hier nicht die Aufgabe dieses Buches, darüber zu urteilen, in welchem Maße diese Anforderung in der Praxis der meisten Organisationen erfüllt wird, es erscheint aber wichtig, darauf hinzuweisen, dass am Anfang des Wegs der Stoa in der Führung der Mut stehen sollte, sich ernsthaft mit der Verantwortung auseinanderzusetzen, welche mit der Übernahme einer Führungsrolle einhergeht. Hinter diesem Anspruch zeigt sich abschließend auch die Haltung der Stoa, dass ich zu jedem Zeitpunkt und an jedem Ort im Leben einen Beitrag zu meinem eigenen gelingenden Leben leisten kann. Gleichzeitig zeigt sich aber auch meine Verpflichtung, durch die zu jedem Zeitpunkt gegebene Verbundenheit mit den mich umgebenden Menschen, durch ein Höchstmaß an eigener Anstrengung und innerer Verantwortungsübernahme mein eigenes Verhalten und meine Aktionen in meiner Rolle so gut wie möglich auszugestalten. Ein Anspruch, den Sokrates in seinem Dialog gegenüber Alkibiades bereits zum Thema machte und welcher die beiden im Verlauf ihres Dialogs zu der Einsicht brachte, dass diese Anforderung nur über den Weg der inneren Weisheit passend adressiert werden kann.

In stoischer Terminologie würden wir diese Anforderung jetzt so formulieren, dass die Übernahme jeder Führungsrolle mit der Bereitschaft einhergehen sollte, den Anforderungen dieser Rolle auf dem Weg der Stoa in der Führung zu begegnen. Um diese Haltung aber befördern und erleichtern zu können, wollen wir jetzt tiefer in die hiermit verbundenen Handlungsfelder des Selbst aus stoischer Sicht einsteigen. Wir haben die einzelnen Handlungsfelder dabei so geordnet, dass sich daraus eine sinnvolle Vorgehensweise auf dem **Weg der Stoa in der Führung** in der Form eines **stoischen Programms für gelingende Führung** ergibt. Unser Vorgehen in den einzelnen Handlungsfeldern wird sich dabei an folgendem Zitat von Pierre Hadot orientieren, welches dieser für den Weg der Stoa so formuliert hat:

Unser Vorgehen in den einzelnen Handlungsfeldern wird sich dabei an Pierre Hadot[117] orientieren. Dieser empfahl auf dem Weg der Stoa neben Sätzen, Zusammenfassungen und Leitregeln auch immer wieder Techniken und Übungen zu nutzen. Durch diese Kombination von Hilfsmitteln wird der Weg der Stoa immer wieder durch Vertiefungen und Konzentrationen sowie Ausdehnungen gekennzeichnet sein, wobei der Übende immer im Kontakt mit den Grundgedanken der Stoa sowie den drei Disziplinen des Epiktet bleiben wird.

Ausgehend von diesen Gedanken Hadots, werden wir im Folgenden daher immer versuchen, neben einer kurzen Darstellung der Kernideen jedes Handlungsfelds auch den Bezug zu Teil 1 und Teil 2 herzustellen sowie abschließend Beispiele aus der Praxis und Übungsmöglichkeiten vorzustellen beziehungsweise aufzuzeigen sowie eine kurze Zusammenfassung der jeweiligen Kernideen zu geben.

3.2 Das stoische Programm für eine gelingende Führung

3.2.1 Das Konzept der stoischen Achtsamkeit (*prosochē*) in der Führung

Die Stoiker waren davon überzeugt, dass persönliche Entwicklung die Kunst der Achtsamkeit (»*prosochē*«) im Selbst gegenüber dem Dialog des ICH in einer Person erfordert. Wie bedeutsam die Achtsamkeit aus Sicht der Stoiker hierbei war, zeigt sich sehr klar in dem folgenden Zitat von Epiktet (Epiktet, *Gespräche*, IV.12.1-3):

> »Wenn nur für eine kurze Zeit die Achtsamkeit auf dich selbst nachlässt, so bilde dir nicht ein, dass du sie, sobald du nur willst, wieder aufnehmen kannst; sondern denke immer daran, dass du wegen der Verfehlung, die du dir heute nachsiehst, notwendigerweise auch sonst in deinem Verhalten nachlässiger sein wirst. Denn zuerst entsteht in dir die allerschlimmste Gewohnheit, nicht aufmerksam zu sein, und dann eine Gewohnheit, die Aufmerksamkeit aufzuschieben. Du gewöhnst dich daran, Wohlergehen, Anstand und ein naturgemäßes Leben immer weiter aufzuschieben. Ist es zuträglich, die Achtsamkeit aufzuschieben, so ist es noch zuträglicher, sie gänzlich aufzugeben. Ist es aber nicht zuträglich, warum bleibst du nicht lieber immerfort achtsam auf dein Verhalten?«

Die Achtsamkeit und vor allem ihre regelmäßige Anwendung ist für ihn der Schlüssel, um Wohlergehen, Anstand und ein naturgemäßes Leben zu praktizieren beziehungsweise zu erreichen. Im weiteren Verlauf seines Textes spricht er dann auch darüber, dass es den Einwand geben könnte, dass man doch auch einmal ausruhen oder man mal etwas zur Entspannung machen müsse. Auf diese Einwände fragt er zurück, ob denn diese Dinge keiner Achtsamkeit bedürfen und ob sie durch Achtsamkeit schlechter würden. Epiktet ermahnt uns also dazu, auch in scheinbar nebensächlichen Dingen in unserer Achtsamkeit auf das, was für ein gelingendes Leben wichtig ist, nicht nachzulassen. Das Gegenmodell zum achtsamen Tun beschreibt Epiktet in der gleichen Passage dabei wie folgt:

> »... du tust alles, was dir gerade einfällt, und folgst lediglich deinen Neigungen.«

Ohne Achtsamkeit schalten wir sozusagen in unseren untrainierten und nicht überprüften Autopiloten. Dieser kann uns dann dahin bringen, wohin wir gerne wollten, er kann uns aber auch an einen vollkommen anderen Ort bringen, den wir eigentlich unbedingt vermeiden wollten. Der Aufruf zur Achtsamkeit klingt spannend, wirft aber die Frage auf, was denn Gegenstand unserer Achtsamkeit sein sollte. Hier gibt Epiktet uns den Rat, unsere Achtsamkeit zunächst auf die allgemeinen Grundsätze der Stoa zu fokussieren. Diese formuliert er im Verlauf der bereits zitierten Passage wie folgt:

> »... dass kein Mensch Herr über den Willen eines anderen ist und dass allein im Willen das Gute und Schlechte liegt.«

Diese Passage formuliert zwei wichtige allgemeine Grundsätze der Stoa, nämlich dass unser Wille frei ist und unser Wille die Quelle des Guten und des Schlechten in unserem Leben ist. Eine Einsicht, welche wir bereits im Rahmen unserer Überlegungen zur stoischen Psyche kennengelernt haben. Sie legt nahe, dass der Fokus unserer Achtsamkeit die Ausübung unseres freien Willens sein sollte. Dieser Gedanke folgt aus der Annahme, dass unser Wille frei ist und von außen nicht gehindert werden kann. Wenn dies gilt, dann können wir unseren freien Willen auch selbst beobachten und verändern, das heißt, wir können über unseren freien Willen entscheiden. Wir haben diesen Punkt vorher als Intervention des Selbst in die Abläufe des ICH beschrieben. Hierdurch können wir auch bestimmte Willensformen, also Ausübungen unseres freien Willens, in uns nicht mehr zulassen, was wir die Ausübung unserer *prohairesis* genannt haben. Folgt man diesem Gedanken weiter, so sagt die Stoa, dass es genau diese Fähigkeit zur Selbstkorrektur ist, welche uns damit in die Lage versetzt, in unserem Leben dem Guten Platz zu bieten und das Schlechte aus ihm zu verbannen. Wenn wir dies aber können, so können wir uns auch ein Ziel für unseren freien Willen formulieren. Dieses Ziel ist uns bereits bekannt und wurde durch Zenon als »Leben in Übereinstimmung« formuliert. Auf der Basis dieser Überlegungen können wir damit als Ziel für die Ausübung unseres freien Willens in uns formulieren, dass unser freier Wille danach streben sollte, dass die Ausübung unseres freien Willens zu jedem Zeitpunkt zu einer Übereinstimmung in uns und zu einer Übereinstimmung mit unserer individuellen Natur und der Allnatur führt und damit tugendhaft ist. Zusammenfassend können wir also sagen, dass der Fokus der stoischen Achtsamkeit auf der Art und Weise liegen sollte, wie wir die Ausübung unseres freien Willens und damit auch unsere innere Autonomie praktizieren.

Die Stoa unterscheidet sich mit diesem Verständnis von Achtsamkeit deutlich von anderen Formen der Achtsamkeit, welche zum Beispiel im Buddhismus oder in modernen Ansätzen der Achtsamkeit gelehrt werden. Hauptunterschied scheint hierbei der Fokus der Achtsamkeit zu sein. Während in anderen Formen der Achtsamkeitsarbeit häufig körperliche Beobachtungen im Vordergrund stehen, die teilweise explizit unseren bewussten Gedankenfluss unterbrechen sollen, steht in der Stoa im Zentrum der Achtsamkeit die bewusste Beobachtung der Ausübung unseres freien Willens. Hierbei werden aber natürlich auch Willensbewegungen beziehungsweise -entscheidungen in den Fokus geraten, welche sich mit unserer Körperlichkeit oder mit unseren Emotionen befassen. Insgesamt scheint die Stoa in ihrer Achtsamkeitspraxis aber deutlich kognitiver orientiert, als dies bei anderen Achtsamkeitskonzepten oder -ansätzen der Fall ist.

Was ist aber jetzt die Voraussetzung für diese Achtsamkeit? Pierre Hadot[118], den wir schon im zweiten Teil dieses Buches im Rahmen unserer Reflexion auf die moderne Sichtweise auf eine Lebensphilosophie kennengelernt haben (siehe Kap. 2.2.6), sieht den Schlüssel zur Erreichung echter

Achtsamkeit in der Fokussierung unserer Aufmerksamkeit auf den aktuellen Moment unseres Erlebens. Durch diese Fokussierung erreichen wir nach seiner Meinung folgende Wirkungen:

- Wir befreien uns von negativen und bedrängenden Emotionen und Gefühlen, welche mit der Vergangenheit oder der Zukunft zu tun haben und auf die wir keinen Einfluss mehr oder noch nicht haben.
- Wir steigern unsere innere Resilienz und Wachsamkeit, da der aktuelle Moment, in dem, was er umfasst, in seinen inneren Auswirkungen in uns fast immer ertragbar und kontrollierbar ist. Ist er das nicht mehr, sind wir von unserer inneren Last befreit, da wir dann nicht mehr existieren.
- Wir erschließen uns einen Zugang zu einer Sichtweise, welche ein kosmisches Bewusstsein einnehmen würde, da die Fokussierung auf den aktuellen Moment uns den unendlichen Wert eines jeden Momentes unserer Existenz vor Augen führt. Außerdem lässt uns der Fokus auf den aktuellen Moment unsere Verbundenheit mit dem Kosmos spüren und damit in uns die Zustimmung reifen, im Einklang mit dem kosmischen Gesetz (sprich im Einklang mit der Allnatur) zu leben.

Üben wir diese Form der Achtsamkeit, so gelangen wir, nach Hadot, mit der Zeit zu einer inneren Haltung, welche es uns ermöglicht, Ereignisse in unserem Leben als sozusagen kosmische Fragen an uns zu interpretieren, welche uns in jedem Moment unseres Lebens gestellt werden und welche wir durch die Ausübung unseres freien Willens und nachfolgend unser Handeln beantworten müssen.

Übung zur stoischen Achtsamkeit: Lernen Sie, Ihre *prohairesis* zu gebrauchen

Halten Sie in einer beliebigen Situation inne und versuchen Sie, sich bewusst zu machen, wohin Ihr freier Wille, das heißt Ihre Aufmerksamkeit, in diesem Moment strebt. Schauen Sie genau hin und geben Sie dem momentanen Streben Ihres freien Willens einen Namen.

Fragen Sie sich, auf welchen Aspekt ihrer Umwelt dieses Streben gerichtet ist, liegt dieses Streben im Hier und Jetzt oder hat es mit der Vergangenheit oder Zukunft zu tun? Hat dieses Streben den Charakter, dass Sie es zu einer Handlung werden lassen möchten? Passt dieses Streben zu dem, was Sie von sich zu wissen glauben? Passt es zu dem, wer Sie sein möchten? Passt dieses Streben zu der Situation, in der Sie sich befinden (also zu der Frage, welche der Kosmos gerade an Sie richtet)? Ist dieses Streben vernünftig? Ist es »praktisch weise«, ist es maßvoll, ist es mutig und ist es gerecht?

Schreiben Sie die Erkenntnisse dieser kurzen Reflexion in ein Notizbuch und sammeln Sie über einen längeren Zeitraum Ihre Erkenntnisse über Ihren freien Willen. Sie können diese Übung auch zur Analyse einer bereits vergangenen Situation einsetzen. Versetzen Sie sich hierfür gedanklich wieder in diese Situation. Auf diese Art und Weise werden Sie Ihren freien Willen kennenlernen und Ihre innere Achtsamkeit seinen Strebungen gegenüber erhöhen. Auf diesem Weg werden Sie dann auch lernen, Ihren freien Willen zu lenken und somit Ihre *prohairesis* zu praktizieren.

Damit wir in diesem Bild die richtigen Antworten geben können, ist es notwendig, dass wir die fundamentalen Grundsätze und Regeln der Stoa immer in unserer Aufmerksamkeit haben, um ihnen entsprechend handeln zu können. Paul Rabbow, ein deutscher Altphilologe, den wir ebenfalls bereits kurz bei unserer Reflexion auf das Konzept der Lebensphilosophie kennengelernt haben und auf den sich Pierre Hadot in seinen Arbeiten bezieht, beschreibt in seinem Buch *Seelenführung*[119] diese Art von Praxis als den Ansatz des »Griffbereit-Machens«, so dass wir die entsprechenden Einsichten in unserem Leben, wenn notwendig, schnell und automatisiert zur Anwendung bringen können. Ihm war dabei auch wichtig, dass wir derartige Leitsätze und Texte nicht nur innerlich denken oder wissen, sondern viel mehr auch innerlich sprechen, sodass wir sie in unserem Innern »hören« können.

Paul Rabbow interpretiert das Ziel der stoischen Achtsamkeit also darin, dass unser freier Wille in seiner Ausübung stets durch das innere Verfügbar- und Spürbar-Machen der stoischen Grundsätze und Prinzipien geleitet wird. Ständige Übung ist hierbei der Schlüssel, da nur so eine im Moment gegebene Antwortfähigkeit unseres freien Willens erwartbar sei. Interessant ist hierbei auch der Bericht Rabbows zur Praxis des Memorierens von Lehrsätzen in der Schule des Epikur, einer zeitgenössischen lebensphilosophischen Alternative zum Stoizismus, welche darauf abzielte, dass die

Schüler nicht nur die entsprechenden Sätze wiedergeben konnten, sondern vielmehr diese dadurch verinnerlichten, dass sie sie im Rahmen des Gesamtsystems des Epikureismus interpretierten.[120] Dieses Verständnis der Praxis des Memorierens von zentralen Lehrsätzen dürfte hierbei nicht nur auf die Schule des Epikur beschränkt gewesen, sondern wird auch in der Schule der Stoa intensiv praktiziert worden sein, wie sich zum Beispiel aus vielen Passagen in den Schriften Epiktets ablesen lässt. Dieses Verständnis der »Achtsamkeitspraxis« der Stoa hatten wir bereits in unserer Reflexion der Stoa als Lebensphilosophie zitiert, um dort den Unterschied zwischen der antiken Praxis einer Lebensphilosophie auf der einen Seite und modernen Ansätzen der Entwicklungspraxis, wie sie sich zum Beispiel in der Methode des »Selbst-Entwicklers« von Jens Corssen[121] widerspiegeln, deutlich zu machen. Corssen bietet in seinem Ansatz zwar ebenfalls einen Kanon von Regeln an, welche memoriert und innerlich wiederholt werden können, diese Regeln finden aber keine Einbindung in ein lebensphilosophisches Gesamtsystem, wie es die Stoa oder die Schule des Epikur in der Antike angeboten haben. Aus Sicht von Paul Rabbow ist hierdurch keine tiefgründige Verankerung derartiger Lehrsätze oder Regeln in der Lebenspraxis eines Menschen zu erwarten.

Was dürfen wir aber erwarten, wenn es uns gelingt, diese Praxis eines lebenslangen systemgeleiteten Übens zu verwirklichen? Was dürfen wir neben einer verbesserten Achtsamkeit erwarten? Abstrakt gesprochen, verspricht uns die Stoa, dass wir unseren freien Willen in seiner Ausübung durch diese Praxis näher an das Telos der Stoa, nämlich das Leben in Übereinstimmung mit unserer individuellen Natur und der Allnatur heranführen. Konkret gesprochen bedeutet dies, dass wir die Ausübung unseres freien Willens tugendhaft werden lassen und damit gleichzeitig unsere personale Identität Stück für Stück transformieren. Wird dieser Weg stolperfrei verlaufen? Sicherlich nicht, wie wir aus dem weiteren Verlauf derselben Passage Epiktets entnehmen können:

> »›Wie? Ist es denn möglich, bereits ohne Fehler zu sein?‹ – Das ist unmöglich; aber so viel ist doch möglich, dass man dauernd darauf eingestellt ist, keinen Fehler zu begehen.«

Gleichzeitig verbindet Epiktet diesen Gedanken aber auch mit einer Warnung:

»›Von morgen an will ich achtsam sein‹, so sollst du wissen, dass das so viel gesagt ist wie: ›Heute will ich noch schamlos, unbesonnen und niederträchtig sein; es soll von anderen abhängen, mich zu betrüben; heute will ich noch zornig werden und noch neidisch sein.‹«

und weiter:

»Aber wenn morgen alles gut ist, wie viel besser ist es, wenn es heute schon eintritt. Wenn es dir morgen Nutzen bringt, so bringt es dir heute noch viel mehr, nämlich, dass du dann auch morgen aufmerksam sein kannst und es nicht etwa wieder bis übermorgen aufschiebst.«

Die stoische Achtsamkeit erfordert also Nachhaltigkeit und gleichzeitig die Tugend des Mutes, da sie uns immer und immer wieder mit unserer grundsätzlichen personalen Autonomie konfrontiert und uns gleichzeitig schmerzlich erkennen lässt, wie oft wir diese doch gerne aufgeben, obwohl wir den richtigen Weg doch kennen.

Reicht aber die reine Achtsamkeit auf diesem Weg aus, oder gibt es hier aus Sicht der Stoa noch mehr zu beachten? Wenden wir uns zur Beantwortung dieser Frage einer Passage von Marc Aurel, dem römischen Philosophenkaiser des 2. Jahrhunderts n. Chr., zu, so lesen wir (Marc Aurel, *Selbstbetrachtungen*, 8.54):

»Überall und immerdar steht es in deiner Hand, dich in die herrschenden Umstände fromm zu fügen und mit den Menschen deiner Umgebung nach Recht und Billigkeit zu verkehren und Vorstellungen, die sich dir gerade aufdrängen, mit Liebe zu untersuchen, damit sich nichts ungeprüft einschleiche.«

Marc Aurel verweist in dieser Passage zum einen auf die Anforderung der stoischen Achtsamkeit, indem er uns darauf hinweist, dass wir »überall und immerdar« in der Lage sind, unseren stoischen Weg zu gehen. Zum anderen zeigt er die drei folgenden konkreten Herausforderungen auf dem Weg der Achtsamkeit auf:

- die Herausforderung, sich in herrschende Umstände zu fügen
- die Herausforderung, mit Menschen in der eigenen Umgebung nach Recht und Billigkeit zu verkehren
- die Herausforderung, Vorstellungen, die sich einem aufdrängen, liebevoll zu untersuchen und sie nicht ungeprüft in uns aufzunehmen

Diese Herausforderungen stellen dabei in erster Linie Anforderungen an unseren freien Willen. Nur dieser kann uns dazu bringen, dass wir diesen Herausforderungen gerecht werden, sei es in unserem Privatleben oder in unserer Führungspraxis. Insbesondere in Letzterer ist die Kenntnis des Charakters unseres freien Willens sowie die Bereitschaft, diesen zu reflektieren und situativ auch anpassen zu wollen, von entscheidender Bedeutung auf unserem Weg hin zu einer tugendhafteren Führung. Wenn wir nicht verstehen, warum unser freier Wille manches nicht will, anderes aber immer wieder will, werden wir keine innere Autonomie und damit auch keine tugendhafte *prohairesis* aufbauen können. Marc Aurel formuliert diesen Sachverhalt so (Marc Aurel, *Selbstbetrachtungen*, 8.47):

> »Wenn du durch irgendetwas Äußeres gekränkt wirst, so quält dich (in Wahrheit) nicht dieses, sondern dein Urteil darüber. Es steht aber in deiner Macht, dies alsbald auszulöschen. Wenn dich aber etwas von dem kränkt, was in deiner Seelenverfassung begründet ist, wer könnte dich hindern, deinen Standpunkt zu berichtigen?«

Praxisbeispiel: Erkenne, wohin dein Wille nicht will

In der Vorbereitung einer Konfliktmoderation zwischen zwei Teamleitungen kommen beide Teamleitungen zu einem Vorgespräch jeweils in ein Coaching. Die beiden haben sich so offensichtlich in einen für sie nicht auflösbaren Konflikt verstrickt, dass die zuständige Abteilungsleitung beide gebeten hat, ihren Konflikt in einem moderierten Gespräch zu bearbeiten. Zur Vorbereitung des moderierten Gesprächs werden zunächst Einzelgespräche geführt.

Im ersten dieser Gespräche schildert die eine Teamleiterin die aktuelle Situation aus ihrer Sicht. Hierbei fällt auf, dass sie über viele Aspekte misslingender Kommunikation mit der anderen Kollegin spricht, aber nicht davon berichtet, dass sie mit der Kollegin einmal direkt über derartige Gesprächssituationen und die Auswirkungen dieser Gespräche auf sich selbst gesprochen hat. Auf die Frage, warum sie dies bisher nicht getan habe, wird die Teamleiterin nachdenklich und schweigt zunächst.

Nach einigem Nachdenken sagt sie, dass dies sicherlich eine Möglichkeit gewesen wäre, dass sie diese Gespräche aber nicht geführt habe. Auf die Frage, warum sie diese Möglichkeit nicht genutzt habe, antwortet sie, dass sie sich in Konfliktsituationen eher zurückziehe und hierdurch eine direkte Konfrontation mit ihrer Kollegin für sie nicht infrage gekommen sei. Auf die Frage, warum sie sich in solchen Situationen zurückziehe, kann sie zunächst nicht antworten.

Nach weiterem Nachdenken spricht sie aber davon, dass sie glaube, dass sie sich hierdurch schützen wolle. Auf die Bitte, sich einmal in eine dieser Gesprächssituationen zu versetzen und sich dann die Frage zu stellen, ob die Kollegin tatsächlich eine Gefahr für sie darstelle, verneint die Teamleiterin dies.

Ausgehend von diesem Erleben kann die Coachee jetzt auch von anderen Situationen berichten, in denen es ihr gelungen ist, Konflikte direkt anzusprechen. Auf die Frage, warum dies dort möglich war, hier aber nicht, antwortet sie, dass die Kollegin mit ihrer Art sie an Konflikte mit ihrer älteren Schwester erinnere, welche in solchen Situationen immer sehr heftig geworden sei.

Nachdem im weiteren Verlauf des Coachings diese Erkenntnis mithilfe einer Kontextüberlagerungsauflösung (Kollegin – Schwester) bearbeitet werden konnte, berichtet die Teamleiterin, dass ihr ein direktes Gespräch mit der Kollegin jetzt auf einmal deutlich vorstellbarer erscheint. Auf die Frage, was sich verändert habe, beschreibt die Coachee, dass sie keinen inneren Widerwillen mehr gegenüber einem Gespräch fühlen würde, sie im Gegenteil die innere Bereitschaft spüre, ein derartiges Gespräch zu wollen.

Marc Aurel beschreibt, mit den vorher benannten drei Feldern der Herausforderung auf dem Weg der stoischen Achtsamkeit, interessanterweise auch genau die drei berühmt gewordenen Disziplinen des Epiktet, welchen wir bereits mehrfach in diesem Buch begegnet sind und welche dieser entsprechend der obigen Reihenfolge wie folgt bezeichnete:

- die Disziplin des Begehrens,
- die Disziplin des Handelns,
- die Disziplin der Zustimmung.

Wir werden uns diese Disziplinen etwas später auf unserem Weg der gelingenden Führung noch genauer anschauen.

Zusammenfassung zur stoischen Achtsamkeit in der Führung:
Stoische Achtsamkeit (*prosochē*) bedeutet, dass wir den Fokus unserer Aufmerksamkeit immer auf den aktuellen Moment unseres Erlebens richten und dabei bereit sind, jeden Moment unseres Erlebens als Gelegenheit zu betrachten, unsere innere stoische Haltung zu praktizieren. Der Fokus unserer Aufmerksamkeit liegt dabei auf der Ausübung unseres freien Willens und dem, was dieser in jedem Moment will. Hierbei gilt es, die Grundprinzipien der Stoa bezüglich unseres Willens zu betrachten:

- Unser Wille ist frei.
- Unser Wille kann sich selbst verändern.
- Unser Wille ist die einzige Quelle des Guten und des Schlechten in unserem Leben.
- Unser Wille soll danach streben, im Einklang mit unserer Natur und der Allnatur zu agieren.

Wenn wir diese Prinzipien in der Anwendung unseres Willens auf unser Leben berücksichtigen, so ist dies der Weg zu einem gelingenden Leben und damit auch der Weg zu einer gelingenden Führung. Die Verwirklichung dieser Grundprinzipien in unserem Leben setzt neben einer geschärften Achtsamkeit unserem freien Willen gegenüber vor allem auch lebenslanges Üben in der Praxis voraus. Dies kann zum einen über das Kennenlernen und Praktizieren der eigenen *prohairesis* oder aber begleitend auch in der Form des »Griffbereit-Machens« der Prinzipien der Stoa geschehen.

3.2.2 Das Konzept der stoischen Freiheit (*Eleutheria*) in der Führung

Schauen wir jetzt aber noch einmal auf unsere obige Erkenntnis, dass die Stoa in ihrer Praxis der Achtsamkeit auf die Beobachtung der Ausübung unseres inneren freien Willens fokussiert und sie hiermit im Kern die Ausübung unserer inneren Autonomie sowie deren Veränderung in den Blick nimmt. Mithilfe dieser Überlegungen schreibt uns die Stoa für das Erreichen des Guten, sprich der Tugendhaftigkeit, damit eine vollständige innere Autonomie zu, welche auch von außen nicht gehindert werden kann, da unser Wille frei ist. Epiktet beschreibt das Resultat einer solchen inneren Haltung in seiner bereits oben zitierten Passage wie folgt weiter:

> »Halte ich also fest an diesen Grundsätzen, wie können mich dann die äußeren Dinge noch beunruhigen? Welcher Tyrann ist mir noch furchtbar, welche Krankheit, welche Armut, welches Ärgernis?«,

und setzt diese Überlegung dann mit folgender Feststellung fort:

> »Ich habe schon meinen Herrn, dem ich gefallen, dem ich untertänig, dem ich gehorsam sein muss: nämlich die Allnatur*, und nach ihm mich. Mich hat er mir selbst anvertraut und meinen freien Willen mir allein unterworfen, nachdem er mir die Maßstäbe zum richtigen Handeln gegeben hat. Wenn ich diesen in meinen Schlüssen richtig folge, so schere ich mich nicht im Geringsten um diejenigen, die etwas anderes sagen; ebenso bei hypothetischen Schlüssen.«

* Ich habe an dieser Stelle das Wort Gott durch den Begriff der Allnatur ersetzt, um die religiöse Konnotation dieses Gedankens zu verringern.

Auf der Basis dieser Überlegungen hat Epiktet dann auch seine berühmte Dichotomie der Kontrolle formuliert, welche wir in seinem Handbuch zu Beginn finden. Sie lautet (Epiktet, *Enchiridion*, 1):

> »(1) Von allen Dingen stehen die einen in unserer Macht, die anderen nicht. In unserer Macht stehen Annahme, Antrieb zum Handeln, Begehren, Meiden und mit einem Wort alles, was unser Werk ist. Nicht in unserer Macht stehen Leib, Besitz, Ansehen, Stellung, kurz alles, was nicht unser Werk ist. (2) Was in unserer Macht steht, ist von Natur aus frei, kann nicht verwehrt oder gehindert werden. Was nicht in unserer Macht steht, ist kraftlos, unfrei, kann verwehrt werden und gehört zu einem anderen. (3) Bedenke also, dass du in Hindernisse, Klagen und Unruhe geraten und gegen Gott und Menschen Beschwerde führen wirst, wenn du das seiner Natur nach Sklavische für frei und das anderen Zugehörige für dein Eigentum hältst. Wenn du dagegen nur das, was wirklich dein ist, für dein ansiehst, was aber anderen angehört, für etwas Fremdes, so kann dich niemand jemals zwingen, niemand dich hindern, du wirst gegen niemand Beschwerde führen, niemanden anklagen, wirst nichts widerwillig tun, es wird dir niemand Schaden zufügen, und du wirst keinen Feind haben; denn es wird dir nichts begegnen, was dir schaden kann.«

Diese Passage formuliert noch einmal klar, dass alles, was »unser Werk« ist, also Produkt der Ausübung unseres freien Willens, frei ist und damit uns angeht und von uns beeinflusst werden kann. Alle externen Dinge sind nicht uns und können uns daher zu jedem Zeitpunkt verwehrt werden. Der Weg der Glückseligkeit führt nach Epiktet daher über die konstante achtsame Betrachtung der Ausübung unseres freien Willens. Im Hinblick auf die Freiheit in einer Führungsrolle bedeutet diese Unterscheidung vor allem, dass wir frei in unserem Gestalten unseres Wollens sind und damit verbunden auch im Treffen unserer Urteile und unseres Begehrens. Wir sind aber nicht frei in der Ausübung der uns übertragenen Rollenaufgaben. In der Ausübung dieser Aufgaben können wir jederzeit gehindert werden, können äußere Umstände dafür sorgen, dass wir unsere Ziele nicht erreichen. Wir müssten an dieser Stelle tatsächlich eine Gedankenpause einlegen, um uns klarzumachen, dass dieser Gedanke absolut konträr zu jeder

Management-Philosophie steht. Auch wenn wir uns noch so anstrengen, auch wenn wir alle möglichen Aspekte beachtet haben, auch wenn wir Jahre Erfahrung gesammelt und uns in unseren Kompetenzen ausgebildet haben, bleibt die äußere Welt etwas, was wir zwar beeinflussen, aber unter keinen Umständen vollständig bestimmen können. Eine Erfahrung, welche uns allen seit der Coronapandemie vielleicht sehr viel eingängiger erscheint.

Wozu soll uns diese Einsicht aber führen? Sollen wir uns einem Fatalismus preisgeben und den Dingen einfach ihren Lauf lassen? Natürlich nicht! Diese Einsicht fordert uns zu zwei Dingen auf. Zum einen legt sie uns nahe, dass wir alle unsere äußeren Unternehmungen mit einer gewissen Vorsicht angehen. Die Stoiker bezeichneten ein solches Handeln als ein Handeln unter Vorbehalt. Eine Stoikerin würde ein äußeres Unterfangen daher innerlich so begleiten, dass sie ihr Ziel definiert und es dann auch mit aller Kraft verfolgt, sie dieses Handeln aber gleichzeitig innerlich mit dem folgenden Vorbehalt begleiten würde: »Ich werde mein Ziel erreichen, sofern das Schicksal es zulassen wird.« Die Freiheit zu handeln ist also nicht beschränkt, nur die Freiheit, meine Ziele zu erreichen, steht unter dem Vorbehalt, dass der Kosmos jederzeit andere Wege gehen kann, als ich dies erwartet habe.

Dieser Gedanke hat nun aber noch eine zweite sehr wichtige Folge. Diese spiegelt sich in der Frage wider, woran ich in einer Welt, die einen solchen Charakter besitzt, mein inneres Seelenwohl hängen sollte. Die Antwort, welche die Stoiker uns hier geben, ist uns bereits bekannt. Sie fordern uns auf, uns in allem, was wir tun, um unseren tugendhaften Charakter zu kümmern und unsere *prohairesis* tugendhaft auszuführen. Ist das aber nicht weltabgewandt und dadurch letztlich egoistisch und naiv? Dies wäre sicherlich so, wenn wir einer Vorstellung von Tugend folgen würden, welche ihren Fokus nicht auf die Dinge in unserem Leben richten, sondern ein zweites Betätigungsfeld der reinen inneren Introspektion eröffnen würde. Eine so verstandene Stoa würde uns zu einer dauerhaften inneren Prüfung auffordern, welche dazu führen würde, dass die Dinge in unserem Alltag keine Aufmerksamkeit mehr erhalten würden. Genau das Gegenteil ist aber der Fall. Die Stoa definiert unsere Tugendhaftigkeit dadurch, dass wir aufgefordert sind, über unseren freien Willen, das heißt in der Ausübung unserer inneren Freiheit, eine Interaktion mit der Welt zu suchen, welche den Anforderungen unserer individuellen Natur genauso Rechnung trägt wie den Anforderungen unserer Rollen, unserer Umwelt sowie dem Kosmos als Ganzem. Nur wenn unser freier Wille in seinem Streben diese Anforderungen widerspiegelt, kann er auch als tugendhaft angesehen werden.

Für die Praxis in einer Führungsrolle bedeutet dies zunächst, dass wir uns den Aufgaben und Zielen dieser Rolle verbunden und verpflichtet fühlen müssen, unser inneres Seelenheil aber damit verbunden ist, wie wir dieser Verpflichtung nachkommen. Erst wenn wir die innere Freiheit in der Ausübung unserer Rolle verwirklichen können, sind wir wirklich frei in der Rolle. Diese innere Freiheit sichert zum einen unsere innere Stimmigkeit und zum anderen, dass wir diese Rolle in bester und angemessenster Form, das heißt entsprechend den an sie gestellten situativen Anforderungen ausfüllen können. Unser zweiter Schritt auf unserem Weg zu einer gelingenden Führung, nach der Ausbildung unserer inneren Achtsamkeit, besteht damit darin, dass wir unser inneres Seelenheil nicht im Erfolg der Umsetzung unserer Rollenaufgaben, sondern in der Ausbildung unserer inneren Haltung diesen gegenüber suchen. Erfolg, Karriere, Status und Reichtum können mit diesem Weg einhergehen, die Stoa ermutigt uns auch, diese zu genießen und uns über diese Aspekte in unserem Leben zu freuen, sie fordert aber gleichzeitig, dass wir sie, sollten sie uns wieder genommen werden oder aber nie in unser Leben treten, als das behandeln, was sie aus stoischer Sicht sind, und zwar präferierte Indifferenzien und nicht mehr.

Praxisbeispiel: Erst die innere Freiheit lässt dich das Richtige tun

Ein CEO eines mittelständischen Unternehmens aus der Elektroindustrie kommt in ein Coaching, da er das Gefühl hat, dass seine aktuelle Rolle ihn nicht mehr innerlich ausfüllt, und er für sich reflektieren will, was das für ihn persönlich bedeutet. Im ersten Gespräch untersuchen wir anhand der vier Sinndimensionen[122] Autonomie, Inspiration, Verbundenheit und innere Stimmigkeit (Kohärenz), in welchen Feldern die jetzige Position keinen hinreichenden Sinnbeitrag mehr zu liefern scheint.

Es zeigt sich, dass in der jetzigen Rolle insbesondere drei Dimensionen sehr belastet sind. Dies sind die Dimension der Autonomie (zu wenige Ressourcen, zu hohe Fertigungstiefe et cetera), der Inspiration (schwierige Rahmenbedingungen durch eine unzureichende Finanzierung durch Investoren, »Nice-to-have«-Produkt) sowie der Kohärenz (ausgelöst durch Interessenkonflikte der Investoren).

Ausgehend von diesen Befunden erkennt der Coachee für sich, dass sein Grundproblem in der gegebenen Situation darin zu bestehen scheint, dass er zu viele Dinge zu »müssen« glaube, welche in keine der Sinndimensionen einzahlen. Auf die Frage, ob er dann vielleicht die falsche Person für die Firma in dieser Situation sei, reagiert der Coachee mit längerer Nachdenklichkeit. Nach längerem Nachdenken sagt er dann, dass dies aus dieser Perspektive wohl so sein könne, dass er aber innerlich diesen Schritt noch nicht so einfach mitgehen wolle. Den Hinweis, dass man diese Situation auch als individuelle Umbruchsituation betrachten könne, in der bisherige Erfolgsmuster und die Orientierung an diesen nicht mehr greifen, und dass vielleicht in der Wahrnehmung eines vermeintlichen Misserfolgs der Schlüssel für einen weiteren Wachstumsschritt stecken könnte, nimmt der Coachee interessiert auf, ohne hier innerlich in die Resonanz gehen zu können.

In einem weiteren Gespräch nach einiger Zeit ist dann allerdings spürbar, dass ein innerer Prozess begonnen hat, welcher sich in einer spürbaren inneren Distanz zur jetzigen Stelle ausdrückt. Mithilfe dieser Distanz kommt der Coachee zu einer Sichtweise, die es ihm ermöglicht, die Frage zu stellen, welche Art von CEO die Firma aktuell benötigt und was dieser CEO tun müsste. Die Antwort liegt in dieser Situation in dem Gedanken, dass dieser CEO mit den Investoren über eine weitere Finanzierungsrunde sprechen müsste, auch wenn dies bedeuten könnte, dass er als CEO abberufen würde. In der Nachfolge dieses Prozesses folgt der Coachee diesem Vorgehen und erhält eine erweiterte Finanzierungszusage der Investoren, welche ihn ebenfalls in seiner Rolle bestätigen.

Gelingt es uns, diese innere Haltung einzunehmen, so leben wir in einer inneren Freiheit, die Epiktet wie folgt beschreibt (Epiktet, *Gespräche,* IV.1):

> »Frei ist, wer lebt, wie er will; wer unter keiner Notwendigkeit, unter keiner Gewalt, unter keinem Zwang lebt; dessen Entschlüssen nichts im Wege steht; dessen Begehren jedes Mal

> erhält, wonach es strebt; dessen Ablehnungen nie in das hineingeraten, was ihnen zuwider ist.«

Übung zur inneren Freiheit in der Führung: Nicht mehr müssen müssen
Formulieren Sie jeden Satz, in dem Sie das Wort »müssen« verwenden, dahingehend um, dass Sie »Ich muss ...« durch die Formulierung »Es erscheint mir richtig, dass ich ...« ersetzen. Fragen Sie sich anschließend, was es ist, das Ihnen richtig erscheint. Abschließend fragen Sie sich, warum Ihnen dies richtig erscheint und ob Sie gute Gründe angeben können, warum hinter dem »Urteil« richtiges, festes Wissen steht. Wenn Sie hier kein festes Wissen finden, dann üben Sie, die ursprüngliche Formulierung »Ich muss ...« nicht mehr zu nutzen, und beobachten Sie, was dies in Ihrem Leben und Ihrer Rolle als Führungskraft verändert.

Wir können diese innere Freiheit auch als einen Zustand beschreiben, in dem wir nicht mehr »müssen müssen«. Ein solcher Zustand ist frei von jedem »Müssen« und frei von jeder Klage, da sie einen Hinweis darauf geben würde, dass ich meine innere Freiheit nicht ernst nehme, da ich mich als Opfer von Umständen empfinde. Hier gilt es, hinter dem vermeintlichen Zwang das vermeintliche Müssen zu finden und, statt zu müssen, im ersten Schritt Verantwortung zu übernehmen. Erst dann kann der Weg zur inneren Freiheit weitergehen. Jens Corssen hat in seinem Konzept des Selbst-Entwicklers daher auch den Satz »Nicht klagen!« zur Quintessenz seiner Überlegungen gemacht.[123]

Nicht immer gelingt uns diese innere Freiheit in einer Führungsrolle, und wir müssen manchmal konstatieren, dass wir in einer Situation unsere Autonomie aufgegeben haben. In diesen Fällen rät uns Epiktet (Epiktet, *Gespräche*, III.25):

> »(1) Denk einmal nach, was hast du von alledem, das du dir zu Beginn vorgenommen hast, durchgeführt und was nicht? Und wie ist es dir ergangen? Woran kannst du mit Freuden zurückdenken? Woran mit Verdruss und Reue? Wenn es möglich ist, so

nimm das wieder auf, worin du Fehlgriffe getan hast! (2) Denn man darf nicht verzagen, wenn man den allergrößten Kampf kämpft, sondern man muss auch Schläge hinnehmen. (3) Der Kampf geht ja hier nicht darum, wer die stärkste Faust, den gewaltigsten Arm oder die biegsamsten Gelenke hat; denn im Falle eines Sieges wird man dort gerühmt, im Falle einer Niederlage ruhmlos, ja beim Zeus, man kann dabei sehr viel Glück oder Unglück haben; sondern der Kampf geht um die Glückseligkeit oder die Unglückseligkeit selbst. (4) Was heißt das? Selbst wenn wir hier wirklich unterlegen sind, verwehrt uns niemand, den Kampf zu wiederholen. Wir müssen ja nicht einmal vier Jahre bis zu den nächsten Olympischen Spielen warten, sondern man kann sich sogleich wieder aufraffen und sammeln, erneut mit demselben Eifer angreifen und kämpfen; und wenn du wieder versagst, darfst du es wieder versuchen. Gelingt es dir, einmal den Sieg zu erringen, so bist du dem gleich, der niemals versagt hat.«

Praxisbeispiel: Erkenne deine Freiheit in der Führung

Eine Führungskraft aus einem mittelständischen Unternehmen kommt ins Coaching und berichtet darüber, dass sie, seit sie ihre neue Position übernommen hat, völlig überlastet ist und das Gefühl hat, nicht zu den wirklich wichtigen Dingen zu kommen. Auslöser für diese Überlastung ist die Tatsache, dass der neue Bereich sich noch im Aufbau befindet und nicht genügend Personen in der Einheit verfügbar sind. Wir arbeiten zunächst daran, wie sie entweder über den Einkauf temporärer Ressourcen, verstärkte Recruiting-Bemühungen oder aber über eine Verbreiterung der internen Ausbildungsbemühungen hier Abhilfe schaffen kann. Im weiteren Verlauf des Coachings zeigt sich aber, dass alle diese Bemühungen nur eine leichte Verbesserung hervorbringen, aber keine wirkliche Lösung herbeiführen.

In einem der nachfolgenden Coachings berichtet die Führungskraft dann darüber, dass sie als Teil ihrer Aufgabe ein neu erworbenes Tochterunternehmen der Organisation als Gesellschaftervertreter steuern soll. Hier zeigt sich, dass die in dem erworbenen Tochterunternehmen noch tätigen Geschäftsführer ebenfalls ständig darüber klagen, dass sie nicht genügend Ressourcen für die laufenden Projekte zur Verfügung haben. Dies ärgert die Führungskraft, und sie empfindet dieses Verhalten als unreif und wenig autonom. Auf die Frage, was sie sich von diesen Geschäftsführern wünschen würde, sagt sie, dass diese ihr Zielsystem mit ihr auf die gemeinsam abgestimmte Zielsetzung sowie Ressourcenlage hin optimieren sollen. Sie wünscht sich hierbei, dass die Geschäftsführer als verantwortliche Führungskräfte diese Aufgabe proaktiv vorantreiben und ihr als Gesellschaftervertreter einen Prozess einer gemeinsamen Entscheidungsfindung vorschlagen sollen. Auf die Frage, was sie jetzt von diesen Geschäftsführern unterscheidet, kommt die Führungskraft ins Nachdenken und sieht zum ersten Mal aus der Perspektive der übergeordneten Führungskraft, was sie bisher an sich selbst nur durchleben, aber noch nicht bei sich selbst beobachten konnte.

Das Coaching endet mit der Einsicht der Führungskraft, dass sie ihre Autonomie und Freiheit im Handeln bisher nicht hinreichend gelebt hat und sich so als Opfer der Umstände empfunden hat. Sie verlässt das Coaching mit einem Gefühl der Erleichterung und einer klaren Vorstellung davon, wie sie ihre Freiheit in ihrer Stelle gegenüber ihrer Vorgesetzten in der gegebenen Situation ausgestalten wird. Hierzu gehört, dass sie ihre Führungskräfte zu einem strategischen Dialog über die Ziele ihrer Einheit einladen wird, um so die Ausrichtung und Entwicklungsrichtung ihrer Einheit entsprechend den aktuellen Rahmenbedingungen zu überarbeiten.

Es kann aber auch sein, dass wir auch nach wiederholten Versuchen immer und immer wieder merken, dass wir noch nicht die Kraft besitzen, unsere innere Autonomie in unserer Führungsrolle zu finden. Was rät uns die Stoa in diesen Situationen? Wir finden hierzu wiederum bei Epiktet folgenden Hinweis (Epiktet, *Gespräche*, I.2.8):

> »Es mag einem Sklaven vernünftig erscheinen, seinem Herrn das Nachtgeschirr zu halten, wenn er nur darauf achtet, dass er Schläge kriegt und nichts zu essen bekommt, wenn er sich dieses Dienstes weigert; dass ihm dagegen kein Leid widerfährt,

wenn er es hält. (9) Einem anderen hingegen erscheint es unerträglich, nicht nur jemandem das Nachtgeschirr zu halten, sondern eben so sehr, sich dasselbe von jemand halten zu lassen. Wenn du mich also fragst: ›Soll ich das Nachtgeschirr halten oder nicht?‹, so werde ich dir zur Antwort geben: Es ist eine Sache von größerem Wert, dass man zu essen bekommt, als dass man nichts bekommt. (10) Es ist schlimmer, gepeitscht zu werden, als nicht gepeitscht zu werden. Wenn du also nur das zum Maßstab nimmst und nur hiernach bestimmen willst, was du tun oder nicht tun sollst, so geh immer und halte das Geschirr. – (11) Du wendest ein: ›Mir stünde das nicht an.‹ – Ob es dir ansteht oder nicht, das musst du in Betracht ziehen, nicht ich; denn du weißt selbst am besten, was du wert bist und wie teuer du dich verkaufst. Die Menschen verkaufen sich unterschiedlich, der eine für diesen, der andere für jenen Preis.«

Übung zur inneren Freiheit in der Führung: Kenne deinen Preis
Betrachten Sie eine Situation, in der Sie, Ihrer Meinung nach, Ihre innere Autonomie aufgegeben haben, Sie sich also fremdbestimmt fühlen. Fragen Sie sich, warum Sie die Autonomie aufgaben und für welchen Preis Sie dies getan haben. Fragen Sie sich dann, ob dies Ihr Preis sein soll. Was würde es bedeuten, wenn Sie diesen Preis erhöhen? Was würde daraus folgen? Was müssten Sie tun, um einen höheren Preis einzufordern? Was würde passieren, wenn Sie sich selbst in der betrachteten Situation als unverkäuflich, also komplett selbstbestimmt, ansehen würden? Was würde sich in Ihrem Leben ändern? Wäre diese Veränderung praktisch weise, maßvoll, mutig und gerecht und, wenn nicht, was müssten Sie ändern, damit dies der Fall wäre? Lernen Sie so Ihren Preis kennen und zu setzen.

Die Überlegungen bezüglich des eigenen Preises wurden in der Stoa auch bis zum höchsten vorstellbaren Preis weitergedacht, der Frage, wofür ich bereit wäre, mein eigenes Leben aufzugeben. Diese Frage ist heutzutage in normalen Führungskontexten für die meisten Menschen nicht mehr wirklich relevant. Sie taucht aber in einem anderen Gewand in unseren modernen Kontexten etwas tiefer gelegt wieder auf, und zwar in der Form der Frage, wofür ich bereit wäre, mein eigenes berufliches Dasein aufzugeben.

Diese Frage hat für viele Menschen, insbesondere für Führungspersonen, die eine aktuelle Rolle oft auch im Kontext einer ganzen Karriere sehen, eine hohe Relevanz. Hier ist der Gedanke des Verlustes einer Führungsrolle direkt mit der Angst vor dem Verlust der eigenen, über Jahre aufgebauten Karriere verbunden. Es mag daher von Interesse sein, auch diesen Gedanken in uns zu reflektieren, da aus Sicht der Stoa die innere Freiheit nur dann vollständig ist, wenn wir auch diesen inneren Schritt vollziehen, diese ultimative berufliche Konsequenz akzeptieren würden, um unsere innere Freiheit zu erhalten. Nur so kann derjenige, welcher eine Führungsrolle übernimmt, ihr auch wirklich gerecht werden. Damit diese Gedanken besonders wirksam in unserem Selbst werden, sollten wir versuchen, die Prinzipien der inneren Autonomie, bei gleichzeitiger Angebundenheit an die Welt unserer Mitmenschen, unserer Gesellschaft und des Kosmos, zu einem bewussten Teil der Selbstbeschreibung in unserem Selbst-Dialog zu machen. Dies kann zum Beispiel durch das regelmäßige Lesen stoischer Texte, die Teilnahme an einer Lesegruppe oder aber das Memorieren stoischer Aussagen zur inneren Freiheit geschehen.

Zusammenfassung zur inneren Freiheit in der Führung:
Innere Freiheit in der Führung bedeutet zunächst, die **stoische innere Freiheit** (*eleutheria*) in der Ausübung dieser Rolle zu besitzen. Dies bedeutet, die Aufgaben einer Führungsrolle mit vollem Herzen und nach bestem Wissen und Gewissen zu übernehmen, zum anderen aber das Erreichen der mit diesen Aufgaben verbundenen Ziele unter den Vorbehalt zu stellen, dass sie nur erreicht werden können, sofern die Umstände (beziehungsweise im Allgemeinen der Kosmos) es zulassen werden. In keinem Fall sollte ich das Erreichen dieser Ziele mit dem Erreichen meiner inneren Seelenruhe und Glückseligkeit verwechseln, denn diese besteht darin, dass ich in dieser Rolle meinen tugendhaften Charakter entwickle und erhalte. Dieser Weg ist dabei beschwerlich und mit vielen Rückschlägen versehen, daher ist es wichtig, sich nicht entmutigen zu lassen und da, wo ich im Moment nicht weiterkomme, mir meines »Preises« bewusst zu sein.

3.2.3 Über die Verwendung von Rollenvorbildern in der Führung

Der Gedanke, sich für die eigene Entwicklung ein Rollenvorbild auszuwählen, wurde von den Stoikern prominent propagiert. Hierbei wurden sowohl literarische als auch reale Personen als mögliche Vorbilder angesehen. Als Kandidaten wurden hierbei zum Beispiel Personen wie Herkules, Sokrates, Diogenes von Sinope, Zenon von Kition oder im römischen Kontext Gaius Laelius oder aber Cato der Ältere oder Jüngere vorgeschlagen, da diese durch ihr Leben oder ihren Charakter im stoischen Sinne als Vorbilder dienen können. Den Beitrag eines solchen Rollenvorbilds zum Selbst hatten wir im Kapitel über die Führung des Selbst (siehe Kap. 2.3.6) so beschrieben, dass uns diese Personen durch ihr vorgestelltes Verhalten daran erinnern, welche Aufgaben wir in unserem Rollenteil unseres Selbst übernehmen könnten. Gleichzeitig hatten wir aber auch den Gedanken formuliert, dass die innere Gemeinschaft mit einem stoischen Vorbild zu einer Art Selbst-Habituierung des Selbst aus der Perspektive der Kosmopolis der stoischen Weisen führen kann. Der Gedanke, auch im Führungskontext diesen Aspekt des Wegs der Stoa zu betrachten, erscheint daher sehr vielversprechend. Doch was verbanden die Stoiker mit diesem Gedanken genau? Die klarste Darstellung des Nutzens finden wir hierbei bei Seneca (Seneca, *Briefe an Lucilius*, 11.9-10):

> »Ein Großteil der Verfehlungen wird beseitigt, wenn denen, die sie begehen wollen, ein Zeuge zur Seite steht. Jemanden soll der Mensch haben, den er achten, durch dessen Vorbild er auch seine Privatsphäre reiner gestalten kann. Glücklich, wer nicht nur durch seine Gegenwart, sondern auch dadurch, dass man an ihn denkt, Fehler korrigiert! Glücklich, wer einen so verehren kann, dass er sich auch im Gedenken an ihn bildet und in Ordnung bringt! Wer einen so verehren kann, wird bald selbst verehrungswürdig sein. (10) Wähle Dir also Cato [als Vorbild]; wenn Dir dieser allzu unerbittlich erscheint, wähle Laelius, einen Mann von sanfterer Gemütsart. Wähle den, dessen Leben, dessen Ausdrucksweise und selbst dessen Antlitz, in dem sich seine

> Gesinnung spiegelt, Deinen Beifall gefunden hat; ihn halte Dir immer vor Augen, sei es als Hüter, sei es als Vorbild. Wir brauchen, sage ich, jemanden, an dem sich unser Charakter selbst orientieren kann ...«

Seneca empfiehlt uns also die Wahl eines Vorbilds, da es aus seiner Sicht uns dabei helfen kann, auch wenn wir alleine mit schwierigen Herausforderungen konfrontiert sind, unseren Weg nicht zu verlassen. Seine Argumentation weist hierbei Ähnlichkeiten zu den Wirkmechanismen auf, welche wir im Kapitel über das Selbst (siehe Kap. 2.3.5) mit der stabilisierenden Wirkung einer stoischen Selbstbeschreibung des Selbst sowie der habituierenden Wirkung eines Vorbilds im Habitus des Selbst gesehen haben. Diese Mechanismen können dabei umso wirkmächtiger sein, je mehr konkrete Anekdoten beziehungsweise Aussprüche dieser Personen für uns verfügbar sind. In diesem Sinne ist es zum Beispiel hilfreich, die sokratischen Dialoge Platons zu lesen, die Mythologie des Herkules zu kennen oder aber sich die Geschichte Catos vor Augen zu halten.

Wir schließen an diesem Punkt an der in der Einleitung dieses Buches dargestellten Literatur an, welche sich damit beschäftigt, wie man von stoischen Vorbildern lernen kann. Für eine Aufstellung dieser Literatur sei dieses Kapitel daher noch einmal empfohlen. Gleiches gilt auch für das Verwenden von stoischen Leitsätzen im Lebensvollzug. Auch hier können wir davon ausgehen, dass diese sich in der Praxis als hilfreich erweisen können, wenn sie im engeren Sinne mit der Selbstbeschreibung des Selbst einer Person verbunden werden. Hierbei sei aber auch darauf hingewiesen, dass eine fehlende Einbettung dieser Leitsätze in das gesamte Rahmenwerk der Stoa oder aber in den Lebensvollzug eines Rollenvorbilds mit hoher Wahrscheinlichkeit dazu führen wird, dass diese Leitsätze in einer Person weniger Wirkung entfalten – ein Punkt, den wir bereits bei der Kritik moderner Alternativen zu dem Ansatz einer Lebensphilosophie kennengelernt haben. Zusammenfassend können wir also aussagen, dass die Verwendung eines Vorbilds in den Reflexionen eines Selbst eine positive Auswirkung auf die Praxis einer Person erwarten lässt, da neben einer erhöhten Aufgabenklarheit in der Steuerung des ICH auch ein klarerer Fokus in der Interventionspraxis des Selbst im ICH, durch eine stabilere Selbstbeschreibung des Selbst, möglich scheint. Zusätzlich bietet die Einbettung von memorierten stoischen Leitsätzen in die berichtete Praxis eines Rollenvorbilds auch die Chance einer erhöhten Wirksamkeit dieser Leitsätze für die Praxis.

Übung zum inneren Rollenvorbild: Befragung des inneren Weisen
Betrachten Sie eine Führungssituation, in der Sie, Ihrer Meinung nach, Schwierigkeiten haben, den weiteren Kurs ihres Verhaltens festzulegen. Fragen Sie sich dann die folgende Leitfrage: »Wie würde mein Rollenvorbild mit dieser Situation umgehen?«

Versuchen Sie, sich so weit wie möglich bei der Beantwortung dieser Frage in die Perspektive Ihres inneren Weisen zu versetzen. Bei dieser Überlegung können auch stoische Leitsätze hilfreich sein, wie wir sie an vielen Stellen in diesem Buch bereits dargestellt haben und wie sie sich insbesondere im dritten Teil finden (siehe zum Beispiel Kap. 3.2.6). Zusätzlich kann es auch hilfreich sein, sich noch einmal mit Berichten zum Verhalten dieses Vorbilds zu beschäftigen.

Zuletzt kann diese Frage auch dahingehend ergänzt werden, dass Sie sich selbst folgende Fragen stellen: »Einmal angenommen, ich hätte im Sinne meines stoischen Rollenvorbilds in dieser Situation gehandelt, welche Unterschiede könnte ich in dieser Situation dann beobachten? Was wäre anders? Wie würden andere sich dann verhalten? Wie würde sich die Situation verbessert haben? Welche Gefühle würde ich empfinden?«

Schreiben Sie diese Punkte auf und fragen Sie sich dann, welche der beschriebenen Veränderungen durch eine Intervention Ihrerseits befördert werden könnten.

Gibt es noch weitere positive Auswirkungen, welche durch die Wahl eines stoischen Vorbilds zu erwarten sind? Hier erscheint der Gedanke von Interesse, dass durch den inneren Dialog mit einem angenommenen stoischen Vorbild in einer gegebenen Situation sich auch der emotionale Charakter dieses inneren Dialogs verändern kann. Mit der Einnahme einer fiktiven inneren Beobachterposition eines stoischen Weisen und der nachfolgenden Betrachtung einer gegebenen Entscheidungssituation im ICH aus dieser Perspektive entsteht im Selbst so etwas wie eine innere Dissoziation, welche dazu führen kann, dass eine negative Gestimmtheit, welche aus der ICH-Perspektive in der Person spürbar ist, im Selbst aber durch diesen Perspektivwechsel abgeschwächt oder sogar neutralisiert wird. Man könnte diesen inneren Zustand im Selbst als eine Art Beobachterzustand betrachten, also einen Zustand, in dem ich als Beobachter Dinge zwar wahrnehme, ihnen aber insbesondere emotional innerlich nicht anhänge.

Mithilfe dieses inneren Zustands erscheint es nachfolgend auch einfacher, im stoischen Sinne über alternative Interventionsmöglichkeiten nachzudenken und diese dann auch umzusetzen. Bei dieser Umsetzung alternativer Interventionsmöglichkeiten besitzt die dargestellte Methode des inneren Dialogs mit einem Vorbild auch noch zwei weitere positive Auswirkungen. Die erste ist ebenfalls emotionaler Natur, da die Übernahme der inneren Position des weisen Vorbilds dazu führen kann, dass auch die mit dem Zustand der inneren Weisheit verbundene positive innere Gestimmtheit sich situativ im Selbsterleben der Person einstellen kann, sodass zum Beispiel der Gedanke einer wohlwollenden Betrachtung oder aber einer einfach nur positiv gestimmten Intervention nicht nur kognitiv eingeführt wird, sondern auch dazu führen kann, dass sich die Gefühlslage einer Person über einen selbst erzeugten Prozess der Aufmerksamkeitsfokussierung positiv verändern kann. Ein Effekt, wie er zum Beispiel aus der modernen hypnotherapeutischen Schule bekannt ist, welche von Milton Erickson maßgeblich begründet und im deutschen Sprachraum in das Konzept der hypnosystemischen Schule erweitert wurde.[124] Zuletzt kann der innere Perspektivwechsel, wenn er in der eben beschriebenen Form erfolgt, auch dazu führen, dass innere Ressourcen und Kompetenzen für eine Person verfügbar werden, welche in einem anderen Zustand der Person nicht zugänglich sind. Ein Gedanke, welcher sich in der Methode der lösungsorientierten Gesprächsführung und hier insbesondere in der sogenannten Wunderfrage* wiederfindet.[125]

* Bei der Wunderfrage handelt es sich um eine Gesprächstechnik, bei der ein Klient innerlich in einen Lösungszustand versetzt werden kann, auch wenn dieser dem Klienten im Alltag noch nicht zugänglich ist.

Übung zum inneren Rollenvorbild: Die Nutzung der inneren Weisheit
Stellen Sie sich eine schwierige Führungssituation vor, deren Fortbestehen Sie als belastend betrachten, da sie in Ihnen einen erheblichen inneren Spannungszustand auslöst. Nutzen Sie jetzt den Gedanken der inneren Weisheit Ihres stoischen Vorbilds durch folgende Frage: »Ist es vorstellbar, dass es ein Wissen gibt, welches mir in der aktuellen Situation fehlt, dessen Verfügbarkeit mir aber aus der Perspektive der inneren Weisheit die aktuelle Situation erklärbar und akzeptabel machen würde?«

Diese Frage kann dabei auf zwei Arten bearbeitet werden. Zum einen kann ich die Beantwortung offenlassen, aber mich fragen, ob ich die Existenz eines solchen Wissens mit Sicherheit ausschließen kann. Da dies mit hoher Wahrscheinlichkeit nicht möglich ist, kann hiermit ein Gefühl innerer Akzeptanz der aktuellen Situation ohne negative Gefühle die Folge sein.

Zum anderen kann diese Frage dazu führen, dass mir ein Gedanke bezüglich dieses Wissens in den Sinn kommt. Dieser lässt sich dann nachfolgend genauso nutzen, dass er zu einer inneren Akzeptanz der Situation ohne extreme negative Empfindungen führen und mir eine Idee vermitteln kann, welche Entscheidung in dieser Situation aus der Perspektive der inneren Weisheit angemessen wäre.

Der Gedanke, dass eine zunehmende Nutzung der zunächst noch »fremden inneren Weisheit« eines Rollenvorbilds mit der Zeit zu einer verstärkten eigenständigen Nutzung einer in diesem Prozess gewachsenen »eigenen inneren Weisheit« führen kann, verweist ebenfalls auf die Möglichkeit, dass der Weg der Orientierung an einem Rollenvorbild nicht in die innere Abhängigkeit führt, sondern vielmehr ein wichtiger erster Schritt im Prozess des Aufbaus einer eigenständigen inneren Instanz einer inneren Weisheit sein kann. Dieser Prozess würde dann dadurch abgeschlossen, dass diese innere Instanz in eine vollständige innere Weisheit überginge, welche sich durch ein durchgängiges tugendhaftes Verhalten zeigen würde.

Praxisbeispiel: Die Nutzung der inneren Weisheit
In einem Trainingsseminar berichtet eine Teilnehmerin, welche im HR-Bereich einer mittelgroßen Firma arbeitet, bei einer Übung zum Thema »Umgang mit schwierigen Herausforderungen im Führungskontext« von einer Situation, welche sie seit einiger Zeit sehr belastet. Die Teilnehmerin berichtet sogar von der ernsthaften Überlegung, ihren aktuellen Job aufgrund dieser Situation verlassen zu wollen. Bei der Beschreibung der Situation berichtet die Teilnehmende, dass ihre Vorgesetzte ihr bestimmte Auflagen der Geschäftsführung weitervermittelt habe, welche aus Sicht der Teilnehmerin in der Organisation nicht ohne irreparable Schäden an der Unternehmenskultur und der Vertrauensbasis zwischen Führung und Mitarbeitenden umsetzbar sind. Die Tatsache, dass sie jetzt aufgefordert ist, diese Auflagen in Maßnahmen zu übersetzen und umzusetzen, lässt sie innerlich an ihrem Job und am Verhältnis zu ihrer Vorgesetzten zweifeln. Die Teilnehmende berichtet ebenfalls, dass sie das Gefühl von Enttäuschung und Fremdbestimmung seit dieser Zeit nicht loswird.

Auf die Frage, ob sie sich vorstellen könnte, dass es ein Wissen gibt, welches sie nicht besitzt, was aber die Verhaltensweisen ihrer Chefin und der Geschäftsführerin verständlich und akzeptabel machen würde, antwortet sie zunächst zögerlich mit einem »Vielleicht«. Auf die nachfolgende Frage, ob es denn in der näheren Vergangenheit Hinweise auf ein solches Wissen gegeben haben könnte, wird die Teilnehmerin sehr nachdenklich und erinnert sich dann an ein Gespräch mit ihrer direkten Vorgesetzten, in welchem diese ihr gegenüber auch eine gewisse Ratlosigkeit zum Ausdruck gebracht hat. In diesem Gespräch hatte die Vorgesetzte auch angedeutet, dass die Geschäftsführung ähnliche Empfindungen der Gesamtsituation gegenüber habe.

Nachdem die Teilnehmende diese Erinnerung ausgesprochen hat, bringt sie Verwunderung darüber zum Ausdruck, dass sie sich an dieses Gespräch aktiv nicht mehr erinnern konnte. Sie berichtet weiterhin darüber, dass die Erinnerung an diesen Austausch in ihr etwas ausgelöst habe, das sich wie ein Schalter anfühlt, der umgelegt worden sei. Die bloße Erinnerung an das Gespräch und das Gefühl der Verbundenheit mit ihrer Vorgesetzten in dieser Situation lassen sie auf einmal dem Ganzen gegenüber anders fühlen.

Das Gespräch endet an dieser Stelle zunächst, doch am nächsten Trainingstag berichtet die Teilnehmerin darüber, dass sie die Auflagen ihrer Vorgesetzten zwar nach wie vor sehr bedauert, sie diesen aber gegenüber nicht mehr das gleiche Gefühl empfinde. Sie berichtet ganz im Gegenteil davon, dass sie sich sehr erleichtert fühlt.

Zusammenfassung zur Nutzung von stoischen Rollenvorbildern in der Führung:
Die Nutzung eines stoischen Rollenvorbilds sowie der mit diesem Vorbild verbundenen inneren Weisheit als Teil der eigenen Selbst-Instanz einer Person ermöglicht den Zugang zu dem über Anekdoten über dieses Vorbild vermittelten Wissen, welches wirkmächtiger, da kontextualisierter, ist als reine Leitsätze, die memoriert werden. Gleichzeitig ermöglicht die Existenz einer solchen inneren Instanz auch die Nutzung von Techniken der inneren Dissoziation sowie der lösungsorientierten Gesprächsführung. Die Wirkkraft dieser Techniken reicht dabei von kognitiven Veränderungen bis zur Regulierung und Veränderung eigener Gefühle. Abschließend scheint der Gedanke, Zugang zu einer inneren Weisheit zu haben, auch wenn diese zunächst eine fremde Weisheit ist, einen vielversprechenden Weg zur eigenen inneren Weisheit und Autonomie darzustellen.

3.2.4 Der Gedanke der stufenhaften Entwicklung in der Führungsrolle

Blicken wir zurück auf unsere Analyse des ICH-Systems (siehe Kap. 2.3.4 und 2.3.5), so hatten wir dort auch über den Umgang mit dem stufenhaften Charakter der Entwicklung in der *oikeiosis*, dem Prozess der personalen Entwicklung in der Stoa, gesprochen (siehe Kap. 2.3.3 und 2.3.7). Diesen Gedanken hatten wir dann mit dem Strukturelement der Ziele des Selbst in Verbindung gebracht, da wir der Hypothese gefolgt sind, dass diese Ziele je nach Entwicklungsstufe angepasst werden müssen (siehe Kap. 2.3.6). Den Gedanken der Stufenentwicklung hatten wir in unserem Exkurs zur modernen Theorie der ICH-Entwicklung (siehe Kap. 2.3.7) vertieft und hierbei gesehen, dass dieser Entwicklungsgedanke sich nicht in erster Linie auf die Gesamtpersönlichkeit einer Person bezog, sondern rollenbezogen abläuft. Dies bedeutet, dass wir mit der Übernahme einer neuen Rolle in unser ICH mit der Aufgabe in unserem Selbst konfrontiert sind, den jeweils neu startenden Prozess der ICH-Teilpersönlichkeitsentwicklung entsprechend seiner Dynamik passend zu begleiten. Das Selbst steht hierbei vor der Herausforderung, über seine eigenen Ziele die Entwicklung in unterschiedlichen Teilpersönlichkeiten des ICH adäquat zu begleiten. Hier ist neben der Berücksichtigung unterschiedlicher Entwicklungsstände in einzelnen Teilpersönlichkeiten vor allem auch die unterschiedliche Entwicklungsgeschwindigkeit in jedem dieser Entwicklungsprozesse zu berücksichtigen. Für das Selbst stellt diese Begleitung eine komplex-dynamische Aufgabe dar, welche über einzelne Selbstziele in ihrer Umsetzung balanciert und angepasst werden muss.

Praxisbeispiel: Vom Wirkproblem zur Wachstumsmöglichkeit

Kommen wir noch einmal zu dem bereits im Kapitel zur inneren Freiheit (siehe Kap. 3.2.2) beschriebenen Fall des CEO eines mittelständischen Unternehmens aus der Elektroindustrie zurück. Bei der Beschreibung dieses Coaching-Falls hatten wir gesehen, dass die Ursprungssituation von dem Coachee als sehr belastend erlebt wurde. Wir hatten auch gesehen, dass das Angebot an den Coachee, diese Situation als Wachstumschance zu betrachten und damit die aktuell empfundene Belastung als Wachstumsschmerzen zu interpretieren, nicht direkt zu einer inneren Resonanz beim Coachee geführt hatte.

Wir können diese Reaktion jetzt im Rahmen der Stufenentwicklung des ICH interpretieren. Der Coachee befände sich in dieser Sichtweise dann bezüglich seiner CEO-Rolle im Übergang zwischen einer eigenbestimmt-souveränen und der relativierend-individualistischen Haltung. In der ersten Haltung wären dann die mit der Situation einhergehenden unangenehmen Gefühle für den Klienten etwas Vermeidbares, was es zum Beispiel durch das Verlassen der Situation zu beenden gilt. In der zweiten Haltung würde der Coachee die empfundenen Gefühle als wichtige Hinweise auf unbewältigte innere Spannungen interpretieren und sich dafür interessieren, welche Spannungen sich hier melden. Auf diese Weise könnte der Coachee für sich dann den Impuls entwickeln, dass er seine eigene Sichtweise von sich selbst erweitert, und neben den Aspekten seiner Rollenaufgaben, seiner Kompetenzen und der mit dieser Konstellation verbundenen Ziele auch seine Gefühle berücksichtigen und zum Beispiel erkennen, dass er seine Rolle erst anders leben und damit auch wieder erleben kann, wenn er sich innerlich freier von bisherigen Vorstellungen über sich und seine Rolle macht und anerkennt, dass eventuell bisher noch nicht integrierte Motive (zum Beispiel der Wunsch nach Sichtbarkeit durch Erfolg) eine andere Einbettung innerhalb seiner Rolle benötigen.

Dieser innere Perspektivwechsel würde in der Sprache der Motive dem Wechsel vom Macht- oder Wirkmotiv, also dem Wunsch, durch Wirksamkeit im Außen Bedürfnisse zu befriedigen, zum Freiheitsmotiv, also dem Wunsch nach innerer Integration, Wachstum und Autonomie, entsprechen.

Was bedeutet es jetzt aber, im Rahmen einer Rolle eine Teilpersönlichkeitsentwicklung in unserem ICH zu durchlaufen? Hierzu betrachten wir jetzt den Entwicklungsprozess, wie er sich bei der Übernahme einer Führungsrolle generalisiert darstellen kann. Wir folgen in der Darstellung der Entwicklungsstufen hierbei der Nomenklatur des Haltungsstufenmodells von Martin Permantier (siehe hier auch Tabelle 6 aus unserem Exkurs zum Thema ICH-Entwicklung). Hieraus ergibt sich dann folgende Entwicklungssequenz einer Person in einer Führungsrolle:

1. **Stufe (»selbstorientiert-impulsiv«) (E1):** Auf dieser Stufe der inneren Entwicklung zeigen sich typischerweise affektiv-impulsive Reaktionsweisen (Dominanz des **Binnenmotivs**, welches die Antriebe einer Person widerspiegelt). Wir können uns diese Phase der Entwicklung so vorstellen, dass es sich hier um die erste Konfrontation mit Rollenerwartungen handelt, welche sich für eine Person in dieser Stufe noch nicht zu einem echten Rollenbild verdichtet haben und somit schnell zu einer Überforderung und Belastung führen können. Diese Situation

führt dann oft zu affektiv-impulsiven Reaktionen, wie zum Beispiel Ärger, Wutausbrüchen oder Frustrationsbekundungen. Diese sind dabei zwar sprachlich getragen, in ihrem Inhalt durch die betrachtete Person aber nicht wirklich reflektiert und damit auch nicht sprachlich bewusst gestaltbar. Sie passieren der Person eher, als dass sie diese Reaktionen hat. Auf dieser Stufe der Entwicklung kommen Entwicklungsimpulse oft von außen, indem Verhaltensweisen durch externes Feedback kritisiert und mit anderen Verhaltenserwartungen konfrontiert werden. Personen, die in Führungsrollen so agieren, werden typischerweise von anderen Personen in ihrem Umfeld als unreif und unkontrolliert wahrgenommen.

2. **Stufe (»gemeinschaftsbestimmt-konformistisch«) (E2)**: Auf dieser Entwicklungsstufe konkretisiert sich für eine Person entweder durch externes Feedback oder aber durch eigenes Erleben und Lernen die mit einer Rolle verbundene soziale Verhaltenserwartung hin zu einem kompakten benennbaren Rollenmodell. Die Person begreift sich im echten Sinne als Rollenträger, und der innere ICH-Dialog ist von Überlegungen charakterisiert, wie man diesen Rollenerwartungen gerecht werden kann, um dazuzugehören (Dominanz des **Anschluss-** oder **Bindungsmotivs**). Man versucht in dieser Entwicklungsstufe, der vorbildlichste Rollenträger oder in unserem Beispiel eine vorbildliche Führungskraft zu werden. In dieser Phase der Entwicklung stehen eigene Fähigkeiten und das eigene, hinter der Rolle liegende Wollen noch nicht im Fokus. Entscheidende Entwicklungsimpulse hin zur nächsten Entwicklungsstufe können sich zum Beispiel aus externem Feedback ergeben, welches spiegelt, dass eine Person bestimmte Rollenanforderungen in besonderem Maße aufgrund eigener Veranlagungen oder Fähigkeiten erfüllen kann. Führungskräfte, die sich nach einiger Praxiserfahrung oder durch Coaching-Prozesse ihrer eigenen Fähigkeiten bewusst werden, können auf diesem Wege aber auch ohne externe Impulse die nächste Entwicklungsstufe erreichen. Wichtig für den Übergang zu dieser Stufe ist die Verschiebung des Rollenfokus hin zu persönlichen Eigenschaften und Kompetenzen, welche eine Person besitzt und die für diese Rolle von Bedeutung sind.
3. **Stufe (»rationalistisch-funktional«) (E3)**: Auf dieser Stufe zeigt sich im ICH-Dialog ein im Vergleich zur vorherigen Stufe deutlich ausgeprägterer Fokus auf die eigenen Fähigkeiten, Kompetenzen und

Veranlagungen. Wichtig ist hierbei aber, dass diese Reflexion vor dem Hintergrund von Rollenanforderungen passiert. Eine Person freut sich nicht kontextungebunden darüber, dass sie ein hohes Maß an analytischer Kompetenz besitzt, sondern freut sich darüber, dass sie diese Kompetenz in ihrer Rolle als Führungskraft nutzen kann. Dieser Prozess entwickelt sich dahingehend weiter, dass der ICH-Dialog dieser Person in besonderem Maße von Überlegungen bezüglich Kompetenzanforderungen, Methodenkenntnissen und Persönlichkeitsmerkmalen vor dem Hintergrund ihrer Rolle geprägt ist. Mit Kollegen spricht man in dieser Entwicklungsstufe gerne über entsprechende methodische oder instrumentelle Anforderungen an Führungskräfte. Das Thema der persönlichen Exzellenz in Bezug auf derartige Anforderungen ist sehr wichtig (Dominanz des **Leistungsmotivs**). Entwicklungsimpulse für eine Entwicklung aus dieser in die nächste Stufe haben zum Beispiel mit der Beobachtung zu tun, dass Kompetenzen in Rollen in vielen Kontexten nur Relevanz entwickeln, wenn sie auch Wirkung zeigen, das heißt, dass zum Beispiel Ziele erfüllt werden oder äußere Bedarfe durch die eigenen Tätigkeiten befriedigt werden. Diese Impulse können dabei sowohl aus externen Rückmeldungen als auch aus eigenem Erleben stammen.

4. **Stufe (»eigenbestimmt-souverän«) (E4)**: Auf dieser Stufe der Entwicklung verlagert sich der Fokus des ICH-Dialogs hin zu der Frage, was die Person durch die Übernahme einer Rolle und die Bewusstmachung und Entwicklung ihrer Fähigkeiten und Eigenschaften erreichen will. Dieser Prozess führt zu einem verstärkten Bewusstsein von Zielen, welche in ihrer inhaltlichen Ausformulierung eine Balance zwischen persönlichen Zielen auf der einen Seite und rollenbezogenen Zielen auf der anderen Seite darstellen. Die Fähigkeit, derartige Ziele formulieren zu können und bei der Formulierung auf eine Balance zwischen den personalen und rollenbezogenen Zielen zu achten sowie auch eine gute Balance zwischen kurz-, mittel- und langfristigen Zielen formulieren zu können, stellt eine neue Fähigkeit dar, welche auch einen vollkommen neuen Fokus des ICH-Dialogs etabliert. Personen in dieser Entwicklungsstufe sind sich sowohl ihrer Rollenanforderungen als auch ihrer Eigenschaften und Kompetenzen bewusst und können die Balance zwischen diesen Aspekten ihres ICH durch das Setzen und Erreichen eigener Ziele balancieren. Das Erreichen einer solchen guten

Balance wird hierbei von der Person auf der affektiven Ebene als gute innere Stimmigkeit erlebt, ist aber vom Erreichen der eigenen gesetzten Ziele abhängig (Dominanz des **Macht-** beziehungsweise **Wirkmotivs**). Führungskräfte auf dieser Entwicklungsstufe zeichnen sich durch eine hohe innere Souveränität aus und erleben sich selbst als eigenbestimmt und selbstwirksam. Gerät diese innere Balance durch äußere oder innere Veränderungen durcheinander und erlebt die entsprechende Person hierbei in ihren eigenen inneren Reaktionen auf diese Störungen systematische Probleme, so kann dies der Auslöser für die Entwicklung hin zur nächsten Entwicklungsstufe sein. Auslöser für eine derartige Entwicklung kann zum Beispiel auch die Erfahrung von negativen Gefühlen in anderen Rollenkontexten sein, welche in diesen für eine weitere Entwicklung bereits genutzt werden konnten. Die Erfahrung, dass »Schattenseiten« potenzielle Entwicklungsfelder eröffnen, setzt sich am Übergang zur nächsten Entwicklungsstufe langsam als Einsicht durch.

5. **Stufe (»relativierend-individualistisch« – erste postkonventionelle Stufe) (E5)**: Auf dieser Stufe der Entwicklung ist der ICH-Dialog der Person durch einen Komplexitätsgrad charakterisiert, in welchem neben der kompletten ICH-Struktur (Rollen, Persönlichkeit und Ziele) auch ein Bewusstsein für die inneren situativen und grundsätzlichen Spannungen in diesem ICH-System entstanden ist. Zusätzlich zeigt sich auch ein Bewusstsein für die mit diesen Spannungsverhältnissen verbundenen Gefühle und Stimmungen sowie der Wunsch, mit diesen umzugehen und ihnen Rechnung zu tragen (Dominanz des **Freiheitsmotivs**). Die Fähigkeit, sein eigenes ICH-System in voller Komplexität in Bezug auf eine oder mehrere Rollen im eigenen ICH-Dialog betrachten zu können, öffnet auch die Tür zu der Wahrnehmung, dass es in dieser Komplexität in der Person selbst rollenbezogene Unterschiede geben kann und dass andere Personen eine ähnliche innere Komplexität aufweisen können. Eine Person, die in ihrer Führungsrolle auf dieser Entwicklungsstufe steht, zeigt in ihrer Kommunikation mit Mitarbeitenden zum Beispiel ein hohes Maß an Empathie und die Bereitschaft, Mitarbeitende als komplexe ICH-Systeme mit multiplen rollenbezogenen Komplexitäten begreifen zu können, wodurch beispielsweise rollenbezogene Referenzerlebnisse, welche eine höhere innere Entwicklungsstufe repräsentieren, auch für andere rollenbezogene

Erlebnisse nutzbar gemacht werden können. Oft kommt es in dieser Phase aber noch dazu, dass wir den Grund für innere Konflikte und Spannungen im Außen verorten, sodass wir uns teilweise als Opfer dieser Umstände erleben. Mit dieser Wahrnehmungsfähigkeit öffnet sich dann aber auch die Tür zu der nächsten Entwicklungsstufe.

6. **Stufe (»systemisch-autonom«) (E6):** Auf dieser Stufe der Entwicklung entsteht im ICH-Dialog die Erkenntnis, dass alle Strukturelemente des ICH durch das ICH selbst erzeugt werden. Hierdurch erkennen wir, dass wir auch für die vorher noch im Außen verorteten Spannungsquellen selbst verantwortlich sind. Wir erkennen, dass in unserem inneren Abbild der Umwelt und seiner autonomen Veränderung der Schlüssel für unsere Autonomie liegt. Wir erkennen ebenfalls, dass unsere Gefühle und unser Selbstbild durch unser ICH erzeugt und verändert werden. Martin Permantier nennt diesen Zustand das aufkommende Konstrukt-Bewusstsein. Personen auf dieser Entwicklungsstufe erkennen ihre ICH-Struktur als Produkt ihres Lebenswegs und der Entscheidungen, die sie auf diesem Weg getroffen haben. Hierdurch fangen sie zum ersten Mal damit an, Verantwortung für diese Strukturen zu übernehmen. Wir erkennen unser ICH als Produkt unserer Autonomie und verstehen, wie dieses ICH mit unserem Bild der Umwelt und unseren Gefühlen interagiert. Auf dieser Ebene der Entwicklung suchen Personen innere und äußere Kohärenz (Dominanz: **Kohärenzmotiv**). Personen, die in ihrer Führungsrolle diese Entwicklungsstufe erreichen, zeigen die Fähigkeit, innere Widersprüche und damit auch äußere Widersprüche akzeptieren und balancieren zu können. Sie besitzen ein ausgesprochenes Prozessbewusstsein und verstehen es zum Beispiel, Konflikte gelassener moderieren zu können. Sie zeigen ein gutes Gespür für systemische Kontexte und können diese so gestalten, dass Kohärenz entsteht und gleichzeitig die Individualität ihrer Kollegen respektiert wird. Der Weg aus dieser Stufe in die höheren Stufen der ICH-Entwicklung beginnt dadurch, dass wir erkennen, dass unsere nach wie vor vorhandene Identifikation mit unserer, wenn auch kontextualisierten und gewordenen, ICH-Vorstellung uns weiterhin beschränkt. Erst wenn wir den nächsten Schritt sehen und unser ICH nur als Teil eines ICH-Selbst-Systems verstehen, welches ebenfalls nur eine Funktion für uns erfüllt, beginnt der Prozess der Transpersonalität in einer Person zu wirken. In dieser Phase beginnen wir, unser ICH-

Selbst-System als Teil des Kosmos zu begreifen, mit dessen Wirken und Geschehen wir uns immer stärker verbinden wollen (Wunsch nach Übereinstimmung [*homologia*]).

Übung zum inneren Stufenmodell: Wie Motive die Welt verändern
Wählen Sie ein Thema aus Ihrer Führungspraxis aus, bei dem Sie unsicher sind, wie Sie damit umgehen sollen. Wir betrachten hier als Beispiel das Thema Prozessmanagement. Schreiben Sie dann auf, wie dieses Thema sich für Sie aus den sechs Motivlagen heraus darstellen könnte. Ein mögliches Ergebnis für das Thema Prozessmanagement könnte dabei wie folgt aussehen:

- Binnenmotiv: Prozessmanagement hilft mir, mich durchzusetzen.
- Anschlussmotiv: Prozessmanagement hilft mir, meine Verantwortlichkeiten zu klären und Ordnung zu schaffen.
- Leistungsmotiv: Prozessmanagement hilft mir, effizienter und exzellenter zu werden.
- Wirkmotiv: Prozessmanagement hilft mir, effektiver zu werden und die Ergebnisse zu erreichen, die mir wichtig sind.
- Freiheitsmotiv: Prozessmanagement hilft mir, mit anderen besser und transparenter zu kommunizieren sowie Erwartungshaltungen und mögliche Spannungsfelder klarer erkennen zu können.
- Kohärenzmotiv: Prozessmanagement ist ein Weg, mit anderen gemeinsam auf unsere Zusammenarbeit zu schauen und zu überprüfen, ob wir so gemeinsam arbeiten wollen und dies auch unseren Stakeholdern und Kunden gerecht wird.

Reflektieren Sie auf der Basis dieser Aufstellung, welches Motiv Sie offensichtlich gerade antreibt und ob dieses Motiv zu Ihrer Umwelt passt. Sollte dies nicht der Fall sein, so überprüfen Sie, ob Sie bei der Bearbeitung Ihres Themas aus einem anderen Motiv heraus handeln könnten und was es dafür benötigen würde. Sie können diese Übung auch verwenden, um zu erkennen, mit welchen Motivlagen Sie in Ihrem Umfeld zu tun haben.

Das dargestellte Stufenschema kann im Kontext einer Führungsaufgabe helfen zu verstehen, auf welcher Entwicklungsstufe man sich selbst befindet und worin ein guter nächster Entwicklungsschritt für einen selbst in einer Rolle bestehen würde. Gleichzeitig kann dieses Entwicklungsschema auch verwendet werden, um Mitarbeitende im Hinblick auf ihren aktuellen Entwicklungsstand in ihrer Rolle besser einschätzen zu können. Aus stoischer Entwicklungsperspektive sind es genau diese Fragen nach dem angemessenen, richtigen Entwicklungsschritt sowie nachfolgend dem hierzu passenden Entwicklungskontext, welche im Selbst für die eigene Entwicklung mit Zielen konkretisiert werden können, um einen solchen Entwicklungswunsch zu unterstützen. Insbesondere die Kontrastierung der mit diesen unterschiedlichen Entwicklungsstufen verbundenen Perspektiven und Motive (siehe die Übung »Wie Motive die Welt verändern«) kann hierbei als Leitfaden für Entwicklung genutzt werden, da hierdurch jederzeit reflektiert werden kann, auf welcher Stufe eine Betrachtung sich gerade noch befindet.

Zum Abschluss dieser Betrachtung sei an dieser Stelle noch einmal erwähnt, dass strukturähnliche Betrachtungen auch auf den Systemebenen Organisation, Team und Dyade angestellt werden können. Entsprechende Entwicklungsskizzen finden sich in Anhang 2. Diese können im Rahmen einer Führungsrolle dann zum Beispiel dafür genutzt werden, den aktuellen Entwicklungsstand eines Systems abzuschätzen und entsprechende passende Entwicklungsmaßnahmen abzuleiten. Bei einem Team, welches Rollenklarheit besitzt, kann dies zum Beispiel bedeuten, dass in einem nächsten Schritt die Frage der notwendigen Kompetenzen und damit verbunden auch Prozesse thematisiert werden sollte. Grundsätzlich gelten bei der Betrachtung dieser Entwicklungsprozesse folgende uns bereits aus der Diskussion der *oikeiosis* in Teilen bekannte Prinzipien einer Entwicklung:

- Jede Entwicklungsstufe muss in einem System durchlaufen werden.
- Jede Entwicklungsstufe nutzt das Gelernte der vorherigen Stufen, kontextualisiert dieses aber anders und transformiert es dadurch.
- Jede Entwicklungsstufe folgt ihrer eigenen Zeitlichkeit.

Zusätzlich ist bei diesen Entwicklungsprozessen zu beachten, dass die verkoppelte Entwicklung, welche uns aus dem ICH-Selbst-System für eine Person bereits konzeptionell bekannt ist, berücksichtigt werden muss. Diese führt dazu, dass zum Beispiel eine ICH-Entwicklung eine vorlaufende Selbst-Entwicklung benötigt, welche diese ICH-Entwicklung auf passende Art und Weise begleitet. Dieser Gedanke gilt dabei grundsätzlich auf allen Systemebenen. Dies bedeutet, dass auf jeder Systemebene neben dem betrachteten System (zum Beispiel Organisation oder Team) auch immer das entsprechende Führungssystem mitbetrachtet werden muss. Hierbei ist zu berücksichtigen, dass die Entwicklung im Führungssystem die Entwicklungsmöglichkeiten im Referenzsystem begrenzt. Eine Teamleitung, welche in ihrer Rolle als Führungskraft auf der Entwicklungsstufe 4 steht, kann sinnvollerweise nur Teams führen, deren Entwicklung nur bis zur Stufe 3 reicht. Eine fehlende Kohärenz der Entwicklungsdynamiken auf einer Ebene zwischen System und Steuerungssystem führt zu Entwicklungsproblemen in beiden Systemen.

Die Frage, ob die hier dargestellte Entwicklungssequenz in Systemen grundsätzlich so zu bewerten ist, dass eine höhere Entwicklungsstufe ein »Besser« für ein System darstellt, wird in der Literatur der ICH-Entwicklung zögerlich und nicht wirklich klar beantwortet. Man spricht in diesen Kontexten dann eher von einer Zunahme der Komplexität, der Flexibilität oder der Perspektivenvielfalt, leitet daraus aber keine grundsätzliche normative Skala in der Entwicklung ab. In praktischen Kontexten wird hier auch gelegentlich der Begriff des Reifegrads eines Systems verwendet. Diese Begriffsverwendung führt in Praxiskontexten aber oft zu Widerständen, da Personen sich in ihrem persönlichen Entwicklungsstand über diese Begrifflichkeit abgewertet fühlen. Als hilfreich hat sich hierbei erwiesen, den jeweiligen personalen Entwicklungsstand immer nur auf Teilpersönlichkeiten zu fokussieren und damit Raum für »persönliche Reife« in anderen Teilpersönlichkeiten zu lassen. Die in diesem Buch zentrale stoische Entwicklungsperspektive würde zu dieser Frage eine klare Antwort geben, allerdings auf der Ebene des Selbst, da die Stoa die Entwicklung einer Person hin zum stoischen Weisen grundsätzlich zwar als ein »Besser« ansehen würde, diese Entwicklung aber auf der Ebene des Selbst betrachten würde. Meine ICH-Entwicklung ist in diesem Sinne, wie im zweiten Teil ausgeführt (siehe Kap. 2.3.7), hier nur ein indirekter Indikator für meine »Selbst-Reife«. Hierbei geht es dann aber eben nicht darum, dass ich im Kontext meiner Umwelt besser »performe«, sondern es geht darum, dass ich durch diese Entwicklung meinem Ziel der inneren und äußeren *homologia* in meinem Leben näher komme und damit Glückseligkeit, Seelenruhe und innere Schönheit erreiche. In diesem Bild ist die

Entwicklung des Selbst ein Mittel, um glücklicher und auch harmonischer mit meiner Umwelt leben zu können, da ich über meine innere Weisheit die Tugendhaftigkeit erreiche, welche es mir ermöglicht, mit den Dingen des Lebens auf die richtige Art und Weise umgehen zu können. Hierzu gehört dann auch die Gestaltung meiner Umwelt und damit auch der in meiner Umwelt befindlichen Systeme (zum Beispiel Organisation oder Team beziehungsweise deren Führungssysteme) in einer Form, dass diese ebenfalls über eine innere und äußere *homologia* verfügen, ein Aspekt, den wir im späteren Verlauf noch einmal ansprechen werden.

An dieser Stelle werden wir in den nächsten drei Kapiteln (Kap. 3.2.5 – 3.2.7) zu der Praxis der drei Disziplinen in der Stoa und ihrer Bedeutung für Führung übergehen. Doch bevor wir dies tun, wollen wir noch einen interessanten Punkt bezüglich dieser Disziplinen aus Sicht des in diesem Kapitel dargestellten Entwicklungsgedankens darstellen. Vergleicht man den Inhalt der drei Disziplinen nämlich mit den Themen, welche auf den einzelnen Entwicklungsstufen im Vordergrund stehen, dann zeigt sich eine interessante Korrespondenz. Auf der Basis dieser Gegenüberstellung könnte man hierbei folgende Zuordnung zwischen den Disziplinen des Epiktet und den Entwicklungsstufen vornehmen (siehe auch Epiktet, *Gespräche*, 3.2.1-5):

- **Disziplin des Begehrens:** Untersuche Begehren und Vermeiden (Stufe 1).
- **Disziplin des Handelns:** Forme Motive für Aktionen und soziale Interaktionen (Stufe 2 – 4).
- **Disziplin der Zustimmung:** Übe Sorgfalt im Treffen von Urteilen und stelle Konsistenz zwischen diesen Urteilen her (Stufe 5 – 6).

Ein ähnliches Bild zeigt sich in einem alternativen Entwicklungsprogramm, welches Seneca in seinem 89. Brief an Lucilius (Seneca, *Briefe an Lucilius*, 89.14) formuliert hat und welches ebenfalls drei Fokusschwerpunkte der Entwicklungsarbeit vorschlägt. In beiden Fällen erscheint durch den Vergleich mit dem Bild der Entwicklungsphasen die Anordnung der Disziplinen nicht als ein zufälliges Neben- oder Nacheinander, sondern als eine an der Entwicklungsdynamik einer Person orientierte Wahl der Reihenfolge.

Zusammenfassung zur Nutzung des stoischen Entwicklungsmodells in der Führung:
Das stoische personale Entwicklungsmodell mit seinen sechs Phasen der rationalen Entwicklung gibt insbesondere in seiner modernen Form der ICH-Entwicklung für personale Entwicklungsprozesse eine gute Orientierung bezüglich der in den einzelnen Entwicklungsstufen benötigten Entwicklungsarbeit. Die in diesen Entwicklungsstufen auftretenden dominierenden Motive können weiterhin dabei helfen, eine Orientierung für die Arbeit an und zwischen den Entwicklungsstufen zu leisten. Personale Entwicklung und Arbeit am eigenen Selbst erweisen sich in diesem Bild als gekoppelte Prozesse, welche nur gemeinsam gelingen können. ICH-Entwicklung ist aus dieser Perspektive an Selbst-Entwicklung gebunden. Aus Sicht der stoischen Lebensphilosophie stellt der über diese Stufen beschriebene Prozess der personalen Entwicklung einen normativen Weg dar, welcher das Erreichen des stoischen Lebensziels und damit das Erreichen der inneren Weisheit ermöglicht. Die aus der Betrachtung der personalen Ebenen gewonnenen Einsichten erscheinen aufgrund der syntaktischen Ähnlichkeit dieser Ebenen zu anderen Systemebenen (Organisation, Team, Dyade et cetera) auf die Entwicklungsarbeit auf diesen Ebenen direkt übertragbar.

3.2.5 Die Disziplin des Begehrens in der Führung

Wenden wir uns also der ersten Disziplin des Epiktet zu, der Disziplin des Begehrens. Hier geht es, wie wir im letzten Kapitel gesehen haben, darum, wie wir mit Begehren und Vermeiden umgehen. Diese Aufgabe umfasst dabei zwei Unteraufgaben, welche wir getrennt behandeln wollen und welche sich wie folgt formulieren lassen:

- Meistere deine Gefühle in Bezug auf den Umgang mit den präferierten und nicht präferierten Indifferenzien.

- Meistere deine Wünsche, Hoffnungen und Befürchtungen in Bezug auf den Verlauf deines Lebens.

Die erste Teilaufgabe hat hierbei mit unserer inneren Bewertung der genannten Dinge zu tun. Hier geht es darum, dass wir lernen, diese Bewertungen zu hinterfragen und anzupassen. Die zweite Teilaufgabe bezieht sich abstrakt gesehen auf die Abläufe des Kosmos und damit verbunden auf unsere inneren Vorstellungen von diesen. Auch hier gilt, dass wir diese überprüfen und anpassen sollen. Beginnen wir aber zunächst mit der ersten Teilaufgabe, dem Umgang mit unseren Gefühlen in Bezug auf Gegenstände, Personen et cetera. Die Stoiker erinnern uns in diesem Kontext daran, dass wir in der ersten Phase der *oikeiosis*, also der unbewussten Phase unserer Entwicklung, natürlichen Antrieben folgen, welche eine Art natürliche Bewertung der Dinge um uns herum widerspiegeln. Wir essen, wenn wir Hunger haben, wir trinken, wenn wir durstig sind, wir suchen Nähe und Schutz, wenn wir uns verletzlich und müde fühlen, und wir helfen, wenn dies in unserem Umfeld vonnöten ist. Die Stoiker nannten Handlungen, welche diesen Bewertungen folgen, *kathekonta* (»naturgemäße« oder auch mit einer stärkeren sozialen Konnotation »pflichtgemäße Handlungen«). Im Verlauf der nachfolgenden bewussten Entwicklungsphase im Prozess der *oikeiosis* können diese inneren Bewertungen sich verschieben und kulturell so überprägt werden, dass sie nicht mehr unsere natürlichen Bedürfnisse, sondern kulturell geprägte Bedürfnisse reflektieren.

Der nachfolgende Prozess der *oikeiosis* führt uns dann aber auf den Weg zur inneren Weisheit, welcher unsere inneren Bewertungen nicht nur in Einklang mit uns selbst, sondern auch in Einklang mit der Allnatur bringt (was auch zu einem Widerspruch im Handeln zu den *kathekonta* führen kann, da nicht alle Handlungen dieser Art in jeder Situation auch mit der Allnatur übereinstimmen). Ein Handeln aus diesem inneren Zustand der Weisheit nannten die Stoiker, wie wir bereits wissen, *katorthomata*, welche von positiven *eupatheiai* (siehe auch das Kapitel über das Bild der menschlichen Gefühle in der Stoa, Kap. 2.3.2) begleitet wurden. Im Kern geht es also in der ersten Teilaufgabe der Disziplin des Begehrens darum, dass wir den Dingen in unserem Umfeld den situativ passenden Wert zuschreiben und in dieser Bewertung nicht überschießen, da die Folge hiervon das Entstehen von Leidenschaften wäre. Dieser Gedanke findet sich wunderbar zusammengefasst in folgendem Zitat Senecas aus seinem 2. Brief an Lucilius (Seneca, *Briefe an Lucilius,* 2.6):

»... nicht wer wenig hat, sondern wer mehr haben will, ist arm ...«

Übung zur Arbeit an den eigenen Gefühlen

An dieser Stelle sei auf die im Kapitel über das stoische Bild der menschlichen Gefühle (Kap. 2.3.2) dargestellte Analyse mithilfe des pathetischen Syllogismus verwiesen, in der es darum geht, dass ein Gefühl in einen solchen Syllogismus überführt wird, um es dann auf seine innere Struktur und Angemessenheit zu überprüfen. Zusätzlich sei hier auch auf die Übung »Nutzung des inneren Weisen« aus dem Kapitel über die Nutzung von Rollenvorbildern (Kap. 3.2.3) verwiesen. Dort kann der letzte Teil dieser Übung, in welchem die hypothetische Sichtweise eines stoischen Weisen eingenommen wird, helfen, den Hintergrund eigener Gefühle zu erkennen und diese durch eine emotionale Erfahrung eines angenommenen Lösungszustands auch zu verändern. Zuletzt noch ein Verweis auf das Kapitel zur Disziplin der Zustimmung (siehe Kap. 3.2.7), da auch dort die Reflexion von Werturteilen zum Thema werden wird.

Übertragen wir diesen Gedanken auf die Welt der Führung, so zeigt sich hier zunächst die Aufgabe, dass wir im Umgang mit den Dingen im Umfeld unserer Führungsrolle die richtigen Bewertungen nutzen. Diese Forderung entspricht im Kern der vorher bereits abstrakter formulierten Anforderung, die Dinge in unserem Lebensvollzug in der richtigen Art und Weise zu wählen beziehungsweise abzuwählen. In der Praxis einer Führungsrolle bedeutet dies, dass ich die mir gestellten Führungsaufgaben so durchführe, dass es in meinem ICH nicht zum Aufbau von Spannungszuständen kommt, welche sich nachfolgend in negativen Gefühlen äußern würden. Gleichzeitig sollte ich auch darauf achten, dass mein Führungsverhalten nicht zu Spannungszuständen in meinem Umfeld führt (hier nähern wir uns schon der Perspektive der Disziplin des Handelns). So kann der übertriebene Wunsch nach Sichtbarkeit oder Geld dazu führen, dass sich in mir ein Spannungsfeld in meinem ICH zwischen diesen Antrieben und meinem Rollenverständnis aufbaut. Gleichzeitig kann es in meinem Führungsverhalten dazu kommen, dass ich infolge dieser inneren Bewertung von Dingen in meinem Umfeld Entscheidungen treffe, welche zum Beispiel in meinem Team dazu führen, dass es zu Spannungen kommt.

Ein Grund hierfür könnte sein, dass ich bestimmte Führungsaufgaben gegenüber anderen vernachlässige, da sie meinen inneren Antrieben nicht dienlich sind. In einer solchen Situation gilt es zunächst zu verstehen, dass meine ICH-Entscheidungen in mir auf Fehlurteilen über den Wert bestimmter Dinge in meinem Umfeld, wie Sichtbarkeit oder Geld, basieren. Diese Situation verweist darauf, dass mein aktuelles Selbst offensichtlich keinen guten Ratgeber für mein ICH darstellt und somit meine inneren Entscheidungen in meinem ICH nicht zu einem Zustand der inneren und äußeren *homologia* führen. Diese Situation zeigt sich dann zum Beispiel im Erscheinen von Leidenschaften wie Gier, Lust oder auch Ärger und Wut. Die Stoiker raten uns in dieser Situation, dass wir mithilfe der Disziplin des Begehrens unsere Wertzuschreibungen in den Blick nehmen und hier zu einer angemessenen Wertzuschreibung zurückfinden. Dies kann zum Beispiel mithilfe des pathetischen Syllogismus aus dem Kapitel 2.3.2 über die stoische Theorie der Gefühle geschehen (sowie mit weiteren Übungen, wie sie in der Übungsbox »Arbeit an den eigenen Gefühlen« dargestellt sind).

Weiterhin könnte ich aber auch daran arbeiten, dass ich die Wertzuschreibung zu den Anforderungen meiner Rolle in mir hinterfrage, da ich hier eventuell bestimmten Aspekten meiner Rolle zu wenig Wert beigemessen habe. Hierzu könnte ich mir zum Beispiel die Führungsaufgaben in einem Team aus der Übersicht der Führungsfunktionen in Anhang 1 anschauen, um so ein Gefühl dafür zu bekommen, ob es da Funktionsanforderungen gibt, welche nicht hinreichend Aufmerksamkeit erhalten. Ähnlich kann ich auch mit dem systemisch-syntaktischen Schema eines Teams (siehe Anhang 2) verfahren. Dieses kann mir zum Beispiel Hinweise darauf geben, welche Spannungszustände in meinem Team aktuell aktiv zu beobachten sind. Aus diesen ließe sich dann umgekehrt herleiten, welche Führungsfunktion im Team im Moment benötigt würde. Diese Funktion könnte ich mir dann genauer anschauen und mich fragen, warum ich diesem Thema keinen oder zu wenig Wert beigemessen habe. Dies kann zum einen mit einer inneren Wertverzerrung zu tun haben, es kann aber auch damit zusammenhängen, dass ich die Zusammenhänge in meinem Team nicht richtig eingeschätzt habe und somit von einer Dynamik überrascht werde, welche ich nicht erwartet habe und welche mich jetzt belastet. Letztere Situation wäre ein erstes Beispiel für das zweite Aufgabenfeld in der Disziplin des Begehrens, welchem wir uns jetzt zuwenden werden.

Praxisbeispiel: Vom persönlichen Ärger zur Strukturanpassung in der Organisation

Im Rahmen einer Trainingsveranstaltung zum Thema Führung im Kreis von Führungskräften einer Organisation aus dem Finanzsektor berichtet eine Teilnehmerin darüber, dass sie sich in der Ausübung ihrer aktuellen Führungsrolle häufiger ärgert. Sie verbindet dieses Gefühl dabei insbesondere mit der Interaktion mit den Führungskräften über ihr, welche in diesem Fall die Geschäftsführung repräsentieren. Die Teilnehmerin berichtet darüber, dass in diesen Gesprächen immer wieder Anforderungen formuliert werden, die aufgrund ihrer zeitlichen Taktung nicht zur personellen Ausstattung ihres Bereichs passen. Sie erlebt sich in diesen Gesprächen als wirkungslos und empfindet im Nachgang dieser Gespräche immer wieder ein starkes Gefühl des Ärgers. Dem Vorschlag, dieses Gefühl als Indiz für einen organisationalen Spannungszustand zu interpretieren und gemeinsam in einem Gespräch nach der strukturellen Ursache hinter dieser Spannung zu suchen, stimmt die Teilnehmerin interessiert zu.

Im nachfolgenden Interview, welches von einem der Trainer mit der Teilnehmerin durchgeführt wird, wird folgendermaßen verfahren. Die Teilnehmende berichtet, angeleitet durch Fragen des Trainers, noch einmal in einer ausführlicheren Sequenz von der von ihr wahrgenommenen Problematik. Der Trainer hört hierbei aus systemisch-syntaktischer Perspektive zu und identifiziert mögliche Spannungsfelder in der Organisation in diesem Bericht. Zur Verdeutlichung dieser Analyse legt der Trainer zu diesen Spannungsfeldern passende Führungsfunktionen (siehe Anhang 1) still auf den Tisch (dies kann zum Beispiel mit den bereits in Teil 1 erwähnten Führungsfunktionskarten* des Autors dieses Buches erfolgen). Am Ende des Gesprächs schauen der Trainer und die Teilnehmende gemeinsam auf die ausgewählten Führungsfunktionen und verdichten dieses Bild zu einer Kernhypothese.

In diesem Fall lautet die Hypothese, dass die Führungsfunktion des **Ressourcenmanagements** (hierbei handelt es sich um die Funktion, welche das Spannungsfeld zwischen den beiden Prämissen Rolle und Person vor dem Hintergrund von gegebenen Zielen adressiert) nicht hinreichend in der Praxis der betrachteten Organisation Beachtung findet. Diese Hypothese wird in einem zweiten Schritt mit der Frage verbunden, welches strukturelle Defizit sich hierdurch im Führungssystem zeigt. Die Teilnehmerin und der Trainer einigen sich in diesem Fall darauf, dass eine hilfreiche Hypothese darin bestehen könnte, dass es für die Führungsfunktion des Ressourcenmanagements offensichtlich keine passenden Dialogräume im Führungssystem gibt und diese Funktion deshalb nicht zur Wirkung kommen kann. Die Erwähnung dieses Führungsbedarfs in anderen Dialogräumen, welche sich im Kern auf andere Themen fokussieren, kann diesen Bedarf offensichtlich nicht passend kompensieren.

Die Teilnehmende beschließt daher, als Ergebnis dieser Analyse mit ihren Vorgesetzten über die Einrichtung eines speziell auf das Thema Ressourcenmanagement hin ausgerichteten Dialograums zu sprechen. Zusätzlich bewertet sie abschließend diese systemisch-syntaktische Interpretation ihres Ärgergefühls als deutlich hilfreicher als die bisherige, auf Einzelpersonen fokussierte Verortung des hinter dem Gefühl vermuteten Problems. Sie konnte so erkennen, dass das identifizierte Problem Folge eines Strukturproblems in der Organisation ist und somit in gewisser Weise erwartbar war.

Diese Aufgabe stellt uns vor die Herausforderung, mit unseren inneren Wünschen, Hoffnungen und Befürchtungen so umzugehen, dass hie-

* Ein Kartenset, welches 30 Führungsfunktionen darstellt, ist unter dem Titel »Führung begreifbar machen« über die Grafikerin Marie Hübner separat als Ergänzung zu diesem Buch erhältlich (https://www.graphictelling.org/workshops/).

raus keine stoischen Leidenschaften, wie zum Beispiel Furcht oder Verzweiflung, folgen. Die Stoa regt uns hier dazu an, die Einbettung unseres aktuellen Erlebens in die Prozesse des Kosmos zu reflektieren und hierdurch bereit zu sein, den Konsequenzen dieser Natur des Kosmos zuzustimmen. Der Fokus dieses Teils der Disziplin liegt also darauf, dass wir lernen wahrzunehmen, dass wir in die Abläufe unserer Umwelt integriert sind und somit unser Wünschen sich den Möglichkeiten dieser Umwelt anpassen muss, wenn wir nicht immer wieder in unseren Erwartungen enttäuscht werden wollen. Wir müssen also lernen, das Erwartbare zu erwarten und dies in unseren eigenen Wünschen zu reflektieren. Wir lernen damit, die Einheit der Natur und ihre Harmonie mit sich selbst zu sehen. Durch diesen Teil der Disziplin des Begehrens, welche auch als praktizierte Physik bezeichnet wird, lernen wir, nicht mehr länger ein Fremder in unserer kosmischen Heimat zu sein. Epiktet beschreibt diese Haltung in seinem Handbuch wie folgt (Epiktet, *Enchiridion,* 8):

> »Verlange nicht, dass das, was geschieht, so geschieht, wie du es willst, sondern wünsche vielmehr, dass es so geschieht, wie es geschieht, und du wirst ein gelingendes Leben haben.«

Eine sicherlich sehr anspruchsvolle Haltung. Marc Aurel überträgt diesen Gedanken in eine morgendliche Erinnerung und fordert sich gleichzeitig dazu auf, dieser Situation gegenüber innere Ruhe zu empfinden, da dies der Charakter der Welt ist und ihm äußere Dinge in seiner Tugendhaftigkeit nicht schaden können (Marc Aurel, *Selbstbetrachtungen,* 3.1):

> »Morgens früh zu dir sagen: Ich werde mit einem zudringlichen, undankbaren, frechen, falschen, mißgünstigen, unfreundlichen Menschen zusammentreffen. – Alle diese Eigenschaften haben sie ja, weil sie im unklaren darüber sind, was gut und böse ist. Ich aber, der das Wesen des Guten erkannt hat, daß es schön ist, und des Bösen, daß es häßlich ist, wie auch die Natur des (gegen mich) Fehlenden selber, das heißt, daß er mit mir verwandt ist – hat er auch nicht an demselben Blut oder Samen mit mir teil, so doch an demselben Geist und an der gleichen göttlichen Abkunft – ich kann von keinem von ihnen Schaden erleiden. Denn in Schande kann mich keiner stürzen. Ich kann auch meinem

> Verwandten nicht zürnen oder ihm feind sein. Denn wir sind zum Zusammenarbeiten bestimmt, wie die Füße, die Hände, die Augenlider, die Reihen der oberen und unteren Zähne. Einander entgegenzuarbeiten ist daher wider die Natur. Wir arbeiten uns aber entgegen, wenn wir einander zürnen oder uns meiden.«

Seneca ergänzt diese Gedanken durch zwei Überlegungen (siehe Seneca, *Briefe an Lucilius*, 123.3 und 88.17), wobei die erste Passage sich mit der Frage einer angemessenen Erwartungshaltung in unserem Leben auseinandersetzt und die zweite eine Haltung beschreibt, wie sie sich in der stoischen Übung »*praemeditatio malorum*« (Deutsch: das Vorausdenken der Übel)[126] findet:

> »Alles, was er möchte, kann niemand haben, dieses aber kann er: Nicht haben wollen, was er nicht hat, und heiter genießen, was ihm geboten wird«,

sowie:

> »Was geschehen wird, weiß ich nicht: was geschehen kann, weiß ich. Davon werde ich nichts durch Bitten abzuwenden suchen, ich erwarte es in vollem Umfang: wenn mir etwas erspart bleibt, bin ich zufrieden. Es täuscht mich die Stunde, wenn sie mich verschont, aber nicht einmal so täuscht sie mich. Denn so wie ich weiß, dass sich alles ereignen kann, so weiß ich auch, dass es nicht in jedem Fall eintreten wird; deshalb erwarte ich das Günstige, auf Schlimmes bin ich vorbereitet.«

Oscar Wilde beschreibt eine ähnliche Haltung in seinem Buch *De profundis*, welches er schrieb, als er in Haft saß. Dort formulierte er, nachdem er durch lange Phasen der Verzweiflung gegangen war, bezüglich seiner neu gefundenen inneren Haltung[127]:

> »Mein Wesen sucht nach einer neuen Form der Selbstverwirklichung. Das ist alles, womit ich mich beschäftige. Und das Erste, was ich tun muss, ist, mich von jeglicher Bitterkeit gegenüber der Welt zu befreien.«

In der Sprache der Stoa geht es also um die Einsicht, dass nicht die Welt es ist, die uns enttäuscht, sondern dass wir Erwartungen an die Welt haben, welche nicht gerechtfertigt sind. Diese Einsicht bedeutet natürlich nicht, dass wir über diese Ent-Täuschung (im eigentlichen Wortsinn) nicht emotional bewegt sein dürfen. Hier schließt sich aber der Kreis zu dem zu Beginn dieses Kapitels beschriebenen Umgang mit unseren Gefühlen, da es auch im Fall der Gefühle im Umgang mit den Abläufen in der Welt darum geht, unserer Fehlurteile gewahr zu werden. Hierbei geht es jetzt darum zu erkennen, dass wir bestimmten inneren Erwartungshaltungen oder Glaubenssätzen einen zu hohen Wert im Hinblick auf unsere Glückseligkeit zuschreiben. Die Stoa erinnert uns in diesen Situationen daran, dass unsere innere Glückseligkeit nur durch die richtige Ausübung unseres freien Willens beeinflusst wird und somit äußere Ereignisse hier prinzipiell keinen Einfluss haben können, wie Marc Aurel auch in seinem obigen Zitat bemerkt. Die Wertverzerrung, welcher wir hier alle unterliegen, besteht im Kern darin, dass alle unsere inneren Erwartungshaltungen und Glaubenssätze im Kern eine innere Vorbehaltsklausel besitzen sollten, in der steht, dass diese Erwartungen und Glaubenssätze nur so lange gelten, wie der Lauf der Dinge dies zulässt. Hierbei hat sich in der Praxis in vielen Coaching-Gesprächen gezeigt, dass die Heftigkeit einer inneren Gefühlslage in direkter Proportionalität zur individuellen Bedeutsamkeit eines mit diesem Gefühl verbundenen inneren Glaubenssatzes über die Welt steht. Wir leiden am meisten an den Glaubenssätzen, welche uns innerlich am wichtigsten sind, sobald sie im Widerspruch zu den Abläufen der Welt stehen.

Übung zur Akzeptanz der Dynamik des Kosmos

Die Stoa hat eine Vielzahl von Übungen zum Umgang mit dieser Herausforderung in der Disziplin des Begehrens erarbeitet. Hierzu zählen zum Beispiel die bereits erwähnte Übung der »*praemeditatio malorum*«, genauso wie die Übung »des Blicks von oben« oder die Übung der Naturalisierung (siehe hierzu auch die Disziplin der Zustimmung) sowie abschließend die Übung »des immerwährenden Wandels«, welche gedanklich dabei hilft, Veränderungen als den normalen Gang des Kosmos zu interpretieren. Alle diese Übungen finden sich in bereits verfügbarer Literatur[128] und werden aus Platzgründen hier nicht im Detail vorgestellt.

Für eine Person, welche in einer Führungsrolle arbeitet, sind diese Einsichten von erheblicher Bedeutung. So sollte sie sich des spezifischen Kontextes ihrer Rollenarbeit bewusst sein und die aus der Struktur dieses Kontextes folgenden Entwicklungen verstehen können und in ihren persönlichen Erwartungshorizont einbauen. Hierzu gehört zum Beispiel ein Verständnis für erwartbare Spannungsverhältnisse auf allen Ebenen der Führungsarbeit sowie die hieraus folgenden funktionalen Bedarfe dieser Systeme, welche sie als verantwortlicher Rollenträger adressieren können sollte. Hierzu können beispielsweise die in Anhang 2 dargestellten systemisch-syntaktischen Struktur-Schemata einzelner Systemebenen sowie die mit diesen verbundenen Entwicklungsstufen eine erste Orientierung bieten. Unser vorheriges Beispiel über die Auswirkungen einer verfehlten Teamführung zeigt hierbei in konkreter Form auf, dass eine solche Entwicklung erwartbar ist, wenn ich meiner Führungsrolle nicht nachkomme. Derartige Spannungssituationen können aber auch jederzeit durch externe Einflüsse auftreten, obwohl ich meiner Führungsrolle in jeglicher Form gut nachgekommen bin. In solchen Fällen gilt es, diese Ereignisse ebenfalls akzeptieren zu lernen und als Ausdruck der in vielen Fällen nicht beherrschbaren Komplexität in einer Organisation zu verstehen. Im Kern gipfelt diese Anforderung in der Einsicht, dass ich auch in einer Führungsrolle kein »Anrecht auf einen ungestörten Verlauf der Dinge habe«.

Zusammenfassung zur Nutzung der stoischen Disziplin des Begehrens in der Führung:
Die stoische Disziplin des Begehrens beinhaltet zwei Teilaufgaben:

- den Umgang mit den eigenen Gefühlen in der Handhabung moralisch indifferenter Dinge im Leben
- den Umgang mit den eigenen Wünschen, Hoffnungen und Befürchtungen bezüglich der Abläufe des Kosmos

Während wir in der ersten Teilaufgabe in der Führung aufgefordert sind, die hinter unseren Gefühlen stehenden Fehlurteile bezüglich des Wertes von Dingen zu identifizieren, müssen wir in der zweiten

Teilaufgabe unsere Gefühle dahingehend analysieren, welche inneren Erwartungshaltungen wir fälschlicherweise gegenüber den Abläufen in unserem Rollenkontext beziehungsweise dem Kosmos als Ganzem gebildet haben. Im zweiten Fall kann uns das über die systemisch-syntaktischen Schemata wichtiger Systemebenen vermittelte Systemverständnis helfen, passendere Erwartungshaltungen aufzubauen. Im Kern bleiben aber alle unsere Erwartungshaltungen und inneren Glaubenssätze, mit Ausnahme der Annahme, dass unser Wille frei ist, »ent-täuschbar«.

3.2.6 Die Disziplin des Handelns in der Führung

Die Disziplin des Handelns beschäftigt sich mit der Frage, wie wir zu richtigen und angemessenen Taten kommen. Die hinter dieser Disziplin stehende Frage kennen wir bereits aus dem Kapitel über die Theorie der »vier Personen« von Panaitios von Rhodos (siehe Kap. 2.3.4). Cicero hatte den Zweck dieser Theorie dort so beschrieben, dass sie alle inneren Aspekte beschreibt, welche wir berücksichtigen müssen, wenn wir in einer Situation eine angemessene Handlung finden wollen. Wir haben in der Diskussion dieser Theorie dieses Bild erweitert und sind so zu dem systemisch-syntaktischen Bild einer Person gekommen, wie es in Abbildung 9 dargestellt ist. Aus der integrierten Sicht des ICH-Selbst-Systems spiegelt sich in der Frage der Findung einer angemessenen Entscheidung die Fähigkeit des Selbst wider, bei der Begleitung des ICH in dieser Entscheidungsfindung über die Disziplin des Handelns sicherzustellen, dass diese Entscheidung entsprechend getroffen wird.

Betrachten wir jetzt den konkreten Fall, dass wir in unserer Führungsrolle eine Handlungsentscheidung treffen wollen, so sind hierbei in einer gegebenen Situation folgende innere ICH-Aspekte zu berücksichtigen:

- unsere inneren Antriebe, welche in dieser Situation für uns bewusst spürbar sind

- unsere Rollenverpflichtungen, welche mit unserer Führungsrolle einhergehen, aber auch die Verpflichtungen unserer anderen Lebensrollen (Hierokles' Kreise)
- unsere Eigenschaften und Kompetenzen
- unsere Ziele
- unsere Gefühle
- unser Habitus, welcher unsere Wahl beeinflussen könnte
- unser Bild der Umwelt, in welcher wir handeln wollen
- unser Selbstbild und seine Relevanz für die von uns zu treffende Entscheidung
- unsere gedanklichen Dialogräume, welche uns den Raum zur Reflexion geben

Zusätzlich können wir noch einige grundsätzliche Fragen des Selbst an den im ICH gebildeten Handlungsimpuls aus unserer Betrachtung des stoischen Wegs zur gelingenden Führung hinzunehmen. Dies würde uns zu folgenden Fragen führen:

- Erlebe ich mich im Verfolgen dieses Handlungsimpulses achtsam?
- Habe ich eine Vorstellung davon, was mir meine innere Weisheit bezüglich des betrachteten Handlungsimpulses raten würde?
- Gehört der Fokus der angestrebten Handlung zu den Dingen, die wir kontrollieren können (unser freier Wille), oder zielt er auf etwas Externes?
- Wenn der Impuls auf etwas Externes gerichtet ist, verfolge ich ihn mit dem stoischen Vorbehalt?
- Wenn der Impuls auf etwas Externes gerichtet ist, führt er in meiner Umwelt dazu, dass dort die Kohärenz erhöht wird, das heißt, habe ich die systemisch-syntaktischen und entwicklungsdynamischen Aspekte der Systemebenen im Blick, auf die sich mein Handeln fokussiert (siehe die systemisch-syntaktischen Schemata sowie die zugehörigen Entwicklungsstufen dieser Systemebenen in diesem Buch)?
- Liegt der Fokus unserer Handlung im Hier und Jetzt oder in der Vergangenheit oder der Zukunft?
- Zeigen sich in der Reflexion des Handlungsimpulses im ICH negative – im Sinne von leidenschaftliche – Gefühle und, wenn ja, mit welchen Spannungsfeldern in meinem ICH sind diese verbunden?

- Habe ich die Ebene der universellen Natur und damit verbunden unserer grundsätzlichen Einbindung in die Abläufe und Wandlungen des Kosmos und damit mein Begehren im Blick?
- Fühle ich mich in dieser Handlung frei oder fremdbestimmt?
- Ist der Handlungsimpuls, welchen ich in dieser Situation umsetzen möchte, tugendhaft und vernünftig, das heißt, ist er praktisch weise, gemäßigt, mutig und gerecht?
- Ist diese Handlung in ihrer Zielsetzung auf das Gemeinwohl beziehungsweise auf die *homologia* mit meiner Umwelt ausgerichtet?
- Trägt die reflektierte Handlung dazu bei, dass ich mein inneres *decorum* sichtbar mache, oder erscheint sie in dieser Hinsicht eher fragwürdig?

Übung zu der Frage, welchen Einfluss mein Entwicklungsstand auf mein Handeln hat

Wenn wir eine Aufgabe im Rahmen unserer Führungsrolle ausüben, dann gibt es, je nachdem wo wir auf dem Weg unserer rollengebundenen ICH-Entwicklung (E1 – E6) stehen, unterschiedliche Verhaltensoptionen. Prüfen Sie daher bei jeder Gelegenheit, welcher Herausforderung Sie sich entsprechend Ihrem Entwicklungsstand stellen können. Stehen wir ganz am Anfang, so werden wir versuchen, unseren Antrieben zu folgen und unangenehmen Dingen aus dem Weg zu gehen (E1). Hier gilt es für uns, die Disziplin des Begehrens zu meistern. Wenn wir unser Begehren bereits gemeistert haben, dann können wir uns fragen, was unsere Rolle uns in der gegebenen Situation abverlangt (*kathekonta*) (E2). Sind wir uns hier unsicher, so müssen wir uns entscheiden, was wir zu leisten in der Lage sind (»unsere Fähigkeiten«) (E3). Dann müssen wir entscheiden, was wir auf der Basis dieser Erkenntnisse in unserer Rolle tun wollen (E4) und was wir bei einem Blick auf uns als Ganzes in der Lage und Willens zu leisten sind (»Grenze unserer Belastbarkeit« und »unser Preis«) (E5). Sind wir noch einen Schritt weiter, so können wir in unserer Rolle auf der Basis unseres festen und stabilen Wissens handeln (*katorthomata*) (E6) und hierbei perspektivisch sogar über uns selbst hinaus auf die Verbindung mit der Umwelt und dem Kosmos schauen (>E6).

An dieser Stelle wollen wir noch eine Ebene zu diesen Betrachtungen hinzufügen, welche in den bisherigen Ausführungen in diesem Buch nur wenig Aufmerksamkeit erhalten hat. Es handelt sich hierbei um die physische Natur unseres Daseins, also um unseren Körper. Auch dieser muss in zwei wichtigen Aspekten bei jedem Handlungsimpuls dahingehend berücksichtigt werden, dass die aus der stoischen Physik bekannten physischen Ebenen (siehe Kap. 2.3.1 über die stoische Psyche) ebenfalls im Blick bleiben. Es handelt sich hierbei um folgende Ebenen:

- die Ebene der physischen Integrität (*hexis*) unseres Körpers
- die Ebene der vegetativen Prozesse und Eigenschaften (*physis*) unseres Körpers, welche bedingt, dass wir uns ernähren und versorgen müssen

Die stoische Physik sieht grundsätzlich noch zwei zusätzliche Ebenen. Diese sind:

- die Ebene unserer Psyche, welche uns erlaubt, Impulse für unser Handeln zu generieren.
- die Ebene des *nous* der bewussten Rationalität, welche es uns erlaubt, die Welt in sprachlich gebundenen Vorstellungen zu betrachten und uns mit der universellen Rationalität verbinden zu können

Die beiden letzten Ebenen sind in ihren wesentlichen Aspekten bereits im vorherigen Prüfkatalog für unsere Handlungsimpulse berücksichtigt. Die Stoa sagt uns in diesem Sinne, dass all unsere Aktionen entsprechend dieser Struktur unserer Natur durchgeführt werden müssen. Dies bedeutet zusätzlich, dass wir nie ohne Plan und ohne Ziel mit Bezug zu dieser Natur und damit dem allgemeinen Wohl handeln sollten, da wir in der Gemeinschaft der Menschen und im Kosmos zu Hause sind.

Übung zu den Leitsätzen der Stoa zum Handeln
Im Folgenden sind einige Leitsätze der Stoa in Bezug zu Handlungsfragen als Originalzitate thematisch zusammengefasst aufgelistet. Lesen Sie diese Zitate, wenn Sie sich mit einem der folgenden Aspekte einer Handlungsfrage beschäftigen:

Soll ich (jetzt) handeln?
»Wenn du eine Rolle übernimmst, der du nicht gewachsen bist, so spielst du sie nicht nur schlecht, sondern versäumst auch eine andere, die du hättest gut spielen können.« (Epiktet, *Enchiridion*, 37)

»Wenn du etwas tust in der deutlichen Einsicht, dass man es tun müsse, so scheue dich nicht, es vor jedermanns Augen zu tun, wenn auch gleich die Leute ganz anderer Meinung darüber sein sollten. Ist deine Handlung unrecht, so unterlasse sie. Ist sie aber recht, was fürchtest du dich denn vor denen, die dich zu Unrecht tadeln?« (Epiktet, *Enchiridion*, 34)

»Wenn du beim Morgengrauen verdrießlich aufwachst, dann denk daran: ›Ich stehe auf zur Arbeit eines Menschen. Und da bin ich schlechter Laune, wo ich mich anschicke, das zu tun, wozu ich da bin und wozu ich auf die Welt gekommen bin?‹« (Marc Aurel, *Selbstbetrachtungen*, 5.1)

»Vergiß auch nie, daß jeder nur diesen gegenwärtigen Moment lebt. Die übrige Zeit hat er entweder gelebt oder sie liegt im Ungewissen.« (Marc Aurel, *Selbstbetrachtungen*, 3.10)

Soll ich so handeln?
»Bei jedem Vorhaben musst du zuerst prüfen, was vorausgeht und was daraus folgt; und erst dann mach dich ans Werk . Sonst wirst du zwar anfangs, da du ja nicht bedacht hast, was damit verbunden ist, voller Eifer zu Werke gehen, nachher aber, wenn dir das eine oder andere erst sichtbar wird, schändlich aufgeben.« (Epiktet, *Enchiridion*, 29)

»Erstens: nichts aufs Geratewohl und nichts ohne Zweck und Ziel! Zweitens: dein Streben auf nichts anderes richten als auf das Gemeinwohl!« (Marc Aurel, *Selbstbetrachtungen*, 12.20)

»Wenn es sich nicht geziemt, tu es nicht; wenn es nicht wahr ist, sag es nicht. Denn dein Trieb soll (in deiner Gewalt) sein.« (Marc Aurel, *Selbstbetrachtungen*, 12.17)

Wie gehe ich mit Widerstand um?
»Heute bin ich von jedem Hindernis frei geworden oder vielmehr, ich habe jedes Hindernis hinausgeworfen. Denn es lag ja nicht außerhalb meiner Person, sondern in mir selber, in meinen Einbildungen.« (Marc Aurel, *Selbstbetrachtungen*, 9.13)

»Versuche, die Menschen gütlich zu überreden; handle aber auch gegen ihren Willen, wenn es die Vernunftordnung der Gerechtigkeit so fordert. Wenn sich dir aber jemand mit Gewalt widersetzt, so füge dich darein mit Gelassenheit und gräme dich nicht darüber und benutze das Hindernis zur Betätigung einer anderen Tugend. Und denk daran, daß du ja unter Vorbehalt den Anlauf nahmst, daß du ja nicht nach Unmöglichem strebtest. Wonach denn? Nach einem Anlauf solcher Art. Darin hast du Erfolg. Wozu wir den inneren Antrieb erfuhren, das wird auch verwirklicht.« (Marc Aurel, *Selbstbetrachtungen*, 6.50)

»Von diesen könnte wohl meine Tätigkeit in gewisser Hinsicht gehindert werden, aber für meine Entschlüsse und meine Seelenverfassung gibt es keine Hindernisse, weil ich sie in Gedanken beseitigen kann und die Fähigkeit habe, sie umzukehren. Denn die Seele kehrt und wandelt jedes Hindernis ihrer Tätigkeit zur Förderung (ihres Vorhabens) um, und so wird das ihr förderlich, was ihr Unternehmen hemmen will, und was ihr diesen Weg versperren will, hilft ihr den Weg bereiten.« (Marc Aurel, *Selbstbetrachtungen*, 5.20)

Wie gehe ich mit Zweifeln um?
»Denk daran, daß es in gleicher Weise Zeichen eines freien Geistes ist, seine Ansicht zu ändern, wie dem zu folgen, der uns eines Bessern belehrt.« (Marc Aurel, *Selbstbetrachtungen*, 8.16)

»Wozu das Grübeln und Sorgen, wenn du in der Lage bist, zu ergründen, was du zu tun hast, und wenn du es erkennst, dann bereitwillig, ohne rechts oder links zu sehen, deinen Weg zu gehen – wenn du es aber nicht erkennst, dann innezuhalten und die besten Ratgeber zu befragen, und wenn dir irgend etwas anderes dabei in den Weg tritt, mit gutem Bedacht auf Grund der vorhandenen Möglichkeiten vorwärtszuschreiten, indem du dich an das hältst, was augenscheinlich gerecht ist? Denn das Beste ist es, dies Ziel zu erreichen, da ja das Verfehlen sich nur hierauf beziehen könnte. Wer aber der Vernunft in jeder Hinsicht folgt, der ist zugleich voll innerer Ruhe und Beweglichkeit, voll Heiterkeit und Ernst.« (Marc Aurel, *Selbstbetrachtungen*, 10.12)

Was soll ich tun, wenn man mir übel mitspielt?
»Verachtet mich jemand? Das ist seine Sache! Aber meine ist es, daß ich nicht dabei betroffen werde, daß ich etwas Verächtliches tue oder sage. – Haßt mich jemand? Das ist seine Sache! Ich aber bin gütig und wohlgesinnt gegen jedermann und bereit, eben diesem Menschen seinen Fehler zu zeigen, nicht mit Schelten, auch nicht, indem ich den Leuten zeige, daß ich das ertrage, sondern aufrichtig und voll Güte wie jener Phokion, vorausgesetzt, daß er nicht heuchelte. Denn das Innere (des Menschen) muß derartig sein und von den Göttern ein Mensch geschaut werden, der durch nichts verstimmt wird und sich über nichts aufregt.« (Marc Aurel, *Selbstbetrachtungen*, 11.13)

»Wie dich die Menschen, die dir bei deinem Vorwärtsschreiten auf dem Pfade der rechten Vernunft störend in den Weg treten, vom richtigen Handeln nicht abbringen können, so sollen sie dir auch nicht das Wohlwollen gegen sie austreiben.« (Marc Aurel, *Selbstbetrachtungen*, 11.9)

»Zweitens wird er Menschen von ungleicher Denkweise ertragen können, sanft und nachsichtig gegen sie sein und ihnen als Unwissende, das heißt als Menschen, die in den wichtigsten Sachen irren, verzeihen können. Er wird auf niemanden böse sein, weil er von jenem Satz Platons durchdrungen ist: Jede Seele irrt nur unfreiwillig.« (Epiktet, *Gespräche*, II.22.36)

»Bedenke, wieviel schlimmer die Folgen unseres Zorns und unseres Grams über solche Handlungen (unserer Mitmenschen) sind als diese Handlungen selber, über die wir in Zorn oder Gram geraten ... Wenn du aber zornig werden willst, dann denk an den Satz, daß nicht der Zorn eine mannhafte Regung ist, sondern daß Milde und Sanftmut, wie sie menschlicher, so auch männlicher sind, und daß ein solcher Charakter Kraft, Sehnen und Tapferkeit besitzt, nicht aber der, der tobt und sich ärgert.« (Marc Aurel, *Selbstbetrachtungen*, 11.18)

Was, wenn ich scheitere?

»Nicht die Dinge selbst beunruhigen die Menschen, sondern die Meinungen von den Dingen ... So oft wir also gehindert, beunruhigt oder betrübt werden, wollen wir in Zukunft den Grund niemals bei einem anderen, sondern nur bei uns selbst, das heißt in unseren Meinungen, suchen. Ein Ungebildeter pflegt andere wegen des eigenen Unglücks anzuklagen; wer angefangen hat, sich philosophisch zu bilden, klagt nur sich selbst an; wer wahrhaft gebildet ist, klagt weder sich selbst noch andere an.« (Epiktet, *Enchiridion*, 5)

Über den Umgang mit anderen

»Wenn du dir selber eine Freude machen willst, dann denk an die Vorzüge deiner Mitmenschen: bei dem einen an seine Tatkraft, bei dem anderen an seine Bescheidenheit, bei dem dritten an seine Freigebigkeit, bei einem anderen an anderes. Denn nichts macht eine solche Freude wie die Abbilder der Tugenden, die in den Charakteren unserer Mitmenschen zur Erscheinung kommen und, soweit möglich, alle auf einmal zusammentreffen. Daher muß man sie auch stets im Bewußtsein haben.« (Marc Aurel, *Selbstbetrachtungen*, 6.48)

»Wenn du an dem Fehler eines anderen Anstoß nimmst, dann wende dich alsbald zu dir selber und überlege, ob du ähnliche Fehler hast: zum Beispiel, ob du das Geld für ein Gut hältst oder die Lust oder das bißchen Ruhm und dergleichen. Denn wenn du darauf deine Gedanken richtest, wirst du schnell deinen Zorn vergessen, wenn dir dabei einfällt, daß jener unter einem Zwang steht. Denn was soll er machen? Oder, wenn du kannst, nimm den Zwang von ihm.« (Marc Aurel, *Selbstbetrachtungen*, 10.30)

Was macht meinen Erfolg aus?

»Wenn du etwas Gutes getan und ein anderer von dir Gutes empfangen hat, was verlangst du da obendrein noch ein Drittes, wie die Toren, daß nämlich auch die Leute sehen, daß du Gutes getan hast, oder schielst gar nach einem Dank für deine Tat?« (Marc Aurel, *Selbstbetrachtungen*, 7.73)

Wir sehen durch diese Überlegungen, dass jede Handlungssituation in einer Führungsrolle aus stoischer Sicht eine umfassende Befragung unseres ICH-Selbst-Systems mit sich bringt und wir gleichzeitig, wenn wir im Außen handeln wollen, auch noch dahin gehend gefordert sind, dass wir alle uns umgebenden Systemebenen in ihrer strukturellen und dynamischen Konstellation im Blick behalten müssen. Ein Anspruch, dem wir aus dem Stand sicherlich nicht gerecht werden können. Genau aus diesem Grund zielt der Weg der Stoa in der Führung darauf ab, dass wir über einen kontinuierlichen Weg der Achtsamkeit unser Selbst so entwickeln und habituieren, dass uns die vorher genannten Punkte zur Selbstverständlichkeit werden. Hierbei steckt in jedem der vorher genannten Prüfpunkte ein ganzes Arbeitsprogramm, welches wir an dieser Stelle nur andeuten konnten. Wichtig erscheint aber noch der Hinweis, dass das Handeln in der Welt für uns immer zwei Aspekte in sich trägt. Zum einen den Aspekt des angemessenen Handelns in der Welt und zum anderen den Aspekt des inneren Wachstums in unserem ICH (durch Anpassung unserer ICH-Strukturen in der ICH-Entwicklung) sowie unseres Selbst (durch den Prozess des Wegs der Stoa in der Führung). Der Weg zu einem gelingenden Leben und damit zu einer gelingenden Führung ist daher so herausfordernd, da diese beiden Entwicklungen immer parallel erfolgen.

Praxisbeispiel: Über das angemessene Handeln in einer Veränderung
Ein neuer Bereichsleiter eines im Umbruch stehenden Bereichs in einem deutschen Großkonzern im Chemiesektor möchte den aktuell ungesteuerten Umbruch in seinem Bereich extern begleiten lassen. Ziel des Bereichsleiters ist es, durch diesen Prozess eine Vitalisierung und Autonomisierung, im Sinne einer Stärkung der Eigeninitiative des Bereichs, zu erreichen. Als Auftakt des Prozesses werden zunächst Interviews mit wichtigen Akteuren des Bereichs durchgeführt. In diesen zeigt sich ein großer Wunsch nach Veränderung bei gleichzeitig wenig ausgeprägter Klarheit, worin eine solche Veränderung im guten Sinne bestehen könnte. Gleichzeitig wird auch die Angst geäußert, dass eine neue Veränderung, aufgrund der Erfahrung der letzten Jahre, keine wirkliche Stabilität besitzen könnte. In den Interviews kommen die systemisch-syntaktischen Bilder der Organisation sowie die mit diesen verbundenen Entwicklungsstufen zum Einsatz.

In einer nachfolgenden Analyse der Interviewergebnisse werden folgende Befunde zu diesem Bereich durch den Berater formuliert:

- Der Bereich verfügt über eine ausgeprägte Expertenkultur mit einem hohen Grad an Sachkompetenz (starker Fokus auf Personen).
- Die Wirksamkeit des Einsatzes dieser Expertise für die internen Kunden dieses Bereichs ist suboptimal (Problem in der Anbindung an die Umwelt).
- Der Bereich arbeitet momentan sehr stark in getrennten Säulen, sodass an den Schnittstellen immer wieder Abstimmungsprobleme entstehen, welche teilweise bis zu Konflikten eskalieren (Problem im Bereich Rollen und Strukturen).
- Die gesamte Arbeit des Bereichs scheint aktuell wenig strategisch und nicht über klar erkennbare Ziele gesteuert (Problem im Bereich Ziele).
- Die Führung des Bereichs scheint aktuell wenig wirksam, da eine große Unklarheit bezüglich der etablierten Führungsrollen besteht (Führungssystem nicht klar im Bereich der Rollen und Strukturen sowie im Bereich Ziele).
- In der Wahrnehmung der Interviewpartner befindet sich der betrachtete Bereich auf Entwicklungsstufe E2 bis E4, sodass für einen nächsten Entwicklungsschritt das Erreichen der Ebene E4 (Stärkung der Wirkorientierung) realistisch und wichtig erscheint.

Ausgehend von diesen Befunden, wurden für die Weiterentwicklung des Bereichs folgende Impulse formuliert:

1. Einführung einer verstärkten projektartigen Arbeit zur Stärkung der Wirkungsorientierung (Fokus E4) in diesem Bereich (Stärkung der Zielorientierung im Verhältnis zur Kompetenz- und Strukturorientierung)
2. Einführung einer Produkt- und Kundenorientierung zur klareren Fokussierung der eingesetzten Expertise auf die Bedarfe der umgebenden Organisation (Fokussierung im Bereich Ziele und Verbesserung der Anbindung an den internen Kunden)

3. Einführung eines Kompetenzmodells, um den vorhandenen Kompetenzträgern Wertschätzung zu vermitteln und gleichzeitig den weiteren Aufbau der benötigten Fachkompetenz zu fördern (Erhalt der Kompetenzorientierung im Bereich)
4. Stärkung des Führungssystems durch Klärung der Führungsrollen (Einführung neuer Führungsrollen und damit verbunden neuer Dialogräume im Führungssystem)

Die Ergebnisse und Hypothesen wurden im Anschluss mit dem Führungsteam sowie nachfolgend mit den Mitarbeitenden validiert, um eine harmonische Weiterentwicklung im Bereich zu ermöglichen. Auf der Basis dieser Bestätigung des Wegs wurde dann mit dem aktuellen Führungsteam ein Organisationsentwurf erarbeitet, welcher diesen Anforderungen gerecht wird. Hierzu wurde neben der Einführung projektartigen Arbeitens, welches auf der Ebene der Arbeitsformen etabliert wurde, der Gedanke einer agilen Matrix mit einem Produktzweig (mit Produktverantwortlichen) und einem Competence-Center-Zweig (mit Kompetenzgruppen) ausgewählt. Dieser Gedanke musste später etwas adjustiert werden, da Aspekte der gewählten Organisationsstruktur zu Irritationen in der umgebenden Organisation geführt hatten. Gleichzeitig wurde die Führungsstruktur im Bereich auf der Basis dieses Entwurfs in ein neues Rollenmodell überführt, um so sicherzustellen, dass zu erwartende Spannungen in der neuen Organisationsstruktur zeitnah fokussiert bearbeitet werden können. In Summe wurde dieser Prozess von allen Beteiligten als organisch, vitalisierend und klärend aufgenommen.

Zusammenfassung zur Nutzung der stoischen Disziplin des Handelns in der Führung:
Die stoische Disziplin des Handelns beschäftigt sich mit der Frage eines angemessenen Handelns in einem gegebenen Kontext zu einem gegebenen Zeitpunkt. Hierzu muss ein Rollenträger sich zu jedem Zeitpunkt über die Anforderungen aller Elemente in seinem ICH-System inklusive seines eigenen Entwicklungsstands in dieser Rolle im Klaren sein.

Zusätzlich tritt für eine Person in dieser Situation auch noch die Anforderung einer Entwicklung durch den Umgang mit dem gegebenen Handlungsbedarf auf. Die resultierende Aufgabe durch die Disziplin des Handelns in der Führung stellt sich damit als eine komplexe und dynamische Herausforderung für das ICH-Selbst-System einer Person in einer Führungsrolle dar.

Hinzu kommt zusätzlich auch die Anforderung, die umgebenden Systeme, auf die sich die Führungsrolle in ihrer Aufgabe bezieht, ebenfalls in ihrem systemisch-syntaktischen Charakter sowie ihrer Entwicklungsdynamik zu verstehen und entsprechend in ihnen zu handeln. Die Disziplin des Handelns erweist sich hierbei als dreifache Anforderung für ein angemessenes Handeln, in dem Sinne, dass dieses Handeln dem eigenen ICH-Selbst-System, der Umwelt (Personen, Systeme und weitere Umwelt) sowie letztlich auch dem Kosmos im Sinne der Etablierung einer allumfassenden *homologia* gerecht werden muss.

3.2.7 Die Disziplin der Zustimmung in der Führung

Die Disziplin der Zustimmung wurde von Epiktet an den Schluss seiner Disziplinen gesetzt, da mit ihr Dinge im Fokus stehen, welche eine gewisse Reflexionsfähigkeit und auch den Wunsch zur Reflexion voraussetzen. Das Ziel dieser Disziplin ist es, in der Person, welche sie ausübt, dafür zu sorgen, dass sie ihre Vorstellungen mit Sorgfalt zu betrachten lernt (im Sinne der Verwendung passender Begriffe) und gleichzeitig die Kunst der wahren Schlüsse (Logik) erlernt. Beide Anforderungen sind aus stoischer Sicht Voraussetzungen, um den Weg der Stoa bis zur inneren Weisheit und damit auch den Weg der gelingenden Führung gehen zu können. Wir hatten in unseren vorherigen Überlegungen zur Frage der ICH-Entwicklung auch die Hypothese formuliert, dass diese Disziplin eine Entwicklungsstufe ab E5 voraussetzt. Die Disziplin der Zustimmung stellt eine wichtige Komponente der Entwicklung der Selbstaspekte des Selbst dar, welche für eine zielgerichtete Entwicklung des ICH wichtig sind. Dass es hier für die Stoiker aber nicht nur um begriffliche Spiegelfechtereien ging, zeigt dieses Zitat von Epiktet (Epiktet, *Gespräche*, IV.1.41):

> »(41) Dass du mir kein Narr bist, sondern lernst, wie Sokrates zu sagen pflegte, was das Wesen der einzelnen Dinge ist, und dass du mir die Grundbegriffe nicht blindlings auf die einzelnen Fälle anwendest! (42) Denn daraus entspringt alles Übel für die Menschen, dass sie nicht imstande sind, die allen gemeinsamen Grundbegriffe auf die einzelnen Dinge richtig anzuwenden.«

In diesem Zitat drückt Epiktet die klare Auffassung aus, dass bereits der falsche Gebrauch der Begriffe uns ins Unglück stürzen lassen kann. Um für diese Sichtweise ein praktisches Beispiel zu geben, wollen wir hier noch einmal einen Satz von Seneca zitieren, welchen wir bereits im Kapitel zur Disziplin des Begehrens (siehe Kap. 3.2.5) kennengelernt haben. Dieser lautete (Seneca, *Briefe an Lucilius*, 2.6):

> »... nicht wer wenig hat, sondern wer mehr haben will, ist arm ...«

Ausgehend von diesem Gedanken ist es leicht vorstellbar, dass jemand, der bereits über einen gewissen Reichtum verfügt, sich trotzdem als arm betrachten und darüber sogar Verzweiflung empfinden kann. Ein Zustand, den dieser vielleicht sogar als Übel und Unglück beschreiben würde. Was empfehlen uns die Stoiker aber jetzt noch, um diesen Zustand zu vermeiden? Epiktet formuliert hierzu in seinen *Gesprächen* (Epiktet, *Gespräche*, I.7.4-12) folgende weitere Anforderungen zur Beherrschung der Disziplin der Zustimmung:

- Die Fähigkeit, wahre, falsche und unklare Sätze voneinander unterscheiden zu können. Hierbei muss man wahren Sätzen zustimmen, falsche ablehnen und sich bei unklaren Sätzen eines Urteils enthalten.
- Die Fähigkeit, wahre Sätze logisch miteinander zu verknüpfen und so zu weiteren verlässlichen Aussagen kommen zu können.

Um den Fall unserer unglücklichen Person jetzt genauer untersuchen zu können, formulieren wir die von ihr geäußerte Meinung, dass sie in einer üblen Situation steckt, in folgender logischer Form (Syllogismus):

1. Prämisse: Wenig Geld zu besitzen, ist ein Übel.
2. Prämisse: Ich besitze nur wenig Geld.
3. Konklusion: Ich befinde mich in einer üblen Situation.

Wie könnte man aus Sicht der Stoiker dieser Person über die Disziplin der Zustimmung jetzt helfen? Wir könnten zunächst mit einer Begriffsarbeit beginnen und die Frage stellen, welchen Stellenwert Geld im Rahmen der Stoa hat. Hier wäre zunächst zu sagen, dass es sich bei Geld um einen externen Gegenstand handelt, welcher außerhalb unserer Kontrolle liegt. Geld fällt damit in den Bereich der Indifferenzien, welche nach stoischer Auffassung keinen moralischen Wert besitzen. Aus Sicht der Stoa gilt es im Rahmen unseres Lebensvollzugs vielmehr, einen richtigen Gebrauch von Geld zu praktizieren, da dieses für uns sowohl nützlich als auch schädlich im Leben sein kann. Dass dies so ist, sehen wir zum Beispiel daran, dass Personen, welche im Lotto gewinnen, ihr Leben nach einiger Zeit oft als schlechter bewerten als vor dem Gewinn. Der Gebrauch des Begriffs Indifferenzie erscheint hierdurch klar angemessen. Da Geld aber in vielen Kontexten auch sehr nützlich sein kann, ist der Gebrauch des Begriffs »präferierte Indifferenzie« offensichtlich noch passender.

Im Gegensatz zu einer Indifferenzie, sei sie präferiert oder nicht präferiert, ist ein absolutes Gut, wie es in der Stoa die Tugend darstellt, für uns immer von Vorteil. Das bedeutet, dass die Tugend sich für uns im Lebensvollzug niemals als negativ im Hinblick auf unsere Glückseligkeit erweisen kann. Umgekehrt ist damit die Abwesenheit der Tugend ein Übel. Schauen wir auf der Basis dieser begrifflichen Vorüberlegungen nun noch einmal auf die erste Prämisse, so zeigt sich, dass sie aus stoischer Sicht falsch ist und ihr damit nicht zugestimmt werden kann. Der Hauptgrund hierfür ist die logisch abgeleitete Einsicht, dass nur die Abwesenheit der Tugend ein Übel ist und ein Mangel an der Indifferenzie Geld somit kein Übel sein kann. Dadurch, dass die erste Prämisse falsch ist, ist auch die Konklusion falsch, wodurch sich zeigt, dass es sich bei den Überlegungen der betrachteten Person um ein Fehlurteil handelt. Man könnte aber auch noch weiter gehen und darauf hinweisen, dass die zweite Prämisse in einem unklaren Satz besteht, da dessen Referenz nicht klar ist (wenig im Vergleich zu was?). Einem solchen Satz darf aus stoischer Sicht nicht zugestimmt werden. Es ist vielmehr eine Enthaltung im Urteil angezeigt. Hierdurch ist es dann aber auch nicht mehr logisch möglich, auf die Konklusion zu schließen. Auch in diesem Sinne handelt es sich bei den Überlegungen um ein Fehlurteil, da die zweite Prämisse keinen klaren Wahrheitsstatus besitzt.

Mit diesen Überlegungen sind wir aber noch nicht am Ende unserer Analyse angekommen. Bei der Verwendung der Begriffskategorie »Gut« anstatt der Kategorie »Indifferenzie« zeigt sich nämlich noch ein drittes Problemfeld, welches die Stoiker beim Gebrauch von Begriffen identifiziert hatten, das Phänomen der Wertverzerrung. Dieser Gedanke bedeutet, dass Menschen über die Verwendung von Begriffen nicht nur Kategorienfehler begehen, sondern mithilfe dieser Begriffe auch zu erkennen geben, dass der mit diesem Begriff bezeichnete Gegenstand für diese Person einen bestimmten Wert besitzt. In unserem Beispiel könnte man aus der Begriffsverwendung »Gut« beziehungsweise dem Gegenteil »Übel« also noch schließen, dass diese Person dem Gegenstand Geld einen übertriebenen Wert zuweist. Diese Art der Wertverzerrung beschreiben die Stoiker so, dass sie sagen, dass wir den Gegenständen in unserem Leben, wenn wir sie wahrnehmen, in unseren Vorstellungen noch etwas hinzufügen, was sie natürlicherweise so nicht haben. Wir verzerren also den natürlichen Wert eines Gegenstands durch unseren Begriffsgebrauch. Umgekehrt können wir durch die richtige Begriffsverwendung und das Verwenden richtiger Schlüsse auch zu einem anderen Bild unserer Lebenssituation kommen. Marc Aurel drückt diesen Sachverhalt wie folgt aus (Marc Aurel, *Selbstbetrachtungen*, 4.7):

> »Tilge die Meinung: dann ist (die Vorstellung) ›Ich bin geschädigt worden‹ getilgt! Tilge (die Vorstellung) ›Ich bin geschädigt‹, und der Schaden ist getilgt.«

Übung zur Anwendung der Disziplin der Zustimmung in Konflikten in der Führung

Im Bereich des systemischen Konfliktmanagements, einem wichtigen Führungsinstrument in konfliktären Konstellationen, wird zur Bearbeitung dieser Konfliktsituationen eine Stufenanalyse der ablaufenden Kommunikation empfohlen.[129] Diese sieht dabei zum Beispiel so aus, dass man mit den Konfliktbeteiligten zunächst darüber spricht, was passiert ist (Fokus: **Erkennen**). Wenn man dies getan hat, klärt man, ob die Beteiligten eine vergleichbare Wahrnehmung haben. Sollte es hierbei Unterschiede geben, so müssen diese zunächst bearbeitet werden.

Der zweite Schritt besteht darin, dass man darüber spricht, wie die Konfliktparteien sich diese Ereignisse erklären (Fokus: **Erklärung**). Hier können sich spannende Unterschiede hinsichtlich der Beobachtung von wahrgenommenen Abläufen zeigen. Diese sollten in ihrer inneren Logik von beiden Seiten verstanden und zur Kenntnis genommen werden. Eine Bewertung dieser Sichtweisen im Sinne einer Entscheidung darüber, welche Erklärung besser beziehungsweise angemessener ist, ist nicht Ziel dieser Phase. Es geht vielmehr darum zu erkennen, wie der jeweils andere denkt, um auf diese Weise die Rationalität des anderen kennenzulernen.

In der dritten Phase des Prozesses wird dann darüber gesprochen, wie die Beteiligten die betrachteten Ereignisse bewerten (Fokus: **Evaluation**). Diese Phase zielt darauf ab, dass die Konfliktparteien erkennen, dass die Bewertung eines Ereignisses oder eines Gegenstands subjektiv sehr unterschiedlich erfolgen kann. Diese Bewertungen zeigen sich dabei meist nur implizit in den ablaufenden Kommunikationen, sind aber oft der Auslöser für eine verstärkte Emotionalität in einer gegebenen Gesprächssituation. In der Bearbeitung einer solchen Situation ist es dann wichtig, die hinter dieser Emotionalität sich zeigenden Werturteile transparent und so die in diesem Gespräch implizit verhandelten Werte besprechbar zu machen. Zum Abschluss dieser dritten Phase ist es oft hilfreich, wenn die sich zwischen diesen Werten zeigenden Spannungen (zum Beispiel zwischen Individualität und Gemeinschaft) als Ausdruck überindividueller Bewertungsmöglichkeiten verstanden werden. Dies kann zum Beispiel mithilfe des interkulturell validierten Wertekreises von

Shalom Schwartz[130] passieren, in dem Werte und ihre Spannungen in einem Kreis so angeordnet sind, dass Werte, welche sich gegenüberliegen (180 Grad Abstand), in maximaler Spannung zueinander stehen. Über eine solche Betrachtungsweise lässt sich dann zum Beispiel auch die Einsicht vermitteln, dass Wertespannungen wichtig sind, da nur diese Spannungen dafür Sorge tragen können, dass Werte nicht in ihre Übertreibung rutschen, da sie keinen Spannungspartner besitzen. Der Gesprächspartner in dem betrachteten Konflikt kann somit abschließend als Spannungspartner begriffen werden, welcher für mich wichtig ist, um mich mit meinen Werten nicht in eine Übertreibung zu entwickeln.

Betrachtet man diese Vorgehensweise, so zeigt sich hier eine große Nähe zu den Gedanken der Disziplin der Zustimmung aus der Stoa. Die erste Phase des Erkennens bezieht sich dabei darauf, dass ich versuche, die Ereignisse – das heißt im stoischen Sinne meine Vorstellungen – möglichst unverzerrt von inneren Wertverzerrungen wiederzugeben. Die zweite Phase der Erklärung zeigt im stoischen Sinne, welchen Sätzen ich zustimme, welche ich ablehne und wo ich Enthaltung übe. Die dritte Phase ist dann von der Reflexion meiner Werturteile gekennzeichnet, wobei auch mögliche Wertverzerrungen beobachtet werden können. Die Disziplin der Stoa zeigt hier ihr anwendungsorientiertes Potenzial, da sie als Fundament praktisch angelegter Methoden wie des hier skizzierten Konfliktmanagement-Ansatzes betrachtet werden kann.

Fassen wir diese Überlegungen zusammen, so sehen wir, dass wir die betrachtete unglückliche Person auf mehreren Ebenen hätten beraten können. Diese sind:

- Aufklärung über den richtigen Begriffsgebrauch (präferierte Indifferenzie statt Gut)
- Aufklärung über den konsistenten Begriffsgebrauch in einer Lebensphilosophie (aus einer Indifferenzie kann kein Übel erfolgen, da dieses das Gegenteil des Guten ist)
- Aufklärung über den Umgang mit unklaren Sätzen (»Ich besitze nur wenig Geld« ist ein unklarer Satz)

- Aufklärung über die beobachtbare Wertverzerrung der Person im Umgang mit dem Gegenstand Geld durch eine unpassende Begriffsverwendung

Interessant ist an dieser Stelle auch noch die Tatsache, dass unsere Beratung in dieser Form wesentliche Aspekte eines sokratischen Gesprächs abbildet. Ein solches Gespräch wäre in der Realität sicherlich nicht einfach zu führen. Ward Farnsworth sagt aber über diesen Ansatz in seinem Buch über die sokratische Methode[131]:

> »Die sokratische Befragung vermeidet normalerweise Argumente, welche äußere Fakten nutzen. Sie versucht, eine Behauptung zu widerlegen, indem sie die Überzeugungen desjenigen nutzt, der sie vertritt. Das ist oft klug, denn Menschen mit Fakten zu konfrontieren, ist ein erstaunlich ineffektiver Weg, ihre Meinung über irgendetwas zu ändern.«[132]

Wenn wir diese Gedanken auf uns selbst anwenden, so können wir zwar kein sokratisches Gespräch mit uns selbst führen, wir können aber versuchen, in unserem Begriffsgebrauch Vorsicht walten zu lassen und hier zum Beispiel Epiktet zu folgen, welcher uns in seinem Handbuch Folgendes empfiehlt (Epiktet, *Enchiridion*, 45):

> »Geht einer zu schnell ins Bad, so sage nicht: ›Er wäscht sich schlecht‹, sondern nur: ›Er geht zu schnell ins Bad.‹ Trinkt einer viel Wein, so sage nicht: ›Das ist schlecht‹, sondern: ›Er trinkt viel.‹ Denn woher weißt du, dass er schlecht handelt, ehe du seine Anschauung kennengelernt und beurteilt hast? Auf diese Weise wird es dir nicht begegnen, dass du von einigen Dingen eine deutliche Vorstellung gewinnst, anderen aber voreilig deine Zustimmung gibst.«

Übung zur Naturalisierung von Werturteilen im ICH

Für jede Person und damit auch für jede mit einer Führungsrolle beauftragte Person kann es Situationen geben, in denen ein Ereignis eintritt, welches einen starken emotionalen Einfluss auf denjenigen ausübt. In diesen Situationen empfiehlt Marc Aurel eine Methode, welche auch unter dem Namen »Naturalisierung« bekannt geworden ist. Er beschreibt diese wie folgt (Marc Aurel, *Selbstbetrachtungen*, 3.11):

»Zu den angeführten Grundsätzen soll noch einer hinzukommen, der nämlich, daß man sich stets einen Begriff oder eine Vorstellung von dem Dinge machen soll, das gerade in unser Bewußtsein tritt, so daß man es so, wie es wirklich seinem Wesen nach ist – nackt und ganz durch das Ganze hindurch gegliedert –, sieht und daß man sich selber klarmacht, welcher Name ihm eigen ist, wie auch die Namen der tausend Teile, aus denen es zusammengesetzt ist und in die es sich dereinst wieder auflöst.«

Er selbst gibt in seinen *Selbstbetrachtungen* zwei Beispiele, wie diese Methode angewendet werden kann. Geht es zum Beispiel um eine Person, welche mich in dieser Situation aus der Fassung gebracht hat, dann empfiehlt er folgende Sichtweise (Marc Aurel, *Selbstbetrachtungen*, 9.9):

»(Denk daran,) was sie für Kreaturen sind, wenn sie essen, schlafen, sich begatten, sich entleeren und so fort. Und dann, wie sie sich bloßstellen, wenn sie den Herrn spielen, sich brüsten oder grollen und von oben herab andere schelten. Und gestern noch – vor wie vielen krochen sie da und um welch nichtigen Lohn! Und morgen – unter was für Leuten wird man sie finden!«

Handelt es sich um Gegenstände, dann empfiehlt er folgende Betrachtungsweise (Marc Aurel, *Selbstbetrachtungen*, 9.9):

»Gerade wie wir uns bei den verschiedenen Speisen und ähnlichen Eßbarkeiten eine Vorstellung bilden: das hier ist ein toter Fisch, das da ein toter Vogel oder ein totes Schwein, und ferner: der Falerner hier ist nur ein Traubensaft und das Purpurgewand nur Wolle eines Schafes, die in das Blut einer Muschel getaucht ist, oder bei den Vorgängen beim Geschlechtsverkehr: das ist nur die Reibung eines Darms und die Aussonderung von etwas Schleim unter gewissen Zuckungen – solcher Art, wie diese Vorstellungen sind, die die Sache selber treffen und ihr Wesen durchdringen, sodaß man sieht, was ihr wirkliches Wesen ist, so muß man überhaupt im Leben verfahren und da, wo die Dinge einen gar zu vertrauenswürdigen Eindruck machen, sie entblößen, ihre Geringwertigkeit durchschauen und sie des Nimbus entkleiden, in dem sie einherstolzieren.«

Mithilfe dieser Methode des Naturalisierens lässt sich nach Ansicht von Marc Aurel ein übertriebener Wert erkennen, den ich einer Person, einem Gegenstand oder einem Ereignis zugesprochen habe.

Wie lassen sich diese Erkenntnisse jetzt aber bei der Ausübung einer Führungsrolle nutzen? Hier scheint sich ein direkter Nutzen in der eben von Epiktet empfohlenen Zurückhaltung im Treffen von Urteilen zu zeigen, da viele Gespräche in Führungssituationen durch zu schnell verbalisierte Urteile belastet werden können.

Praxisbeispiel:
In einem Coaching-Prozess berichtet ein Coachee, welcher seit einigen Jahren in verantwortlicher Position die Bautätigkeiten in einem Konzern steuert, von einem seit einiger Zeit andauernden Konflikt mit dem Vorstand dieses Unternehmens. Der Coachee empfindet insbesondere die Kommunikation in seine Richtung als nicht wertschätzend und wenig vertrauensvoll.

Auf die Frage, woran er dies festmache, berichtet der Coachee davon, dass unterschiedliche Mitglieder des Vorstands immer wieder Kritik an der Bauabteilung üben, da diese die Bedürfnisse der Nutzer nicht hinreichend berücksichtige. Gleichzeitig schildert er, dass die letzten Jahre seiner Tätigkeit davon geprägt waren, in einer durch Knappheit gekennzeichneten finanziellen Situation sehr viel für das Unternehmen erreicht zu haben. Hier sei insbesondere die Menge und die Qualität der Bauaktivitäten ein Ausweis dieser guten Arbeit gewesen. Hinzu käme, dass man unter diesen Umständen sowohl finanziell verlässlich als auch pünktlich gearbeitet habe.

Auf die Frage, was er aus den Aussagen seines Vorstands heraushöre, sagt der Coachee, dass dieser, welche erst vor nicht allzu langer Zeit in ihre Positionen gekommen seien, in einer anderen Welt leben würden und jetzt, wo deutlich mehr Mittel vorhanden seien, eher Schönheit, Design und Zufriedenheit der Nutzer im Blick hätten.

Auf die Frage, ob vorher denn andere Werte im Vordergrund standen, sagt der Coachee, dass dies so gewesen sei und dass vor allem der zu dieser Zeit zuständige Vorstand für die Bauabteilung hier andere Prioritäten gesetzt habe. In dieser Zeit sei die Bewältigung der vielen Bauvorhaben mit den vorhandenen Mitteln oberste Priorität gewesen. Die jetzige Kritik empfinde er daher als unfair und wenig wertschätzend.

Auf den Vorschlag, einmal für sich zu prüfen, ob denn etwas Grundsätzliches gegen die Stärkung der Werte, welche der Vorstand aktuell betone, spreche, sagt der Coachee, dass dies natürlich nicht so sei und er diesen Werten eigentlich auch gerne schon länger mehr Gewicht gegeben hätte. Die Hypothese, dass vielleicht eine Wertespannung (Nutzerorientierung – effizientes Bauen) vorhanden sei, die grundsätzlich existiere und mit der man eben je nach Situation anders umgehen müsse, nimmt der Coachee interessiert auf.

Auf der Basis dieser Hypothese gelingt es dem Coachee nachfolgend sogar, die Äußerungen des Vorstands als Versuche zu verstehen, in dieser Wertespannung den Schwerpunkt zu verschieben, was er grundsätzlich sogar begrüßt. Abschließend bedauert der Coachee, dass eine offene Diskussion zur Veränderung der Bewertungsmaßstäbe bezüglich der Arbeit der Bauabteilung zwischen ihm und dem Vorstand bisher nicht stattgefunden hat, und nimmt sich vor, einen solchen Dialog anzuregen.

Weiterhin scheint es aber auch von generellem Nutzen zu sein, in kommunikativen Settings die Sensibilität gegenüber den vier vorher benannten Bereichen der Disziplin der Zustimmung zu erhöhen. Hierbei handelte es sich um folgende Aspekte:

- Überprüfung einer Begriffsverwendung (Verwendung unpassender Begriffe oder Verwendung von Begriffen in der falschen Form)
- Überprüfung von logischen Schlüssen
- Unterscheidung von wahren, falschen und unklaren Sätzen (Zustimmung, Ablehnung und Enthaltung)
- Reflexion von Werteverzerrungen durch falsche Begriffsverwendung (übertriebene Wertzuordnung)

Die Anwendung dieser Aspekte auf unsere eigenen Vorstellungen und die Äußerungen von anderen entspricht dabei metaphorisch der Funktion eines antiken Nachtwächters, wie Epiktet in seinen *Gesprächen* schreibt (Epiktet, *Gespräche*, III.12.15):

> »Denn wie Sokrates zu sagen pflegte, dass ein ungeprüftes Leben nicht lebenswert sei, so soll man auch keine sinnliche Vorstellung ohne scharfe Untersuchung annehmen. ›Halt!‹, müssen wir sagen wie die Nachtwache, ›bleib stehen, lass sehen, wer du bist und woher du kommst! Zeig mir deinen Ausweis!‹ Hast du das von der Natur ausgegebene Zeichen*, das jede sinnliche Vorstellung besitzen muss, um angenommen zu werden?«

Die Disziplin der Zustimmung hilft uns also, den Gebrauch unserer Begriffe, unserer Werturteile und unserer Schlüsse kennenzulernen, zu überprüfen und wo nötig auch anzupassen. Eine Kompetenz, welche uns nicht nur auf dem Weg der Stoa im Allgemeinen, sondern auch auf dem Weg der Stoa in der Führung von großem Nutzen sein kann.

Zusammenfassung zur Nutzung der stoischen Disziplin der Zustimmung in der Führung:
Die Disziplin der Zustimmung beschäftigt sich im Kern mit der Frage, wie Personen in der Bildung von Vorstellungen über die sie umgebende Welt vorgehen. Hierbei fokussiert diese Disziplin auf vier Aspekte dieses Umgangs mit der Welt:

- die Begriffsverwendung in der Beschreibung von Aspekten der Welt
- die Identifikation von Wertverzerrungen im Umgang mit Aspekten der Welt

* Mit diesem Zeichen ist an dieser Stelle gemeint, dass verlässliche und klare Vorstellungen, welche wir in Kapitel 2.2.3 über die stoische Vorstellung der Weisheit, kataleptische beziehungsweise kognitive Vorstellungen genannt haben, aus stoischer Sicht ein wahrnehmbares Zeichen der Wahrheit tragen.

- die Unterscheidung von wahren, falschen und unklaren Sätzen über die Welt
- die Überprüfung von logischen Schlüssen, die in der Beschreibung der Welt Verwendung finden

Mithilfe dieser Aspekte ermöglicht die Disziplin der Zustimmung einen reflektierteren Umgang mit den in unserem Bewusstsein spontan auftretenden Vorstellungen über die Welt, welche wiederum nachfolgend zur Basis unseres Handelns werden. Im Hinblick auf die Aufgaben in einer Führungsrolle stellt diese Disziplin eine sehr fundamentale Fähigkeit zur Selbstreflexion beziehungsweise Reflexion der Äußerungen und des Verhaltens von anderen Personen dar. Eine Fähigkeit, welche zur Entwicklung auf den ICH-Entwicklungsstufen E5 und E6 unerlässlich erscheint. Praktische Anwendungen findet diese Disziplin zum Beispiel im Bereich des Konfliktmanagements sowie im Feld des Wertemanagements.

3.2.8 Der Gedanke der Kosmopolis in der Führung

Wir hatten in unseren Überlegungen zur Struktur und Entwicklung des Selbst den Gedanken der Kosmopolis in unsere Betrachtung aufgenommen, da wir der Hypothese gefolgt sind, dass die fiktive Vorstellung einer inneren Gemeinschaft in Form einer Kosmopolis dafür hilfreich sein kann, dass im Selbst eine Art Selbst-Habituierung in Richtung Tugend stattfindet. Dieser Gedanke führt damit zu der Frage, worin denn die Art und Weise des Miteinanders in der Kosmopolis der stoischen Weisen besteht. Hierzu können wir uns vor allem auf Seneca beziehen, welcher in seinem 109. Brief an Lucilius über das Miteinander der Weisen Folgendes aussagt:

- Sie helfen einander in der Praxis der Tugend, indem sie sich gegenseitig Anstöße zu sittlichem Handeln geben.
- Sie erforschen gemeinsam die Felder des Wissens, die sie noch nicht durchdrungen haben (der Weise ist nicht allwissend!).

- Sie erforschen auch mit gegenseitiger Hilfestellung, wie der Weise in seinen Wissensfeldern noch etwas dazulernen kann, was ihm von Nutzen ist.
- Sie teilen sich gegenseitig ihre Erkenntnisse und ihr Wissen mit.
- Sie stehen sich einander als vertrauensvolle und wertschätzende Gesprächspartner zur Verfügung.
- Sie bringen sich gegenseitig Freude, durch die Ansicht des jeweils wohlgesinnten anderen.
- Sie begegnen sich in Freundschaft.
- Sie unterstützen sich gegenseitig in den Dingen des Alltags, denn auch der Weise muss essen, trinken, sich kleiden et cetera.

Betrachtet man diese Auflistung, so sieht man, dass es sich bei der Gemeinschaft der Weisen im besten Sinne um eine Gemeinschaft handelt, welche durch Wohlwollen, Freundschaft, Wertschätzung, Vertrauen und gegenseitige Wissbegierde gekennzeichnet ist. Es ist genau diese innere Haltung, welche im Selbst Fuß fassen sollte, damit auch der Habitus des Selbst durch die Tugendhaftigkeit gelenkt wird. In der Praxis der Begleitung der ICH-Entwicklung durch das Selbst sowie der Begleitung von Entwicklungsprozessen in anderen Personen, Dyaden, Teams oder Organisationen durch eine Person in einer Führungsrolle bedeutet dies, dass ein bewusst an diesen Haltungselementen orientierter Umgang mit diesen praktiziert werden sollte. Dies kann dadurch geschehen, dass ich meinem eigenen ICH beziehungsweise anderen Personen mit einer Haltung begegne, als ob ich es mit Mitgliedern der Gemeinschaft der stoischen Weisen zu tun hätte. Erst wenn ich erkennen muss, dass dies nicht so ist, kann ich in einzelnen Aspekten von dieser Haltung abweichen und zum Beispiel den Ratschlag eines Nichtweisen nicht annehmen, ihm aber trotzdem wohlgesonnen entgegentreten. Eine ähnliche Haltung hatten wir bereits in der Disziplin des Handelns kennengelernt, wenn wir bei unseren Handlungen Widerstand erleben.

Übung zu der Frage, wie der Habitus der Kosmopolis in der Führung helfen kann

Betrachten Sie eine schwierige Gesprächssituation mit einem Mitarbeitenden. Rufen Sie sich diese Situation in Ihrem Innern wieder in Erinnerung. Fragen Sie sich, welche Aspekte der Haltung aus der Kosmopolis der stoischen Weisen von Ihnen in dieser Situation nicht praktiziert wurden. Fragen Sie sich dann, warum Sie sich so verhalten haben und was anders werden könnte, wenn Sie sich hier anders verhalten würden? Welcher Aspekt der beschriebenen Haltung könnte in dieser Situation von besonderer Bedeutung sein. Suchen Sie dann erneut eine Gesprächssituation mit dem Mitarbeitenden und überprüfen Sie, ob Ihr verändertes Verhalten zu einem veränderten Gesprächsverlauf führt.

Übersetzt man diese Überlegungen jetzt in Impulse für die Entwicklungsbegleitung von anderen im Rahmen einer Führungsrolle, so lassen sich aus dem obigen Bild der Kosmopolis folgende Hinweise ableiten:

- Geben Sie Impulse zu sittlichem, im Sinne von angemessenem, Handeln.
- Seien Sie bereit, ständig zu lernen, und suchen Sie mit ihren Entwicklungspartnern gemeinsam neues Wissen.
- Nutzen Sie die Ratschläge anderer.
- Teilen Sie Ihr Wissen.
- Gehen Sie mit Ihren Entwicklungspartnern vertrauensvoll und wertschätzend um.
- Bringen Sie Ihren Entwicklungspartnern Wohlwollen entgegen und bereiten Sie sich gegenseitig Freude.
- Begegnen Sie sich freundschaftlich.
- Unterstützen Sie sich gegenseitig auch in den Dingen des Alltags.
- Passen Sie Ihre Reaktionen gegenüber nicht weisen Personen nur in den Aspekten an, welche sich als nicht hilfreich erwiesen haben, ohne die anderen Aspekte des Miteinanders in der Kosmopolis ebenfalls zu verwerfen.

Praxisbeispiel: Vom Gedanken der Kosmopolis zu einer neuen Partnerschaft

Im Verlauf einer bereits seit Längerem bestehenden Kundenbeziehung ruft ein Kunde mich an und schildert die Situation, dass für eine anstehende Aufgabe aus seiner Sicht zwei Berater als mögliche

Begleiter infrage kommen. Der eine sei ich, der andere Berater wäre aus einem anderen Projekt heraus dem Kunden bekannt. Für die neue Aufgabe würde man sich eigentlich gerne beide Berater als Begleiter wünschen. Der Kunde wisse zwar, dass dieser Gedanke schwierig sei, da es sich bei den Beratern ja um Konkurrenten handeln würde. Der Kunde sagt abschließend, dass er mir die Kontaktdaten des anderen Beraters geben und mich bitten würde, einmal darüber nachzudenken, was denn da zu machen wäre.

Nach dem Telefonat hatte ich zunächst gemischte Gefühle, da ich in Partnerschaften mit anderen Beratern bereits sehr unterschiedliche Erfahrungen gemacht hatte. Ich entschloss mich aber trotzdem, den Kontakt aufzunehmen, und ging mit einer auf Partnerschaft und Vertrauen ausgerichteten Haltung in das erste Gespräch. Dieser erste Austausch entpuppte sich dann nach einigen Minuten bereits als ein sehr spannender und auf gegenseitigem Interesse und Respekt basierender Austausch. Am Ende des Gesprächs, welches in sehr großer Offenheit geführt wurde, waren wir beide in der Lage, einen Kooperationsrahmen für den Kunden zu definieren und diesen dem Kunden auch kurzfristig zur Verfügung zu stellen.

In einer Nachbetrachtung wurde das initiale Gespräch von beiden Seiten als außergewöhnlich positiv, offen, freundlich und wohlwollend beschrieben, was in erheblichem Maße dazu beitrug, dass aus einer zunächst als »schwierig« wahrgenommenen Situation in kurzer Zeit eine längerfristige Arbeitsbeziehung entstehen konnte. Der nachfolgende Projekteinsatz bei dem gemeinsamen Kunden lief über einen längeren Zeitraum in einer erfolgreichen Kooperation, auf welche dann auch noch einige weitere gemeinsame Projekte folgten.

Epiktet beschreibt diese Haltung in seinen *Gesprächen* in wunderbarer Form (Epiktet, *Gespräche*, III.9.12):

> »Sich mit einem Menschen unterhalten wie mit einem Menschen, ist etwas anderes: Da versucht man die Anschauungen kennenzulernen, die der andere hat, und entdeckt seinerseits die

eigenen. (13) Mach dich mit meinen Anschauungen bekannt und lass mich die sehen, die du hast; und dann sage, dass du dich mit mir unterhalten hast. Lasst uns einander prüfen. Wenn ich eine falsche Anschauung habe, so nimm sie mir. Wenn du eine hast, so mach sie zum Gegenstand einer Erörterung!«

Zusammenfassung zur Nutzung der Haltung aus der Kosmopolis in der Führung:
Die Haltung der Weisen zueinander in der Kosmopolis lässt sich über eine Vielzahl von Aspekten beschreiben, welche auch im Verhältnis zu nicht weisen Personen zu einem besseren Miteinander führen können. Insbesondere, wenn es um die in der Führung so bedeutsame Entwicklungsbegleitung von anderen Personen geht, ist die beschriebene Haltung sehr hilfreich. Die Etablierung der Haltung aus der Kosmopolis im Habitus des Selbst stellt damit eine wichtige begleitende Maßnahme für eine gute und gelingende Entwicklung des eigenen ICH beziehungsweise von anderen Personen auf dem Weg der Stoa in der Führung dar.

3.2.9 Tugendhafte Führung und die Führung von Führung

Wir sind nun an dem Punkt angekommen, an dem wir alle Felder der Selbstarbeit, wie wir sie im Kapitel über die Führung des Selbst im zweiten Teil (siehe Kap. 2.3.6) beschrieben hatten, in ihrer Praxis vorgestellt und in den Kontext von Führung gestellt haben. Dieser Weg hat uns über folgende Handlungsfelder des Selbst in der Führung gelenkt:

- die Etablierung des Gedankens der stoischen Achtsamkeit im Selbst
- die Reflexion des stoischen Freiheitsbegriffs als Leitmetapher für den Umgang des Selbst mit dem ICH und dem Rest der Welt
- die Nutzung von stoischen Rollenvorbildern im Selbst

- die Integration der stoischen stufenhaften Entwicklungsvorstellung für das ICH und anderer externer Systemebenen in das zielhafte Vorgehen des Selbst
- die Integration der Disziplinen des Begehrens, des Handelns und der Zustimmung in die Kompetenzaspekte des Selbst
- die Nutzung des Gedankens der stoischen Kosmopolis zur Selbst-Habituierung des Selbst

Wir haben mithilfe dieses Durchgangs durch die Handlungsfelder des Selbst dabei nicht nur die Praxis wesentlicher stoischer Übungen, Konzepte und Leitsätze kennengelernt, sondern wir haben vor allem auch konkret sehen können, wie diese Aspekte der Stoa für die Praxis einer gelingenden Führung hilfreich sein können. Wir haben auf diesem Weg der Stoa in der Führung in letzter Konsequenz auch noch einmal klar erkennen können, dass der Weg einer gelingenden Führung im Bild der Stoa dem Weg hin zu einer tugendhaften Führung entspricht.

Unser Weg hat dabei immer zwei Dimensionen im Blick gehabt. Zum einen die Dimension der Arbeit am eigenen ICH-Selbst-System innerhalb einer Führungsrolle und zum anderen die Dimension der Arbeit an anderen Systemebenen (Organisation, Team, Dyade et cetera) in dieser Rolle. In dieser Zweidimensionalität lag der Schwerpunkt unserer Betrachtung in diesem Buch sicherlich etwas stärker auf der ersten Dimension. Ansätze für die Arbeit in der zweiten Dimension wurden aber an vielen Stellen durch Übungen oder Praxisbeispiele angedeutet. Zusätzlich wurde darauf verwiesen, dass diese Arbeit auf der Basis der in Teil 1 (siehe Kap. 1.2.2 und 1.2.4) und in Anhang 2 zur Verfügung gestellten Schemata für diese Systemebenen, analog zu der Arbeit in der ersten Dimension, durchgeführt werden kann. Hier ist der Schlüssel zur Übersetzung – die Kerneinsicht aus Teil 1 und 2 dieses Buches –, dass das Selbst gegenüber dem ICH strukturell und funktional die gleiche Aufgabe einnimmt wie das Führungssystem gegenüber den anderen jeweiligen Systemebenen. Als Anhaltspunkt für die aus dieser Perspektive sich ergebenden Einsichten zur Funktion des Führungssystems findet sich in Anhang 1 ein beispielhafter Überblick über viele in der Praxis relevante Führungsfunktionen.

Wohin führt uns aber diese hier zunächst in Teil 1 und 2 konzeptionell und dann in Teil 3 praktisch betrachtete Sichtweise auf uns selbst, die uns umgebenden Systemebenen und die mit diesen verbundenen Führungssysteme? Wir erhalten durch sie eine in Summe integrierte und in ihrer systemisch-syntaktischen Struktur durchgängige Sichtweise auf das Zusammenspiel dieser Ebenen in ihrer sich gegenseitig beeinflussenden Entwicklungsdynamik. Wir haben dieses integrierte Bild des Zusammenspiels bereits vorher unter den Begriff der **systemischen Kohärenzdynamik (SKD)** gefasst und ihre jeweiligen Unterausprägungen auf den angesprochenen Systemebenen mit den betreffenden Systemreferenzen spezifiziert. So erhalten wir zum Beispiel zur Beschreibung der ICH-Selbst-Dynamik das Feld der **individuellen Kohärenzdynamik (IKD)**, welche dadurch beschrieben werden kann, dass wir die systemisch-syntaktischen Schemata des ICH- und des Selbst-Systems betrachten und gleichzeitig für die Entwicklungsdynamik dieser gekoppelten Systeme zusätzlich ihre Entwicklungsstufen berücksichtigen. Ähnlich können wir auch auf den anderen Systemebenen verfahren, was uns dann zum Beispiel zur **organisationalen Kohärenzdynamik (OKD)** bringen würde, in welcher das systemisch-syntaktische Bild der Organisation, das ihres begleitenden Führungssystems sowie die in Anhang 2 dargestellten Entwicklungsstufen der Organisation uns in unserer Entwicklungsarbeit helfen können. Wir kommen damit zu einem sehr komplexen Bild dieser Zusammenhänge, welches aber aufgrund dieser Komplexität neben vielen praktisch relevanten Anwendungsfeldern auch Platz für die in Teil 1 erwähnte existenzielle Dimension von Führung bietet (siehe Kap. 1.1) und damit die dort von uns geäußerte erste Leithypothese berücksichtigt.

Die Frage, welche genauen Auswirkungen diese Sichtweise auf das Aufgabenfeld einer Person hat, die in einer Führungsrolle aktiv ist, hängt dabei davon ab, wo diese Person in ihrer Entwicklung bezüglich dieser Rolle steht und wie ihre Führungsrolle in die Gesamtorganisation des Führungssystems in einer betrachteten Systemebene eingebunden ist. Hierbei ist die Aufgabe eines Bereichsleiters in einer hierarchischen Organisation sicherlich deutlich von der eines Scrum-Masters in einer agilen Organisation zu unterscheiden. Interessanterweise kann die hier vorgeschlagene Rahmenvorstellung von dem Zusammenspiel der jeweiligen Systemebenen mit ihren Steuerungssystemen in der Form der SKD dabei aber auf alle mir bekannten Formen der Führungsorganisation angewendet werden.

Bevor wir diese Zusammenfassung unserer Befunde zur tugendhaften Führung aber beenden, wollen wir hier noch auf einen abschließenden

Aspekt dieses Gedankengangs zu sprechen kommen. Wir hatten diesen im Kapitel über die Führung des Selbst (siehe Kap. 2.3.6) bereits einmal angesprochen. Hier geht es um das Problem des infiniten Regresses, welches wir in dem in Teil 1 eingeführten schematischen Bild einer Organisation (siehe Kap. 1.2.2) mit ihrem begleitenden Führungssystem (siehe Kap. 1.2.4) erkannt hatten. Dieses bestand darin, dass die dort dargestellte Struktur des Zusammenhangs zwischen den syntaktischen Spannungen auf einer Ebene (zum Beispiel Organisation) und der Funktionsantwort auf diese Spannungsfelder auf der anderen Ebene (zum Beispiel Führung) prinzipiell zu einem unendlichen Regress führen würde, da wir diese Überlegung natürlich auch wieder auf das Problemfeld der Führung von Führung übertragen könnten und so fort. In der Stoa hatten wir die interessante Beobachtung gemacht, dass dieses Problem im ICH-Selbst-System dadurch eine Lösung findet, dass hinter allen möglichen Handlungsfeldern des Selbst (welche potenziell identisch mit den Spannungsfeldern des Selbst sind) als Steuerungsantwort immer die stoische Tugend zu stehen scheint. Auf der Ebene der Führung des Selbst wäre der Regress dadurch beendet, dass an dieser Stelle kein System, sondern nur noch eine Antwort auf alle Spannungsherausforderungen des Selbst stehen würde, nämlich besagte Tugend, welche in sich spannungsfrei ist, da sie durch den Zustand der inneren Weisheit erreicht wird, welcher nach stoischer Sicht in sich konsistent ist.

Was bedeutet dieser Gedanke aber jetzt für das Problemfeld der Führung von Führung? Ich würde die Hypothese formulieren, dass in realen Organisationen an diese Funktionsstelle des Spannungsmanagements von Führung die oberste Führungsspitze einer Organisation oder eines Teams gestellt wird. Im Fall einer Großorganisation wäre dies die Funktion des CEO, in kleineren Unternehmen die Geschäftsführerin beziehungsweise der Sprecher der Geschäftsführung, wenn es sich um ein Team von Geschäftsführern handelt. Da diese Funktionen in unserem Bild in der Analogie zum Selbst an der Funktionsstelle der Tugend stehen, könnte man hier die Vermutung äußern, dass die vorher benannten Rollen unter anderem notwendig sind, um den strukturell angelegten infiniten Regress in der Steuerung derartiger Systeme zu vermeiden. Man könnte weiterhin auf den Gedanken kommen, dass diese Rollen die beschriebene Funktion im stoischen Sinne nur gut erfüllen können, wenn sie in der Form der stoischen Tugendhaftigkeit ausgefüllt werden, da sie ansonsten innerlich spannungsvoll wären. In diesem Sinne wäre die »fehlende Tugendhaftigkeit« in der Ausfüllung einer derartigen Rolle in einer Organisation ein struktureller Grund für eine zu erwartende Fehlentwicklung dieser Organisation. An welcher Stelle sich diese Fehlentwicklung dabei zuerst zeigen wird, hängt von den Umständen der Organisation ab.

Grundsätzlich wird sich eine solche Fehlentwicklung, in der Logik des hier entwickelten Bilds, aber durch ein Verschwinden der *homologia* zeigen, was in die Sprache der SKD übersetzt einem Verschwinden der inneren und äußeren Kohärenz und Harmonie dieser Organisation entsprechen würde. Im stoischen Bild würde dies auch mit dem Verlust des *decorums* sowie der inneren Schönheit der Organisation sowie ihres Führungssystems einhergehen. Wir sehen, dass der Gedanke der personalen Entwicklung in der Stoa, in seiner grundsätzlichen Anlage mit dem Begriff der *homologia*, weit über personale Prozesse hinaus Hinweise für eine nachhaltige, kohärente, harmonische und letztlich damit auch schöne Entwicklung von Führung sowie den mit ihr verbundenen Systemen geben kann. Mit dieser Einsicht können wir nun auch abschließend sehen, wie die zweite Leithypothese aus Kap. 1.1 in Teil 1 ihre Begründung findet.

Wie könnte es auf dem Weg der Stoa in der Führung weitergehen?

Wie kann es von hier aus weitergehen? Ich sehe im Hinblick auf das in diesem Buch Erreichte folgende zukünftige Handlungsfelder, in denen die hier begonnene Arbeit fortgesetzt werden kann. Diese sind im:

Bereich Führung:

- die Konzeption und Erstellung von Leitfäden für die Führungsarbeit auf den einzelnen Systemebenen (im Sinne der SKD) auf der Basis der in Anhang 2 aufgeführten Schemata und Entwicklungsstufen
- die Überprüfung und Erweiterung des in Anhang 1 dargestellten generischen Funktionskatalogs von Führung im Umfeld der betrachteten Systemebenen
- die weitere, vertiefende Betrachtung des Gedankens der »Funktionsstelle Tugend« für die Entwicklung und das Zusammenspiel der obersten Führungsrollen in Organisationen und ihrer Aufgabe der Führung von Führung
- die weitere Bearbeitung der Frage, was der Gedanke der Kosmopolis an dieser Stelle für Potenziale in der Top-Führungsarbeit besitzt
- die weitere Ausarbeitung und Vertiefung des Gedankens einer tugendhaften Führung sowie des mit dieser Überlegung verbundenen Auftretens des *decorums* und der inneren Schönheit in der Führung
- die Übertragung der Gedanken der systemischen Kohärenzdynamik auf den Bereich politischer Organisationen und damit verbunden die Ausarbeitung des Gedankens einer tugendhaften Führung in der Politik

Bereich der stoischen Lebensphilosophie:

- die weitere Systematisierung der hier entwickelten systemisch-syntaktischen Sichtweise auf die stoische Lebensphilosophie
- die Überprüfung und optionale Erweiterung des hier entwickelten Handlungsprogramms für eine gelingende Entwicklung des Selbst sowie der damit verbundenen Entwicklung des ICH hin zur Tugendhaftigkeit auf der Basis vorhandener stoischer Praxisbücher
- die Weiterentwicklung des Gedankens, die hier skizzierte Theorie der systemischen Kohärenzdynamik als eine moderne Fortsetzung der antiken Stoa zu verstehen und zu nutzen

Betrachten wir diese möglichen Vertiefungen, Verbreiterungen und auch Ergänzungen der im Rahmen dieses Buches dargestellten Gedanken, so zeigt sich sehr deutlich, dass mit diesem Werk nur ein erster Schritt auf dem vielversprechenden Weg der Stoa in der Führung gegangen wurde. Die weitere Fortsetzung dieses Wegs sollte in diesem Sinne auch als Einladung verstanden werden, diesen Weg gemeinschaftlich weiterzugehen und somit dem Gedanken eines gelingenden Lebens und damit verbunden auch einer gelingenden Führung Stück für Stück näher zu kommen. So stellt das Ende dieses Buches in gewisser Hinsicht auch gleichzeitig den Anfang eines neuen Wegs dar, auf dem wir, wenn das Schicksal es zulassen wird, noch viele Schritte gemeinsam gehen können. Auf diesem Weg mögen uns folgende Worte von Seneca begleiten (Seneca, *Briefe an Lucilius*, 33.10-11):

> »(10) Bedenke auch noch, dass diese da, die niemals mündig werden, zunächst [sogar] darin den Vorläufern folgen, worin noch jeder von seinem Vorläufer abgewichen ist; ferner folgen sie ihnen [auch] in einer Sache, die noch in Frage steht. Niemals aber wird etwas entdeckt werden, wenn wir mit den [bisherigen] Entdeckungen zufrieden sind. Außerdem entdeckt, wer einem anderen folgt, nichts, im Gegenteil: er sucht nicht einmal. (11) Was nun? Nicht soll ich in den Spuren der Vorläufer gehen? Ich werde wohl den alten Weg benutzen, doch wenn ich einen kürzeren und ebeneren gefunden habe, werde ich diesen ausbauen. Diejenigen, die vor uns solche Überlegungen angestellt haben, sind nicht unsere Herren, sondern Führer. Zugänglich ist allen die Wahrheit; noch ist sie nicht mit Beschlag belegt; viel von ihr bleibt auch künftigen Generationen [zum Erforschen] überlassen. Leb wohl!«

GLOSSAR

Griechischer Begriff	Bedeutung in der Stoa
andreia	Die Tugend des Mutes
apátheia	Leidenschaftslosigkeit (im Sinne des Fehlens negativer Leidenschaften)
ataraxia	Seelenruhe (erzeugt durch innere Unerschütterlichkeit infolge von innerer Weisheit)
dikaiosyne	Die Tugend der Gerechtigkeit
eleutheria	Innere Freiheit oder Autonomie
eudaimonia	Glückseligkeit oder gelingendes Leben (basiert auf innerer Weisheit)
eupatheiai	Die positiven Gefühle des stoischen Weisen (basieren auf korrekten inneren Urteilen)
euroia	Ein guter Fluss der Dinge
hegemonikon	Der leitende Teil der menschlichen Psyche beziehungsweise des menschlichen Geistes
hexis	Kraft, welche anorganische Körper zusammenhält
homologia	Übereinstimmung (mit sich selbst und dem Kosmos)
katalepsis	Ergreifende Vorstellung von etwas im Sinne einer Wahrnehmung, welche als wahr erkannt werden kann (auch stabile Wahrnehmung)
kathekonta	Angemessene oder pflichtgemäße Handlungen
katorthomata	Perfekte oder komplett angemessene Handlungen (diese können nur vom stoischen Weisen durchgeführt werden)
kosmopolis	Gemeinschaft der Menschen (im Sinne der Gemeinschaft der Bürger des Kosmos [auch Weltbürger genannt])
nous	Der bewusste Teil der menschlichen Psyche

oikeiosis	Der Prozess der Aneignung der Welt im Rahmen der Entwicklung personaler Identität in der Stoa
pathē	Leidenschaften im negativen Sinne (basieren auf inneren Fehlurteilen)
phantasia	Vorstellungen im Geist des Menschen
phronesis	Die Tugend der praktischen Weisheit
physis	Die Natur physiologischer Prozesse lebender Körper sowie deren Eigenschaften
pneuma	Aktives oder göttliches Prinzip in der stoischen Physik. Auch übersetzt als Atem oder Lebenskraft. Besteht nach stoischer Vorstellung aus Feuer und Luft
poikilia	Die Kraft, Vielfalt zu einem harmonischen Ganzen zu integrieren (lateinisch: *varietas*)
prépon	Das stimmige (funktionale) Ineinandergreifen der Teile eines Ganzen sowie der Teile mit dem Ganzen und der Umwelt (lateinisch: *decorum*)
prohairesis	Moralische Entscheidungen des freien Willens im Sinne von Meta-Entscheidungen über die Entscheidungen des ICH
prokopton	Der Fortschreitende auf dem Weg zur inneren Weisheit
prolepsis	Die durch Wahrnehmung und natürliche Fähigkeiten geformten natürlichen Begriffe des Menschen, welche er im Rahmen seiner Entwicklung bildet
propatheiai	Emotionale Zustände des Körpers, welche noch nicht als echte Gefühle zählen
prosochē	Stoische Achtsamkeit
psyche	Die Fähigkeit von Tieren und Menschen, Antriebe zu entwickeln, sowie im Allgemeinen auch die Bezeichnung für die Psyche von Menschen und Tieren
sophrosyne	Die Tugend der Mäßigung
symmetria	Harmonische Proportionalität und Verhältnismäßigkeit der Teile eines Ganzen zueinander und zum Ganzen
sympatheia	Die harmonische Verbindung beziehungsweise Wechselwirkung aller Bestandteile des Kosmos
telos	Das Lebensziel

ANHANG 1 – EIN ÜBERBLICK ÜBER TYPISCHE FÜHRUNGSFUNKTIONEN

Die folgende Auflistung von Führungsfunktionen entstammt den bereits im Text mehrfach angesprochenen Führungsfunktionskarten des Autors, welche die Führungsfunktionen auf mehreren Systemebenen greifbar machen. Diese Auflistung erhebt keinen Anspruch auf Vollständigkeit.*

Führungsfunktionen im Umfeld von Organisationen und ihren begleitenden Systemebenen:

1. **Kompetenzmanagement**
   Die notwendigen Kompetenzen (Methoden, Know-how, Domain-Wissen et cetera) zur Durchführung der Aufgaben der Einheit zu jedem Zeitpunkt organisieren und aufbauen.
2. **Ziele/Task-Management**
   Darauf achten, dass alle Mitarbeitenden zu jeder Zeit mit klaren Zielen und Aufgaben über ihre Rollen und Positionen versehen und diese Ziele miteinander gut abgestimmt sind beziehungsweise mögliche Konflikte aufgelöst werden.
3. **Coach**
   Für alle Mitarbeitenden als Ansprechpartner zur Verfügung stehen, aktiv zuhören, wertvolle Fragen stellen und den Dialog nutzen, um die

* Ich möchte an dieser Stelle Gregor Schulte-Beckhausen und Johannes Schulte Beckhausen von der teamkairos GmbH (www.teamkairos.de) danken, die bei der Konzeption und Texterstellung dieser Liste mitgeholfen haben.

Mitarbeitenden dabei zu unterstützen, zu ihren eigenen persönlichen Lösungen zu kommen.

4. **Personalentwicklung**
   Jeden Mitarbeitenden in seinem Entwicklungsstand (Kompetenzen, Reife et cetera) einschätzen und passende Maßnahmen ableiten, die eine zielorientierte Entwicklung ermöglichen.
5. **Teamentwicklung**
   Das eigene Team in seinem Entwicklungsstand zu jedem Zeitpunkt wahrnehmen und passende Entwicklungsmaßnahmen beziehungsweise situative Interventionen einleiten.
6. **Performance-Management**
   Jeden Mitarbeitenden zu jedem Zeitpunkt in seiner aktuellen Leistungsfähigkeit einschätzen und eine Bewertung abgeben. Darauf achten, dass jeder der Mitarbeitenden entsprechend seinen Fähigkeiten optimal eingesetzt wird und für ihn eine nachhaltige Work-Life-Balance möglich ist.
7. **Konfliktmanagement**
   Konflikte zwischen zwei oder mehreren Personen erkennen und bearbeiten sowie durch eigene Interventionen und/oder mithilfe externer Unterstützung bearbeiten.
8. **Selbstmanagement**
   Sich selbst zu jedem Zeitpunkt über die eigenen Interessen, Bedürfnisse und Gefühle im Klaren sein. Zwischen äußeren und inneren Einflüssen unterscheiden und sich bei Bedarf Hilfe organisieren sowie die eigene Work-Life-Balance erhalten.
9. **Stimmungsmanagement**
   Die Motivation und Gestimmtheit einzelner Mitarbeitender sowie die Interaktionsqualität im eigenen Team erkennen und benennen sowie diese mit geeigneten Methoden bearbeiten beziehungsweise beeinflussen.
10. **Sinnstiftung**
    Den eigenen Mitarbeitenden Ziele und Sinn ihrer Arbeitspakete oder der gesamten Arbeit der Einheit sowie der übergreifenden Einheiten erklären und vermitteln.
11. **Repräsentation der Einheit**
    Die eigene Einheit bei allen relevanten Gelegenheiten nach außen (intern/extern) adäquat vertreten, die Interessen und Sichtweisen der

eigenen Einheit vermitteln und die Kommunikation der Einheit nach außen planvoll und angemessen gestalten.

12. **Recruiting-Management**
    Bei Bedarf geeignetes Personal für die eigene Einheit suchen, den Anforderungen entsprechende Kandidaten finden, diese interviewen, eine sozial- und fachkompetenzseitige Einschätzung durchführen und bei Eignung auswählen.
13. **Strategie**
    Die strategischen Fragestellungen der eigenen Einheit im Team passend bearbeiten. Diese Arbeit methodisch angemessen unterstützen oder externe Unterstützung hierfür organisieren. Sicherstellen, dass die strategischen Arbeiten in der eigenen Einheit mit den strategischen Prozessen der Organisation gut verknüpft sind.
14. **Ressourcenmanagement**
    Dafür sorgen, dass die Ressourcenausstattung der eigenen Einheit im richtigen Verhältnis zu den Aufgaben steht (Produktivität). Bei neuen Aufgaben eine kritische Auftragsklärung mit dem Auftraggeber (intern/extern) durchführen und Ressourcen bedarfsgerecht priorisieren.
15. **System-Kontext-Architektur**
    Sicherstellen, dass die Arbeitsstrukturen der eigenen Einheit funktional, effektiv und effizient in die umgebenden Organisationsstrukturen eingebettet sind. Bei Bedarf Änderungen in den Strukturen der eigenen Einheit umsetzen.
16. **Projektmanagement**
    Dafür sorgen, dass wichtige Projekte der eigenen Einheit methodisch professionell und zielgerichtet umgesetzt werden.
17. **Prozessmanagement**
    Die Prozesse, an denen die eigene Einheit aufgrund ihrer Aufgaben und Funktionen beteiligt ist, effizient und effektiv managen und die aus diesen Prozessen folgenden Anforderungen mit den Zielen und Interessen der eigenen Einheit in Einklang bringen.
18. **Change-Management**
    Veränderungsdynamiken erkennen beziehungsweise prozessual verstehen und daraus entstehende Bedarfe auf allen relevanten Ebenen (Organisation, Team, Mitarbeitende) adressieren und bearbeiten.
19. **Controlling**
    Kennzahlen und Sollgrößen entwickeln, welche die Leistung einzelner

Mitarbeitender oder der gesamten Einheit passend beschreiben. Berichte erstellen, lesen und erklären sowie sich hieraus ergebende Maßnahmen ableiten.

20. **Innovation**
    Änderungen in der Arbeitsweise oder bei der Verwendung von neuen Ideen und Technologien immer wieder anregen und befördern. Die eigene Einheit an übergreifenden Innovationsprozessen partizipieren lassen und proaktiv eigene Ideen in derartige Prozesse einbringen und innovativen externen Input organisieren.
21. **Ausstattungsmanagement**
    Dafür sorgen, dass die Einheit alle für die Erledigung ihrer Aufgaben notwendigen Tools und Ausstattungen zum richtigen Zeitpunkt in der richtigen Menge/Ausprägung zur Verfügung hat.
22. **Stakeholder-Management**
    Sicherstellen, dass die relevanten Stakeholder der eigenen Einheit und/oder ihrer Aufgaben und Funktionen zu jedem Zeitpunkt hinreichend in die Arbeit, Prozesse und Kommunikationen der Einheit einbezogen sind.
23. **Entscheiden und Entscheidungsorganisation**
    Sicherstellen, dass die für die Arbeit der eigenen Einheit notwendigen Entscheidungen zeitnah beziehungsweise komplexere Entscheidungen innerhalb der organisationalen Governance getroffen werden.
24. **Wertespannungsmanagement**
    Wichtige Wertespannungen (persönliche und organisationale) in der Einheit identifizieren und balancieren. Zu jeder Zeit darauf achten, dass diese Wertespannungen in einer konstruktiven Spannung bleiben und dort, wo sie in eine destruktive Spannung degenerieren, ausgleichend eingreifen.
25. **Vergütungsmanagement**
    Festlegen einer angemessenen und wettbewerbsfähigen Entlohnung für Mitarbeitende der eigenen Einheit unter Berücksichtigung organisationaler Vorgaben sowie des Leistungsstandes einzelner Mitarbeitender. Aktive Nutzung von verfügbaren Anreiz- oder Bonifikationsmodellen sicherstellen.
26. **Kulturexpertise**
    Sicherstellen, dass die kulturellen Rahmenbedingungen für die Arbeit in der Einheit jederzeit bewusst wahrgenommen und im Hinblick auf

Widersprüche zur Arbeit und zu gewählten Vorgehensweisen überprüft werden. Wo nötig, initiiert und gestaltet der Kulturexperte kulturverändernde Maßnahmen sowie den Dialog über diese.

27. **Dialogmanagement**
    Den Dialog zwischen den Mitarbeitenden durch geeignete Dialogräume und -prozesse initiieren und gestalten sowie, wo nötig, diesen auch moderieren.
28. **Rollen- und Stellenarchitektur**
    Die Zuständigkeiten in der eigenen Einheit in funktionalen Rollen und Stellen klar und widerspruchsfrei organisieren.
29. **Netzwerkmanagement**
    Die Einbindung der Aufgaben und Funktionen der eigenen Einheit in organisationale und über-organisationale Netzwerke wertschöpfend organisieren und sicherstellen.
30. **Governance-Architektur**
    Sicherstellen, dass die Aufgaben und Funktionen der eigenen Einheit in die Entscheidungsstrukturen der Organisation eingebettet sind. Bei Bedarf Änderungen in den Strukturen der eigenen Einheit umsetzen beziehungsweise in der umgebenden Organisation initiieren.

ANHANG 2 – SCHEMATISCHE BILDER: ORGANISATION, TEAM UND DYADE*

Systemisch-syntaktisches Bild einer Organisation:

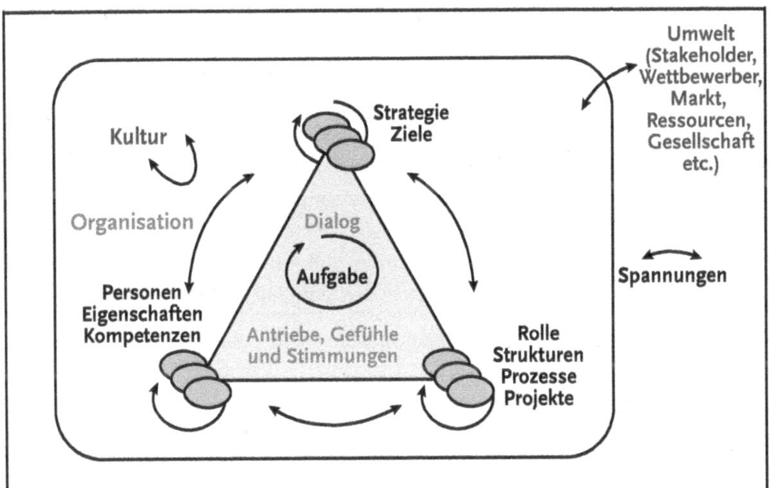

Abbildung 11: Die syntaktischen Elemente und Spannungsverhältnisse in einer Organisation (organisationale Kohärenzdynamik [OKD]).

* Ich möchte an dieser Stelle Martin Permantier danken, mit dessen Hilfe die Skizzen der Entwicklungsphasen von Organisationen und Teams entstanden sind.

Stufe	Name der Stufe	Fokus der Entwicklungsstufe
E1	**Bildungsphase**	Integration der Antriebe und Motive (M1 – M6) der einzelnen Personen in der Organisation in die Aufgabe der Organisation
E2	**Etablierungsphase**	Festigung der Zugehörigkeit zur Organisation und Klärung der Rollen und Verantwortlichkeiten in dieser
E3	**Professionalisierungsphase**	Ausbildung beziehungsweise Stärkung der rollenbezogenen Kompetenzen in der Organisation
E4	**Fokussierungsphase**	Definition der Organisationsstrategie und -ziele sowie Verknüpfung dieser Ziele mit den Rollenzielen und persönlichen Entwicklungszielen der Mitglieder der Organisation
E5	**Integrationsphase**	Integration und Akzeptanz der Unterschiedlichkeiten in der Organisation sowie Schaffung einer Besprechbarkeit der Gefühle und Stimmungen in dieser
E6	**Kohärenzphase**	Etablierung einer inneren Kohärenz in der Organisation, einer äußeren Kohärenz der Organisationsdynamik mit der Umwelt sowie Schaffung eines Bewusstseins für den eigenen Einfluss auf die Historie, Kultur und Identität der Organisation sowie den Umgang mit der Umwelt

Tabelle 7: Darstellung der Entwicklungsphasen in einer Organisation in Anlehnung an die ICH-Entwicklungsstufen (siehe Tabelle 6).

Beispielhafte Darstellung der Entwicklung eines Führungssystems (die entsprechende systemisch-syntaktische Darstellung findet sich in Abbildung 5):

Stufe	Name der Stufe	Fokus der Entwicklungsstufe
E1	**Bildungsphase**	Integration der Antriebe und Motive (M1 – M6) der einzelnen Personen im Führungssystem in die Aufgaben der Führung
E2	**Etablierungsphase**	Festigung der Zugehörigkeit zum Führungssystem und Klärung der Rollen und Verantwortlichkeiten in diesem

E3	**Professionalisie-rungsphase**	Ausbildung beziehungsweise Stärkung der rollenbezogenen Kompetenzen in der Führung
E4	**Fokussierungs-phase**	Definition der Führungsstrategie und -ziele sowie Verknüpfung dieser Ziele mit den Rollenzielen und persönlichen Entwicklungszielen der Mitglieder des Führungssystems
E5	**Integrationsphase**	Integration und Akzeptanz der Unterschiedlichkeiten in der Führung sowie Schaffung einer Besprechbarkeit der Gefühle und Stimmungen in dieser
E6	**Kohärenzphase**	Etablierung einer inneren Kohärenz in der Führung, einer äußeren Kohärenz der Führungsdynamik mit der Umwelt sowie Schaffung eines Bewusstseins für den eigenen Einfluss auf die Historie, Kultur und Identität der Führungsarbeit sowie den Umgang mit der Umwelt

Tabelle 8: Darstellung der Entwicklungsphasen in einem Führungssystem in Anlehnung an die ICH-Entwicklungsstufen (siehe Tabelle 6). Diese schematische Entwicklungsdynamik gilt hierbei abstrakt für alle Systemebenen.

Systemisch-syntaktisches Bild eines Teams:

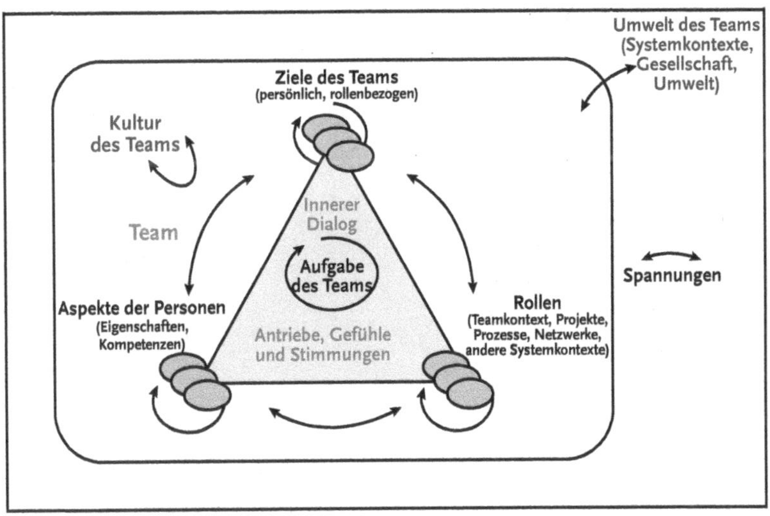

Abbildung 12: Die syntaktischen Elemente und Spannungsverhältnisse in einem Team (Teamkohärenzdynamik [TKD]).

Stufe	Name der Stufe	Fokus der Entwicklungsstufe
E1	**Bildungsphase**	Integration der Antriebe und Motive (M1 – M6) der einzelnen Personen im Team in die Aufgabe des Teams
E2	**Etablierungsphase**	Festigung der Zugehörigkeit zum Team und Klärung der Rollen und Verantwortlichkeiten im Team
E3	**Professionalisierungsphase**	Ausbildung beziehungsweise Stärkung der rollenbezogenen Kompetenzen im Team
E4	**Fokussierungsphase**	Definition der Teamstrategie und -ziele sowie Verknüpfung dieser Ziele mit den Rollenzielen und persönlichen Entwicklungszielen der Mitglieder des Teams
E5	**Integrationsphase**	Integration und Akzeptanz der Unterschiedlichkeiten im Team sowie Schaffung einer Besprechbarkeit der Gefühle und Stimmungen im Team
E6	**Kohärenzphase**	Etablierung einer inneren Kohärenz im Team, einer äußeren Kohärenz der Teamdynamik mit der Umwelt sowie Schaffung eines Bewusstseins für den eigenen Einfluss auf die Historie, Kultur und Identität im Team sowie den Umgang mit der Umwelt

Tabelle 9: Darstellung der Entwicklungsphasen in einem Team in Anlehnung an die ICH-Entwicklungsstufen (siehe Tabelle 6).

Systemisch-syntaktisches Bild einer Dyade:

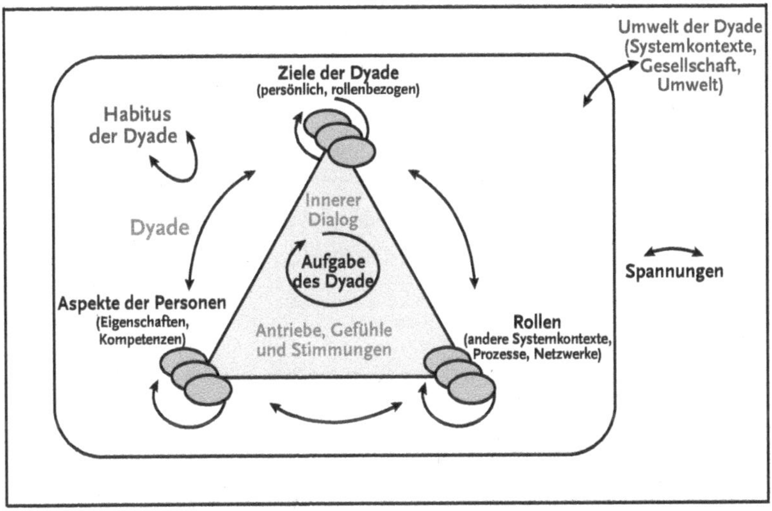

Abbildung 13: Die syntaktischen Elemente und Spannungsverhältnisse in einer Dyade (dyadische Kohärenzdynamik [DKD]).

Stufe	Name der Stufe	Fokus der Entwicklungsstufe
E1	**Bildungsphase**	Integration der Antriebe und Motive (M1 – M6) der beiden anwesenden Personen in die situative oder dauerhafte Aufgabe der Dyade
E2	**Etablierungsphase**	Festigung der Zugehörigkeit zur dauerhaften Dyade und Klärung der Rollen und Verantwortlichkeiten
E3	**Professionalisierungsphase**	Ausbildung beziehungsweise Stärkung der rollenbezogenen Kompetenzen in der Dyade
E4	**Fokussierungsphase**	Definition der dyadischen Ziele sowie Verknüpfung dieser Ziele mit den Rollenzielen und persönlichen Entwicklungszielen der Mitglieder der Dyade
E5	**Integrationsphase**	Integration und Akzeptanz der Unterschiedlichkeiten in der Dyade sowie Schaffung einer Besprechbarkeit der Gefühle und Stimmungen in dieser

E6	**Kohärenzphase**	Etablierung einer inneren Kohärenz in der Dyade, einer äußeren Kohärenz der Dynamik der Dyade mit der Umwelt sowie Schaffung eines Bewusstseins für den eigenen Einfluss auf die Historie, Kultur und Identität des dyadischen Verhältnisses sowie den Umgang mit der Umwelt

Tabelle 10: Darstellung der Entwicklungsphasen in einer Dyade in Anlehnung an die ICH-Entwicklungsstufen (siehe Tabelle 6).

Danksagung

Ein Buch entsteht nie nur in einem Kopf. Ich möchte daher an dieser Stelle all den Menschen danken, welche mir auf dem Weg der Stoa in der Führung geholfen haben. Hierbei reicht diese Hilfe bereits über zwei Jahrzehnte zurück und beginnt mit meinem Freund Michael Rautenberg. Er hat mich durch viele Gespräche mit ihm aus der Welt der Physik in die Welt der Systeme und der Wirtschaft gebracht. In der Welt der Systeme durfte ich dann viel von Peter Fuchs lernen, mit dem ich über einige Jahre gemeinsam ein Weiterbildungsinstitut zum Thema »Systemtheorie in der Nachfolge von Niklas Luhmann« betreiben durfte. Nachfolgend habe ich in meiner Rolle als selbstständiger Berater sehr viel von Matthias Varga von Kibéd und seiner Frau Insa Sparrer lernen dürfen. Ihre Art der unterschiedsorientierten und syntaktischen Arbeit hat meine Perspektive auf mein Tun als Coach und Organisationsberater komplett verändert und bereichert. Insbesondere ihr scharfer Blick für die strukturelle Dimension von Systemen hat mir eine neue Möglichkeit der Wahrnehmung eröffnet. In Ergänzung zu dieser Strukturperspektive habe ich ebenfalls erheblich von der Arbeit von Martin Permantier profitiert, der mit seinem Konzept der Haltungsstufen meine Sichtweise auf Entwicklungsprozesse komplett verändert und bereichert hat. Seine Arbeiten waren für mich auch der Schlüssel zu einem neuen Verständnis des stoischen Entwicklungskonzeptes.

Was mein praktisches Tun angeht, so möchte ich hier vor allem Johannes Schulte Beckhausen und Gregor Schulte-Beckhausen sowie allen Berater:innen aus dem teamkairos-Netzwerk danken, welche mich in der Übertragung meiner Gedanken zum systemischen Kohärenzdenken an vielen Stellen unterstützt, gefordert und auch inspiriert haben. In diesem Kontext möchte ich im Besonderen auch meinen Kolleg:innen Jan Messutat und Vera Morgenschweis danken. Jan und ich haben insbesondere im Bereich der individuellen Kohärenzarbeit zusammengearbeitet. Mit Vera habe ich an vielen Stellen gemeinsam über die Herausforderungen organisationaler Kohärenz reflektieren können. Vera hat mich auch in die Welt des agilen Managements eingeführt. Was meine Schritte auf dem Weg der Stoa angeht, so möchte ich meinem

Freund Guido Schlimbach danken, da er mir als gläubiger Christ gezeigt hat, was es bedeutet, im Leben mehr zu sehen als das, was wir immer direkt vor Augen haben. Er hat mich aber auch gleichzeitig gelehrt, dass sein Weg nicht meiner sein konnte, was mich dazu bewegt hat, die antike Lebensphilosophie der Stoa für mich wiederzuentdecken. Diese Wiederentdeckung wäre aber nie so weit gekommen, wie sie jetzt in meinem Leben wirksam ist, wenn ich hier nicht die immer kompetente und weise Begleitung durch meinen Freund Prof. Rob Colter von der Universität Wyoming erfahren hätte. Rob hat mir in stoischer Art und Weise nicht nur in schweren Momenten beigestanden, er hat mich vor allem gelehrt, die antiken Texte der Stoa so zu lesen, dass sie für mich auch heute noch sprechend sind. Thanks a lot, Rob! In diesem Zusammenhang möchte ich auch allen Teilnehmenden in meiner Meetup-Gruppe »Der Weg der Stoa« danken, welche jeden Mittwochabend mit mir die Texte der Stoa lesen und reflektieren. Weiterhin möchte ich mich auch noch einmal besonders bei Brittany Polat bedanken, die mein Manuskript komplett gelesen und mir hierzu noch sehr wertvolle Impulse gegeben hat. Die Stoa gibt der Freundschaft einen besonderen Stellenwert, und dies möchte ich auch hier tun und meinem Freund Ralph in besonderem Maße danken. Ralph ist ein Freund im besten stoischen Sinne und darüber hinaus. Er ist für mich Wachstums- und Reflexionspartner und hat mich beim Schreiben dieses Buches in allen Höhen und Tiefen begleitet und stets dahin gehend ermutigt, dass es da draußen vielleicht doch jemanden geben könnte, der dieses Buch gerne lesen würde. Danke, Ralph. In diesem Kontext möchte ich auch dem Redline Verlag danken, welcher den Mut hatte, sich auf dieses Projekt einzulassen.

Last, but not least möchte ich aber vor allem meiner Frau Conny und meinen beiden Töchtern Hannah und Amélie danken. Sie haben es ertragen, dass ich in den letzten 25 Jahren immer und immer wieder mit meinem Kopf in den Gedanken steckte, die Eingang in dieses Buch gefunden haben. Sie haben mich aber vor allem auch immer wieder unterstützt und gestützt, wenn ich große Zweifel an den Gedanken dieses Buches gehegt habe. Zuletzt haben sie mich aber vor allem auch mit vielen Gesprächen sowie mit ihrer Liebe und ihren eigenen Gedanken und Projekten inspiriert und vor allem glücklich gemacht. Ohne diese Liebe hätte dieses Buch nie geschrieben werden können. Danke!

Abschließend möchte ich noch hinzufügen, dass trotz aller Hilfe und Zuwendung durch andere alle Fehler in diesem Buch natürlich meine eigenen sind und nur ich diese zu verantworten habe.

Über den Autor

Alexander Zock ist promovierter Geophysiker, Planetenwissenschaftler und Experte für Stoizismus. Er arbeitet als selbstständiger Organisationsentwickler und Führungskräfte-Coach. Mit dem Stoizismus beschäftigt er sich u. a. auf seiner Website »Der Weg der Stoa«, zudem betreibt er einen Podcast und leitet eine Meetup-Community unter demselben Namen.

Quellenverzeichnis

1 Donald Robertson, *Denke wie ein römischer Herrscher. Die stoische Philosophie des Mark Aurel*, Griffin, 2019; Donald Robertson, *Marcus Aurelius,The Stoic Emporer*, Yale University Press, 2024.

2 James Romm, *Seneca und der Tyrann. Die Kunst des Mordens an Neros Hof*, C.H. Beck, 2018.

3 Rob Goodman und Jimmy Soni, *Rome's Last Citizen. The Life and Legacy of Cato, Mortal Enemy of Caesar*, Thomas Dunne Books, 2012.

4 Ryan Holiday, *Dein Hindernis ist dein Weg. Mit der Weisheit der alten Stoiker Schwierigkeiten in Chancen verwandeln*, FinanzBuch Verlag, 2018; Ryan Holiday, *Dein Ego ist dein Feind. So besiegst du deinen größten Gegner*, FinanzBuch Verlag, 2018; Michael Newman und Marcus Jungnickel, »Stoizismus für moderne Führungskräfte«, 2023; Carter Mitchell, *Stoicism Leadership Principles. Lessons from Marcus Aurelius, Seneca and Stoic Philosophy to Become a Better Leader*, Selbstverlag, 2019.

5 Mit dem Begriff Dyade sind Zweier-Gesprächssituationen wie zum Beispiel Mitarbeitergespräche gemeint.

6 Das Zitat stammt aus der modernen Gesamtausgabe des Werks von Epiktet, welche von Tino Deckert herausgegeben wurde und in diesem Buch verwendet wird (siehe auch Tino Deckert [Hrsg.], Epiktet, *Gespräche – Fragmente – Handbuch*, moderne Gesamtausgabe, Tredition GmbH, 2021).

7 S. A. Haslam, M. Alvesson und S. D. Reicher, »Zombie leadership: Dead ideas that still walk among us«, *The Leadership Quarterly* 35, Nr. 3, Juni 2024, 101770.

8 James G. March und Thierry Weil, *On Leadership*, Wiley-Blackwell, 2005.

9 Konrat Ziegler (Hrsg.), *Plutarch: Große Griechen und Römer*, 6 Bände, Artemis, 1954–1965.

10 Matthias Varga von Kibéd und Insa Sparrer, *Ganz im Gegenteil. Tetralemmaarbeit und andere Grundformen Systemischer Strukturaufstellungen – für Querdenker und solche, die es werden wollen*, Carl-Auer Verlag, 2005, S. 55.

11 Ebd., S. 79.

12 Ich verwende an dieser Stelle bewusst den Begriff »ICH-Führung« anstelle des Begriffs »Selbst-Führung« von Richter und Groth. Die Erklärung hierfür werde ich in der Theorie des ICH-Selbst-Systems im zweiten Teil geben (siehe Kap. 2.3.4 und 2.3.5 sowie 2.3.6).

13 Einen ähnlichen Gedanken formulieren Timm Richter und Torsten Groth in ihrem Buch *Wirksam führen mit Systemtheorie. Kernideen für die Praxis,* Carl-Auer Verlag, 2023., S. 17.

14 Niklas Luhmann, *Organisation und Entscheidung,* Westdeutscher Verlag, 2000; Niklas Luhmann, *Funktionen und Folgen formaler Organisation,* 5. Auflage, Duncker & Humblot, 1999.

15 Siehe Niklas Luhmann, *Organisation und Entscheidung,* Westdeutscher Verlag, 2000, S. 225.

16 Simon Sinek, *Finde dein Warum. Der praktische Wegweiser zu deiner wahren Bestimmung,* Redline Verlag, 2018.

17 Niklas Luhmann, *Organisation und Entscheidung,* Westdeutscher Verlag, 2000, S. 230.

18 Beispiele für derartige Ansätze finden sich in folgenden Büchern: Simon Sagmeister, *Business Culture Design: Gestalten Sie Ihre Unternehmenskultur mit der Culture Map,* Campus Verlag, 2016; Edgar und Peter Schein, *Organisationskultur und Leadership,* 5. Auflage, Vahlen, 2018; Don E. Beck und Christopher C. Cowan, *Spiral Dynamics. Leadership, Werte und Wandel: Eine Landkarte für Business und Gesellschaft im 21. Jahrhundert,* Kamphausen Media GmbH, 2007; Jaques Clopczyk (Hrsg.), *Beyond Storytelling. Narrative Ansätze und die Arbeit mit Geschichten in Organisationen,* Springer Gabler, 2017.

19 Siehe Niklas Luhmann, *Organisation und Entscheidung,* Westdeutscher Verlag, 2000, S. 250.

20 Ich folge hier dem Sprachgebrauch von Matthias Varga von Kibéd, welcher seine syntaktischen Betrachtungen von Problemen, Entscheidungen oder Ähnlichem auch immer in Schemata zusammenfasst, welche er dann zur weiteren Arbeit verwendet (siehe Matthias Varga von Kibéd und Insa Sparrer, *Ganz im Gegenteil. Tetralemmaarbeit und andere Grundformen Systemischer Strukturaufstellungen – für Querdenker und solche, die es werden wollen,* Carl-Auer Verlag, 2005).

21 Eine einfachere Version dieses Schemas, welche ebenfalls auf Luhmanns Organisationstheorie aufbaut, findet sich in der Literatur unter dem Namen Neuwaldegger Dreieck (Alexander Exner, Hella Exner und Gerhard Hochreiter, *Selbststeuerung von Unternehmen. Ein Handbuch für Manager und Führungskräfte,* Campus Verlag, 2009, S. 124.

22 Siehe zum Beispiel das Buch von Daniel Goleman, *EQ. Emotionale Intelligenz,* dtv Verlagsgesellschaft mbh & Co. KG, 1997.

23 Svenja Hofert, *Agiler führen. Einfache Maßnahmen für bessere Teamarbeit, mehr Leistung und höhere Kreativität,* Springer Gabler, 2018 sowie https://sociocracy30.org/_res/practical-guide/S3-Praxisleitfaden.pdf

24 Sinan Ozdemir, *Praxiseinstieg Large Language Models: Strategien und Best Practices für den Einsatz von ChatGPT und anderen LLMs,* O'Reilly, 2024.

25 Ebd.

26 Ebd.

27 Martin Permantier, *Haltung entscheidet. Führung & Unternehmenskultur zukunftsfähig gestalten*, Vahlen, 2019.

28 Ebd.

29 Siehe Svenja Hofert, *Agiler führen. Einfache Maßnahmen für bessere Teamarbeit, mehr Leistung und höhere Kreativität*, Springer Gabler, 2018 sowie https://sociocracy30.org/_res/practical-guide/S3-Praxisleitfaden.pdf sowie die Arbeiten von Barbara Küchler und Gerhard Klein, *Stufenentwicklung. Zukunft gestalten mit neuem Wahrnehmen, Denken und Handeln*, Tredition, 2020; Heike Kuhlmann und Sandra Horn, *Integrale Führung. Wie Sie mit neuen Ansätzen sich selbst, Teams und Unternehmen entwickeln*, Springer Gabler, 2020; Friedrich Glasl und Bernhard Lievegoed, *Dynamische Unternehmensentwicklung. Grundlagen für nachhaltiges Change Management*, Freies Geistesleben, 2021; Julia Andersch und Oliver Martin, *Landkarten der Transformation. Syntaktisch-hypnosystemische Entwicklungsberatung*, Carl-Auer Verlag, 2023.

30 Siehe René Brouwer, *The Stoic Sage. The Early Stoics on Wisdom, Sagehood and Socrates*, Cambridge University Press, 2014, S. 143. Die Bezeichnung »Stoiker« stammt daher, dass Zeno, der Gründer der Stoa, seine Schüler oft in der »Stoa Poikile« (übersetzt »bunte Säulenhalle«) in der Nähe der athenischen Agora unterrichtete.

31 Eine gute Darstellung dieser Problemlage findet sich in Ward Farnsworth, *Die sokratische Methode. Das Handbuch der praktischen Philosophie*, FinanzBuch Verlag, 2022, Kapitel 1 ab S. 21.

32 Siehe unter anderem Diogenes Laertius, *Leben und Meinungen berühmter Philosophen*. Aus dem Griechischen übersetzt von Otto Apelt, Meiner, 2015.

33 Marcus Tullius Cicero· *Tusculanae disputationes. Gespräche in Tusculum*, Reclams Universal-Bibliothek, 1997.

34 Inge von Wedemeyer, *Die goldenen Verse des Pythagoras. Lebensregeln zur Meditation*, Verlag Heilbronn, 1983.

35 Platon, *Des Sokrates Apologie*, S. 20-23, *Platon – Werke in acht Bänden*, 2. Band, wbg, 2019.

36 Ward Farnsworth, *Die sokratische Methode. Das Handbuch der praktischen Philosophie*, FinanzBuch Verlag, 2022, Kapitel 2 und 3.

37 Ebd., Kapitel 13 und 14.

38 Ebd., S. 120.

39 Die Textzitate in der Besprechung des Dialogs *Alkibiades I* von Platon entstammen folgender Ausgabe von Platons Werken: *Platon, Sämtliche Werke I, II, III*, Verlag Lambert Schneider, 1982. Die Übersetzung stammt von Franz Susemihl.

40 Platon, *Der Staat*, in: *Platon – Werke in acht Bänden*, 4. Band, wbg, 2019.

41 Barbara Neymeyr, Jochen Schmidt und Bernhard Zimmermann (Hrsg.), *Stoizismus in der europäischen Philosophie, Literatur, Kunst und Politik. Eine Kulturgeschichte von der Antike bis zur Moderne*, 2 Bände, De Gruyter, 2008.

42 Siehe auch Diogenes Laertius, *Leben und Meinungen berühmter Philosophen*. Aus dem Griechischen übersetzt von Otto Apelt, Meiner, 2015.

43 Die Werke von Johannes Stobaios liegen in Deutsch nur in Auszügen vor. Eine deutsche Gesamtübersetzung ist aktuell nicht verfügbar.

44 Siehe zum Beispiel Epiktet, *Anleitung zum glücklichen Leben*, Sammlung Tusculum, Patmos Verlag GmbH & Co. KG, 2006.

45 Tino Deckert (Hrsg.), Epiktet, *Gespräche – Fragmente – Handbuch*, moderne Gesamtausgabe, Tredition GmbH, 2021.

46 Ich folge hier dem Vorschlag von Maximilian Forschner aus Kap. 3, »Glück als personale Identität. Die stoische Theorie des Glücks« seines Buches: Maximilian Forschner, *Über das Glück des Menschen. Aristoteles, Epikur, Stoa, Thomas von Aquin, Kant*, wbg, 1993.

47 Seneca, *Epistulae morales ad Lucilium – Briefe an Lucilius über Ethik*, 120.20-22, 2 Bände, Reclams Universal-Bibliothek, 2018.

48 Siehe zum Beispiel Diogenes Laertius, VII, S. 87-89.

49 Marcus Tullius Cicero, *De natura deorum – Über das Wesen der Götter*, Reclams Universal-Bibliothek, 1995.

50 Clemens von Alexandrien, *Des Clemens von Alexandria ausgewählte Schriften*, 5 Bände, Kösel & Pustet, 1934–1938.

51 René Brouwer, *The Stoic Sage. The Early Stoics on Wisdom, Sagehood and Socrates*, Cambridge University Press, 2014, Seite 7.

52 Ebd., Seite 19.

53 Diogenes Laertius, 7.39-40.

54 Seneca, *Briefe an Lucilius*, 109.3.

55 Cicero, *Gespräche in Tusculum*, 5.70.

56 Ich folge hier den Gedanken von René Brouwer (siehe auch René Brouwer, *The Stoic Sage. The Early Stoics on Wisdom, Sagehood and Socrates*, Cambridge University Press, 2014).

57 Gregoire Nicolis, Ilya Prigogine und G. Nocolis, *Exploring Complexity*, W H FREEMAN & CO, 1989.

58 Christoph Jedan, *Stoic Virtues. Chrysippus and the Religious Character of Stoic Ethics*, Continuum International Publishing Group, 2009. Die Übersetzung der einzelnen Tugenden aus dem Englischen ins Deutsche wurde vom Autor mithilfe von deepl.com durchgeführt.

59 A. A. Long, »The Harmonics of Stoic Virtue«, in: A. A. Long, *Stoic Studies*, University of California Press, 2001.

60 Epiktet, *Gespräche*, III.16.5.

61 Eine ausführlichere Darstellung des stoischen Schönheitsbegriffs findet sich in meinem Blog www.weg-der-stoa.de sowie in meinem Podcast »Der Weg der Stoa« in Episode 6.

62 Ilaria Ramelli, *Hierokles the Stoic: Elements of Ethics, Fragments and Excerpts*, Society of Biblical Literature, 2009.

63 Marc Aurel, *Selbstbetrachtungen*, Alfred Kröner Verlag, 2001.

64 Brian E. Johnson, *The Role Ethics of Epictetus. Stoicism in Ordinary Life*, Lexington Books, 2014.

65 Thomas E. Ricks, *First Principles. What America's Founders Learned from the Greeks and the Romans and How That Shaped Our Country*, Harper Collins Publishers, 2020.

66 Matthew Sharpe, »Into the Heart of Darkness Or: Alt-Stoicism? Actually, No...«, *Eidos*, Nr. 4 (6), 2018, S. 133.

67 Massimo Pigliucci, »Toward the Fifth Stoa: The return of Virtue Ethics«, Teil 1 und 2, https://medium.com/stoicism-philosophy-as-a-way-of-life/toward-the-fifth-stoa-the-return-of-virtue-ethics-part-ii-9b69f944e5ee sowie https://medium.com/stoicism-philosophy-as-a-way-of-life/toward-the-fifth-stoa-the-return-of-virtue-ethics-part-ii-9b69f944e5ee.

68 Hier wäre zum Beispiel der von Massimo Pigliucci und Rob Colter betriebene Podcast »Philosophy as a Way of Life« neben vielen anderen zu nennen: https://podcasts.apple.com/de/podcast/philosophy-as-a-way-of-life/id1574044351.

69 Die Idee der Stoic Camps stammt von dem amerikanischen Philosophen Rob Colter von der University of Wyoming, welcher 2014 zum ersten Mal ein solches Camp durchführte (https://modernstoicism.com/wyoming-stoic-camp-an-immersive-stoic-experience-by-rob-coulter/). Mittlerweile gibt es auch Stoic Camps in New York und Rom, welche von Massimo Pigliucci organisiert werden.

70 https://modernstoicism.com/stoicon/.

71 Pierre Hadot, *Philosophy as a Way of Life*, Blackwell Publishing Ltd., 1995.

72 Marc Aurel, *Selbstbetrachtungen*, Alfred Kröner Verlag, 2001 sowie Pierre Hadot, *The Inner Citadel. The Meditations of Marcus Aurelius*, Harvard University Press, 2001.

73 Siehe hierzu zum Beispiel auch die folgenden Bücher: Massimo Pigliucci, Skye C. Cleary und Daniel Kaufman (Hrsg.), *How to Live a Good Life. A Guide to Choosing Your Personal Philosophy*, Knopf Doubleday Publishing Group, 2020; Matthew Sharpe und Michael Ure, *Philosophy as a Way of Life. History, Dimensions, Directions*, Bloomsbury, 2021.

74 Stephen R. Grimm und Caleb Cohoe, »What Is Philosophy as a Way of Life? Why Philosophy as a Way of Life?«, *European Journal of Philosophy*, 2021, 21, 236-251.

75 Matthias Varga von Kibéd und Insa Sparrer, *Ganz im Gegenteil. Tetralemmaarbeit und andere Grundformen Systemischer Strukturaufstellungen – für Querdenker und solche, die es werden wollen*, Carl-Auer Verlag, 2005.

76 Massimo Pigliucci und Gregory Lopez, *Live like a Stoic. 52 Exercises for Cultivating a Good Life*, Rider, 2019; Anne Gehrmann, *Die Stoikerin. Dein Weg zu innerer Stärke, Gelassenheit und Glück*, FinanzBuch Verlag, 2023; Brittany Polat, *Das Stoizismus-Journal. Für ein Leben mit mehr Gelassenheit, mehr Achtsamkeit und weniger Voreingenommenheit. Mit einzigartigem 90-Tage-Programm*, FinanzBuch Verlag, 2024; Elen Buzaré, *Stoic Spiritual Exercises*, Lulu, 2011; Christina Kourfali, *Live like the Stoics. How to Get Self-Awareness & Serenity*, Selbstverlag, 2019.

77 Wir verwenden an dieser Stelle bewusst den Begriff »ICH-Führung« anstelle des Begriffs »Selbst-Führung« von Richter und Groth (siehe Timm Richter und Tors-

ten Groth, *Wirksam führen mit Systemtheorie. Kernideen für die Praxis*, Carl-Auer Verlag, 2023). Die Erklärung hierfür werden wir in der Theorie des ICH-Selbst-Systems im zweiten Teil geben (siehe Kap. 2.3.4 und 2.3.5 sowie 2.3.6).

78 Siehe zum Beispiel Martha C. Nussbaum, *The Therapy of Desire. Theory and Practice in the Hellenistic Ethics*, Princeton University Press, 2018; Konrad Banicki, »Philosophy as Therapy: Towards a Conceptual Model«, *Philosophical Papers*, Nr. 43(1), 2012, S. 7-31.

79 Michel Foucault, *Die Hauptwerke*, Suhrkamp, 2008.

80 Cicero, *Gespräche in Tusculum*, 2.11.

81 Siehe vor allem Donald Robertson, *The Philosophy of Cognitive-Behavioural Therapy (CBT). Stoic Philosophy as Rational and Cognitive Psychotherapy*, Routledge, 2019.

82 Beispielhaft sei hier der bekannte Ansatz von Jens Corssen genannt (Jens Corssen, *Der Selbst-Entwickler: Die Sinn-Philosophie. Das Corssen Seminar*, S. Marix Verlag, 2004).

83 Michael Bordt, *Die Kunst sich selbst auszuhalten: Ein Weg zur inneren Freiheit*, ZS, 2023 oder Michael Bordt, *Die Kunst, sich selbst zu verstehen: Den Weg ins eigene Leben finden*, Insel Verlag, 2023.

84 Ich folge bei dieser Betrachtung im Wesentlichen: A. A. Long, »Soul and Body in Stoicism«, *Phronesis*, Nr. 27 (1), 1982, S. 34-57 sowie Maximilian Forschner, *Die Philosophie der Stoa. Logik, Physik und Ethik*, wbg, 2018.

85 Siehe zum Beispiel Samuel Sambursky, *Physics of the Stoics*, Princeton University Press, 2014.

86 C. Sherrington, *The Integrative Action of the Nervous System*, C Scribner's sons, 1906.

87 Chang-Uh Lee, *Oikeiosis. Stoische Ethik in naturphilosophischer Perspektive*, Verlag Karl Alber, 2002.

88 Ebd.

89 Siehe Epiktet, *Gespräche*, I.1.7, II.1.4-5, II.22.29 sowie V.6.34.

90 Ich folge an dieser Stelle den Ausführungen von Michael Frede, »The Stoic Conception of Reason«, in: *Hellenistic Philosophy*, Band 2, K. J. Boudouris (Hrsg.), Athens: International Center for Greek Philosophy, S. 50-61, 1994.

91 Im Hinblick auf die Bildung von Gefühlen siehe Lisa Feldman Barrett, *Wie Gefühle entstehen. Eine neue Sicht auf unsere Emotionen*, Rowolth, 2023 sowie bezüglich der Bildung und Verwendung von Konzepten und Begriffen siehe Lawrence W. Barsalou, »Ad Hoc Categories«, *Memory & Cognition*, Nr. 11 (3), 1983, S. 211-227.

92 Jean Piaget, *Die Psychologie der Intelligenz*, Stuttgart: Klett-Cotta, 1981 (siehe S. 41).

93 Siehe Margaret R. Graver, *Stoicism and Emotion*, The University of Chicago Press, 2007, S. 56.

94 Ich folge hier im Wesentlichen der Darstellung von Margaret R. Graver, *Stoicism and Emotion*, The University of Chicago Press, 2007 und Michael Krewet, *Die stoische Theorie der Gefühle. Ihre Aporien, ihre Wirkmacht*, Universitätsverlag WINTER Heidelberg, 2013. In der Darstellung des pathetischen Syllogismus habe ich zusätzlich zu der Darstellung bei Margaret Graver auch die körperliche Wahr-

nehmung aufgenommen, da diese den Gefühlsimpuls generiert, welcher nachfolgend in der Seele verarbeitet wird.

95 Seneca, *Über den Zorn*, 3.36, in: Seneca, *Philosophische Schriften*, Band 1, wbg, 2011.

96 Siehe auch Donald Robertson, *The Philosophy of Cognitive-Behavioural Therapy (CBT). Stoic Philosophy as Rational and Cognitive Psychotherapy*, Routledge, 2019.

97 Siehe zum Beispiel https://www.rulerapproach.org/training/ruler-institute-creating-emotionally-intelligent-schools-online/.

98 Ich folge hier dem Sprachgebrauch von Maximilian Forschner, der die stoische Theorie der *oikeiosis* als eine Theorie der Entwicklung der personalen Identität beschreibt. Siehe hierzu Maximilian Forschner, »Glück als personale Identiät«, in: *Über das Glück des Menschen: Aristoteles, Epikur, Stoa, Thomas von Aquin, Kant*, wbg, 1993, S. 45-79.

99 Marcus Tullius Cicero, *Über das höchste Gut und das größte Übel*, Reclam Verlag, 1989 (hier insbesondere Buch 3.16-18, 3.11-20 sowie 3.62-68).

100 Diogenes Laertius, 7.85-86.

101 Hierokles, *Ethische Elementarlehre*, in: von Arnim (Hrsg.), Berliner Klassikertexte, Heft IV, 1906.

102 Ich folge hier dem Sprachgebrauch von Maximilian Forschner, der die stoische Theorie der oikeiosis als eine Theorie der Entwicklung der personalen Identität beschreibt. Siehe hierzu: Maximilian Forschner, »Glück als personale Identität«, in: *Über das Glück des Menschen: Aristoteles, Epikur, Stoa, Thomas von Aquin, Kant*, wbg, 1993, S. 45-79.

103 Ich folge hier im Wesentlichen der Darstellung von Maximilian Forschner aus Kap. 3, »Glück als personale Identität. Die stoische Theorie des Glücks« seines Buches: Maximilian Forschner, *Über das Glück des Menschen. Aristoteles, Epikur, Stoa, Thomas von Aquin, Kant*, wbg, 1993.

104 Ich folge hier wiederum dem Gedankengang von Maximilian Forschner aus Kap. 3, »Glück als personale Identität. Die stoische Theorie des Glücks« seines Buches: Maximilian Forschner, *Über das Glück des Menschen. Aristoteles, Epikur, Stoa, Thomas von Aquin, Kant*, wbg, 1993.

105 Gretchen Reydams-Schils, *The Roman Stoics: Self, Responsibility, and Affection*, University of Chicago Press; überarbeitete Neuauflage.

106 Tino Deckert (Hrsg.), Epiktet, *Gespräche – Fragmente – Handbuch*, moderne Gesamtausgabe, Tredition GmbH, 2021.

107 Peter Fuchs, *Die Psyche. Studien zur Innenwelt der Außenwelt der Innenwelt*, Velbrück, 2005; Peter Fuchs, *Der Eigen-Sinn des Bewußtseins. Die Person – die Psyche – die Signatur*, transcript, 2003; Peter Fuchs, *Das System SELBST. Eine Studie zur Frage: Wer liebt wen, wenn jemand sagt: »Ich liebe Dich!«?*, Velbrück, 2023.

108 Ich folge hier im Kern dem Gedankengang von Christopher Gill in seinem Buch *Learning to Live Naturally* (siehe auch »Diese Deutung der sozialen *oikeiosis* ist in der Literatur nicht eindeutig zu finden. Hier finden sich zum Beispiel eher Aussagen, dass die Elternliebe der Ausgangspunkt für diese *oikeiosis* sei oder aber eine andere, abstrakte Quelle der Fürsorge für andere existiere [siehe Christo-

pher Gill, *Learning to Live Naturally. Stoic Ethics and Its Modern Significance*, Oxford University Press, 2023]. Mir erscheint die hier gegebene Deutung überzeugender, dass andere in ihrer Funktion für unsere Selbsterhaltung als ähnlich erhaltenswert angesehen werden wie unsere eigenen körperlichen Funktionen, welche wir zur Selbsterhaltung benötigen. Ausgehend von dieser frühen Erfahrung kann die spätere Form der sozialen *oikeiosis* als Weiterentwicklung dieser ursprünglichen Form angesehen werden. Ein Hinweis, welcher in eine ähnliche Richtung argumentiert, findet sich in Hierokles' Schrift *Elemente der Ethik*).

109 Die Kerngedanken dieser Vorstellung finden sich in Platons *Dialogen* (siehe auch Platon, *Des Sokrates Apologie*, 20-23, in: *Platon – Werke in acht Bänden*, 2. Band, wbg, 2019.), *Der Staat* und *Gesetze* sowie in Aristoteles' Arbeit *Politik: Schriften zur Staatstheorie*, Reclam Philipp jun. GmbH, 1998.

110 Jane Loevinger, *Ego Development. Conceptions and Theories*, Jossey-Bass Publishers, 1976; Robert Kegan, *The Evolving Self. Problem und Process in Human Development*, Harvard University Press, 1982; Susanne Cook-Greuter, *Postautonomous Ego Development: A Study of Its Nature and Measurement*, Integral Publishers, 1999; Thomas Binder, *ICH-Entwicklung für effektives Beraten*, Vandenhoeck & Ruprecht, 2019; Martin Permantier, *Haltung entscheidet. Führung & Unternehmenskultur zukunftsfähig gestalten*, Vahlen, 2019.

111 Martin Permantier, *Haltung erweitern. Transformationsimpulse: ICH, WIR, ALLE gestalten Transformation*, Vahlen, 2023.

112 Siehe das Motiv-Konzept der PSI-Theorie von Julius Kuhl (siehe Julius Kuhl, *Lehrbuch der Persönlichkeitspsychologie. Motivation, Emotion und Selbststeuerung*, Hogrefe Verlag, 2010, Kapitel 6).

113 Friedrich Glasl und Bernard C. J. Lievegoed, *Dynamische Unternehmensentwicklung. Grundlagen für nachhaltiges Change Management*, Freies Geistesleben, 2011.

114 Julia Andersch und Oliver Martin, *Landkarten der Transformation. Syntaktisch-hypnosystemische Entwicklungsberatung*, Carl-Auer Verlag, 2023.

115 Svenja Hofert, *Agiler Führen. Einfache Maßnahmen für bessere Teamarbeit, mehr Leistung und höhere Kreativität*, Springer Gabler, 2018.

116 Bruce C. Tuckman, »Developmental Sequence in Small Groups«, *Psychological Bulletin*, Nr. 63, 1965, S. 384-399.

117 Pierre Hadot, *Selected Writings of P. H.*, Bloomsbury Publishing, 2020, S. 121.

118 Pierre Hadot, *Philosophy as a Way of Life*, Blackwell Publishing Ltd., 1995., S. 84-85.

119 Paul Rabbow, *Seelenführung. Methoden der Exerzitien in der Antike*, Kösel Verlag, 1954, S. 127.

120 Ebd., S. 124.

121 Jens Corssen, *Der Selbst-Entwickler: Die Sinn-Philosophie. Das Corssen Seminar*, S. Marix Verlag, 2004.

122 Die Arbeit an diesen Sinndimensionen orientiert sich an dem Konzept der Sinn-Matrix von Nico Rose (siehe Nico Rose, *Führen mit Sinn. Wie Sie die Führungskraft werden, die Sie sich früher immer gewünscht haben*, Haufe, 2020).

123 Siehe die Podcast-Trilogie von Martin Permantier mit Jens Corssen in seinem Podcast: »ICH – WIR – ALLE« (Episoden 151, 153 und 155, https://ich-wir-alle.com).

124 Gunther Schmidt, *Einführung in die hypnosystemische Therapie und Beratung*, Carl-Auer Verlag, 2022.

125 Insa Sparrer, *Einführung in Lösungsfokussierung und Systemische Strukturaufstellungen*, Carl-Auer Verlag, 2002.

126 Zum Beispiel Massimo Pigliucci und Gregory Lopez, *Live like a Stoic. 52 Exercises for Cultivating a Good Life*, Rider, 2019; Anne Gehrmann, *Die Stoikerin. Dein Weg zu innerer Stärke, Gelassenheit und Glück*, FinanzBuch Verlag, 2023; Brittany Polat, *Das Stoizismus-Journal. Für ein Leben mit mehr Gelassenheit, mehr Achtsamkeit und weniger Voreingenommenheit. Mit einzigartigem 90-Tage-Programm*, FinanzBuch Verlag, 2024; Elen Buzaré, *Stoic Spiritual Exercises*, Lulu, 2011; Christina Kourfali, *Live like the Stoics. How to Get Self-Awareness & Serenity*, Selbstverlag, 2019.

127 Oscar Wilde, *De profundis*, Independently published, 2022 (Übersetzung mithilfe von deepl.com).

128 Massimo Pigliucci und Gregory Lopez, *Live like a Stoic. 52 Exercises for Cultivating a Good Life*, Rider, 2019; Anne Gehrmann, *Die Stoikerin. Dein Weg zu innerer Stärke, Gelassenheit und Glück*, FinanzBuch Verlag, 2023; Brittany Polat, *Das Stoizismus-Journal. Für ein Leben mit mehr Gelassenheit, mehr Achtsamkeit und weniger Voreingenommenheit. Mit einzigartigem 90-Tage-Programm*, FinanzBuch Verlag, 2024; Elen Buzaré, *Stoic Spiritual Exercises*, Lulu, 2011; Christina Kourfali, *Live like the Stoics. How to Get Self-Awareness & Serenity*, Selbstverlag, 2019.

129 Fritz Simon, *Einführung in die Systemtheorie des Konflikts*, Carl-Auer Velag, 2022.

130 Shalom H. Schwartz, »Are There Universal Aspects in the Content and Structure of Human Values?«, *Social Issues*, Nr. 50, 1994, S. 19-45.

131 Ward Farnsworth, *Die sokratische Methode. Das Handbuch der praktischen Philosophie*, FinanzBuch Verlag, 2022.

132 Übersetzung durch deepl.com mit Änderungen durch den Autor.